中国新农科水产联盟“十四五”规划教材
教育部首批新农科研究与改革实践项目资助系列教材
水产类专业实践课系列教材
中国海洋大学教材建设基金资助

水环境化学实验教程

张美昭　张凯强　主编

中国海洋大学出版社
·青岛·

图书在版编目（CIP）数据

水环境化学实验教程 / 张美昭，张凯强主编. —青岛：中国海洋大学出版社，2022.6
水产类专业实践课系列教材 / 温海深主编
ISBN 978-7-5670-3184-5

Ⅰ. ①水… Ⅱ. ①张… ②张… Ⅲ. ①水环境—化学实验—教材 Ⅳ. ①X143.4-33

中国版本图书馆 CIP 数据核字（2022）第 103555 号

出版发行 中国海洋大学出版社
社　　址 青岛市香港东路 23 号　　**邮政编码** 266071
网　　址 http://pub.ouc.edu.cn
出 版 人 刘文菁
责任编辑 魏建功　丁玉霞
电　　话 0532-85902121
电子信箱 wjg60@126.com
印　　制 青岛国彩印刷股份有限公司
版　　次 2022 年 9 月第 1 版
印　　次 2022 年 9 月第 1 次印刷
成品尺寸 170 mm × 230 mm
印　　张 19.5
字　　数 318 千
印　　数 1—2 000
定　　价 70.00 元
订购电话 0532-82032573（传真）

水产类专业实践课系列教材

编委会

总前言

2007—2012年，按照教育部“高等学校本科教学质量与教学改革工程”的要求，结合水产科学国家级实验教学示范中心建设的具体工作，中国海洋大学水产学院组织相关教师主编并出版了水产科学实验教材6部，包括《水产动物组织胚胎学实验》《现代动物生理学实验技术》《贝类增养殖学实验与实习技术》《浮游生物学与生物饵料培养实验》《鱼类学实验》《水产生物遗传育种学实验》。这些实验教材在我校本科教学中发挥了重要作用，部分教材作为实验教学指导书被其他高校选用。

这么多年过去了，如今这些实验教材内容已经不能满足教学改革需求。另外，实验仪器的快速更新客观上也要求必须对上述教材进行大范围修订。根据中国海洋大学水产学院水产养殖、海洋渔业科学与技术、海洋资源与环境3个本科专业建设要求，结合教育部《新农科研究与改革实践项目指南》内容，我们对原有实验教材进行优化，并新编了4部实验教材，形成了“水产类专业实践课系列教材”。这一系列教材集合了现代生物、虚拟仿真、融媒体等先进技术，以适应时代和科技发展的新形势，满足现代水产类专业人才培养的需求。2019年，8部实验教材被列入中国海洋大学重点教材建设项目，并于2021年5月验收结题。这些实验教材不仅满足我校相关专业教学需要，也可供其他涉海高校或农业类高校相关专业使用。

本次出版的10部实验教材均属中国新农科水产联盟“十四五”规划教材。教材名称与主编如下：

《现代动物生理学实验技术》（第2版）：周慧慧、温海深主编；

《鱼类学实验》（第2版）：张弛、于瑞海、马琳主编；

《水产动物遗传育种学实验》：郑小东、孔令锋、徐成勋主编；

《水生生物学与生物饵料培养实验》：梁英、薛莹、马洪钢主编；

《植物学与植物生理学实验》：刘岩、王巧晗主编；

《水环境化学实验教程》：张美昭、张凯强主编；

《海洋生物资源与环境调查实习》：纪毓鹏、任一平主编；

《养殖水环境工程学实验》：董登攀、宋协法主编；

《增殖工程与海洋牧场实验》：盛化香、唐衍力主编；

《海洋渔业技术实验与实习》：盛化香、黄六一主编。

编委会

FOREWORD

“水环境化学实验”是水产学科教学课程中的重要专业基础课程，是“水环境化学”理论知识的延续和补充，但它又具有比较强的应用性与实践性，考虑到与“水环境化学”课程教学的一致性及教材本身体系的需要，充分发挥“水环境化学实验”的作用，体现水产学科可持续发展与环境保护的意识，反映当前水环境监测的发展动态，根据水产学科相关专业教学内容和课程体系改革的基本思路，通过近些年对“水环境化学实验”教学的不断探索，将原有的实验课程教学模式进行了较大的调整改革，对传统的实验内容进行了整合、优化与更新，编写了这本《水环境化学实验教程》。该教材在配合理论课程教学的同时，不仅注重在实验过程中培养学生的科学思维，锻炼学生的动手操作、科研分析和解决问题能力，又具有相对的独立性和系统性，体现了当代教学改革的特点。

在教学内容体系上，以能力培养为线索，形成“基础性实验”“综合性实验”和“研究（设计）型实验”三段式实验教学新体系。为照顾因分析化学基础较为薄弱而选修了该课程的学生，还增加了分析化学实验基本操作的部分内容，以利于学生们的复习和训练。

本书在编写上以天然水中主要离子和水中生物营养元素的测定等课堂实验内容为主线，以使用大型仪器分析水中重金属和有机物等作为选修内容以供学生参考学习。围绕当前水产养殖和渔业资源开发利用方面的最新研究成果及其在水环境监测中的应用，把握研究热点，突出实用性和新颖性，面向生活、面向生产、面向社会。并与毕业论文指导等多种教学方式相结合，增加了研究（设计）型实验，目的是引导、指导学生独立设计实验，在提高基本技能的同时，强化创新能力、实践能力和科研能力。

在内容结构上，选择比较成熟的、基本技能训练效果比较好的、切合课程基本要求的实验作为课题教学内容，在课外阅读中适当选择了该项目常用的其他测定方法，供不同教学单位选择。采用课堂教学与课外阅读相结合的编写格式，目的是便于学生的预习以及教师的分层次教学。同时在基础性实验、综合性实验的开始，点出了本实验的教学要点及教学方式，供学生预习时把握方向。多数实验还给出了“拓展实验”，以鼓励学生结合课堂内容开展设计性、验证性的实验，目的是强化对学生创新能力、实践能力和科研能力的培养。在相关环节，增加了“知识链接”和“拓展知识”的内容，供基础薄弱的学生复习和对相关内容感兴趣的学生阅读。有些重点操作环节和滴定终点颜色难以判定的环节，录制了小视频，学生可通过手机扫描二维码观看视频进行学习。

本书除了作为水产养殖专业和生物资源与环境专业的教材外，还可供高等院校海洋科学以及相关专业的本科生、专科生和研究生学习使用，也可作为从事水产增养殖、渔业水质管理以及环境保护等工作的专业人员的参考用书。

由于编者水平有限，书中缺点、错误在所难免，敬请读者批评指正，以求更加完善。

编者

2022 年 1 月 20 日

CONTENTS

第一部分　实验教程总论

第二部分　基础性实验

第三部分　综合性实验

第四部分　研究（设计）型实验

附录　水环境监测基本知识

第一部分

实验教程总论

一、水环境化学实验的目的和要求

（一）实验教学目的

《水环境化学实验教程》是《水环境化学》的配套实验教材，是在无机与分析化学实验的基础上，专门对水环境进行监测的一门专业基础课。由于该课主要是针对天然水体的成分进行监测分析，因此它又是一门相对独立的且实践性、应用性很强的实验课程。水环境化学实验的主要目的包括以下几点。

（1）通过基础性实验，提高化学实验基本操作技能，正确、熟练地掌握水质分析的基本操作，找出实验中影响测定结果的关键因素。培养独立的操作动手能力，严格训练实验的技能技巧。

（2）通过综合性实验和研究（设计）型实验，学习查阅参考资料，正确设计实验，认真观察实验现象，科学推断、逻辑推理，得出正确结论。培养科学思维和独立工作的能力，以巩固所学知识及实验技能，并学习和掌握新知识、新技术，培养分析和解决问题的综合能力和综合素质。

（3）在实验中培养求真、探索、协作、创新的科学精神以及科学的思维方式，提高学生的思想修养、综合素质，为学生参加科学研究及实际工作打下坚实的基础。

（二）教学要求

实验的目的不但是要培养学生的实验操作技能、巩固所学理论知识，更重要的是培养学生科学的思维方法，使学生具有独立解决问题的能力。因此，主要由学生按照规范的操作独立完成实验。为了能够获得良好的实验效果，实验前必须要求学生认真阅读实验教材、参考资料等相关内容，明确实验的目的，了解实验的内容、步骤、操作过程和注意事项，甚至简明扼要地写好预习报告，方能进行实验。

对于基础性、综合性实验，以实验操作为主，在教师指导下，使学生受到系统、规范的技能训练，掌握水环境因子的基本测定方法，熟练地使用分析仪器。实验结束后，学生独立撰写实验报告，并能对所获数据进行统计分析。

对于研究（设计）型实验，学生在教师的指导下，按要求自由选择题目、查阅文献、设计实验方案，然后实施，并观察记录数据，通过数据处理，撰写实验报告等。研究（设计）型实验也可结合毕业论文和科研项目进行。

二、实验报告的书写

（一）数据记录规范

实验过程中，认真操作，仔细观察，如实将实验现象和数据记录好。记录字迹应端正，内容真实、准确、完整，不得随意涂改。记录内容包括检测过程中出现的问题、异常现象及处理方法等。

（二）有效数字

1. 有效位数计位规则

在分析工作中，有效数字就是实际能测定到的数字，数字的保留位数是由测量仪器的准确度所决定的，不得任意增删。其基本计位规则为：

（1）仪器能测定的数据都计位，如滴定管读数 15.50 mL（4 位有效数字）。

（2）改变单位并不改变有效数字的位数，当需要在位数的末尾加“0”作定位时，要采用指数形式表示，以免有效数字的位数含混不清。如体积为15.50 mL，若用 L 表示，可写成 0.015 50 L，有效数字都是 4 位；质量为 3.5 g，若用 mg 表示，应写成 3.5×10^3 mg，不能写成 3 500 mg。

（3）分析化学计算中遇到的分数、倍数关系，并非测定所得，可视为无限位数有效数字，而环境监测中的 pH 等对数值，其有效数字的位数仅取决于小数部分的位数。如 pH＝8.60，有效数字为 2 位。

2. 有效数字的运算规则

（1）修约规则。各种测量、计算的数据需要修约时，应按“四舍六入五考虑，五后非零则进一，五后皆零视奇偶，五前为偶应舍去，五前为奇则进一”的原则修约数字。具体说明如下（以保留 3 位有效数字为例）。

当尾数（拟舍弃数字的第一位数）≤4 时舍弃，如 12.641 5，修约后为 12.6；尾数≥6 时进入，如 12.671 5，修约后为 12.7；当尾数＝5 时，则应分别对待，若“5”后数字皆为“0”，则按“五成双”修约，如 13.150 0＝13.2，13.450 0＝13.4；若“5”的后面数字不为“0”，则一律进入，如 13.154 1＝13.2，5.165 01＝5.17。

常见分析仪器的有效数据：

分析天平（0.1 mg）：取至小数点后 4 位，如 1.823 4 g，0.057 6 g；

滴定管（量至 0.01 mL）：取至小数点后 2 位，如 26.12 mL，6.78 mL；

容量瓶：取至小数点后 1 位，如 100.0 mL，500.0 mL；

移液管：取至小数点后 2 位，如 10.00 mL；

量筒：量至 1 mL 或 0.1 mL，如 25 mL，4.0 mL。

(2) 运算规则。不同位数的有效数字进行运算时，应先修约，后运算。

加减运算时，各数据及最后计算结果所保留的位数，由各数据中小数点后位数最少的一个数据决定。如：

$0.022\,1+20.56-5.165\,01=0.02+20.56-5.17=15.41$

乘除运算时，各数据及计算结果所保留的位数，由有效数字位数最少的一个数据决定。如：

$0.022\,1\times20.56\div5.165\,01=0.022\,1\times20.6\div5.17=0.088\,1$

另外，在计算中遇到首位数≥8 的数据，可在运算过程中多计一位有效数字，如 0.098 4 可视为 4 位有效数字。值得注意的是，数据的修约只能进行一次，计算过程中的中间结果不必修约。

（三）实验报告书写

实验结束后，要对实验现象作出解释，根据实验数据进行处理和计算，得出相应的结论，并对实验中遇到的问题进行讨论，独立完成实验报告。实验报告反映了学生的实验技术水平和总结归纳能力，必须认真完成。

实验报告应包括以下几方面的内容：

(1) 实验基本原理：简要地用文字或化学反应方程式说明。

(2) 主要仪器设备和试剂：写出实验用到的关键仪器及主要试剂。

(3) 操作步骤：尽量采用表格、框图、符号等形式，清晰、明了地表示实验内容、实验步骤。

(4) 结果与计算：以原始数据记录为依据，最好用列表加以整理，明了地显示数据的变化规律。分析结果必须使用法定计量单位及符号，同时有效数字处理方法应符合规定。

(5) 问题讨论：对实验现象及实验结果加以简明的解释，并完成实验教材中规定的作业。鼓励学生在实验报告上对实验现象、实验误差及出现的其他问题进行讨论，敢于提出自己的见解或对实验提出改进意见。

拓展知识

科研及生产中原始数据的规范要求

1. 测试数据记录

应用钢笔或圆珠笔将测试数据及时填写在原始记录表格中，不得记在纸片或其他本子上再誊抄。需要改正时，应在原数据上划一横线，再将正确数据填写在其上方，不得涂擦、挖补。对带数据自动记录和处理功能的仪器，将测试数据转抄在记录表上，并同时附上仪器记录纸；若记录纸不能长期保存（如热敏纸），采用复印件，并做必要的注解。

2. 有效位数的确定原则

① 要根据计量器具的精度和仪器刻度来确定；② 要按所用分析方法最低检出浓度的有效位数确定；③ 对来自同一个正态分布的数据量多于 4 个时，其均值的有效数字位数可比原位数增加一位；④ 精密度按所用分析方法最低检出浓度的有效位数确定，只有当测定次数超过 8 次时，统计值可多取一位；⑤ 极差、平均偏差、标准偏差按方法最低检出浓度确定有效数字的位数；相对平均偏差、相对标准偏差、检出率、超标率等以百分数表示，视数值大小，取至小数点后 1～2 位。

3. 资料整编及保存要求

分析测试完成后，需要对原始资料进行系统、规范化整理分析，对分析数据的准确性、代表性、精密性、完整性和可比性进行全面检查，确认无误后，最后整理出准确可靠的监测报告。

首先，分析测试人员以及部门责任人按检测流程与质量管理体系对原始测试结果进行核查，重点对样品的采集、保存、运输和分析方法的选用及检测过程，以及各种原始记录资料进行合理性检查。发现问题应及时处理，以确保检测成果质量。然后，根据要求编写监测成果表。最后，将所有资料（包括纸质版、电子版等）按档案管理规定进行系统归档保存。

三、水环境化学实验室规则

(一)实验室守则

(1)实验前认真阅读教材及相关参考资料,明确目的要求,了解实验的基本原理、方法和步骤。做好课前各项准备,否则不能进入实验室做实验。

(2)遵守纪律,不迟到,不在实验室大声喧哗,保持室内安静。

(3)实验前,先清点所用仪器,检查是否破损,发现问题立即向指导老师报告。如在实验过程中损坏仪器,应及时报告指导老师,根据要求进行处理。

(4)实验中严格按照操作规程操作,仔细观察,注意理论联系实际,用已学的知识判断、理解、分析和解决实验中所观察到的现象和遇到的问题,并随时将实验现象和数据如实而有条理地记录在专用的记录本上。

(5)实验中保持实验桌面的清洁和整齐。

(6)实验中严格遵守水、电、易燃、易爆以及有毒药品等的安全规则。

(7)实验完毕,将实验桌面整理干净,将仪器和试剂摆放整齐。实验室一切物品,不得带离实验室。

(8)实验后,根据原始记录,联系理论知识,认真分析问题,及时总结经验教训。按要求格式写出实验报告,及时交指导老师批阅。

(二)安全防护知识

(1)必须严格遵守操作规程和有关的安全技术规程,了解所用仪器设备的性能和操作中的注意事项,掌握预防和处理事故的方法。

(2)做好个人防护工作,特别是在使用腐蚀性、有毒、易燃、易爆化学试剂时,要听从指导老师的安排。

(3)了解实验室安全用具放置的位置,熟悉各种安全用具的使用方法。

(4)随时保持实验室和桌面的整洁。水、电用完后,应立即关闭。废液倒入废液缸内,严禁将其投入或倒入水槽,以防堵塞、腐蚀管道。

(5)实验室内严禁吸烟,一切化学药品严禁入口,一切物品(仪器、药品等)均不得带离实验室。

(6)实验中要节约试剂,按实验教材规定用量取用试剂。从试剂瓶中取出的试剂不可再倒回瓶中,以免带进杂质。取用试剂后应立即盖上瓶塞,切忌张冠李戴污染试剂。试剂瓶应及时放回原处。

（7）使用高压气体钢瓶（如乙炔）时，要严格按操作规程操作，钢瓶应存放在远离明火、通风良好的地方。

（8）实验完毕，须将玻璃仪器洗涤干净，放回原位。清洁并整理好桌面，打扫干净水槽、地面。检查电源插头或闸刀是否拉开、水龙头是否关闭。

拓展知识

化学实验绿色化发展

近些年来，大气污染、臭氧层破坏、水资源污染、有毒化学品直接排放等环境污染问题日益严重。为此，在水环境化学实验教学中，甚至在环境检测分析中，大力实施绿色化学实验迫在眉睫。

“绿色化学”或“对环境无害化学”被国际经济合作与发展组织（OECD）于1998年定义为：“发明、设计和利用化学产品与化学过程来减少或消除有害物质的使用和生产。”要求在整个化学反应和工艺过程中实现全程控制、清洁生产，最大限度地将实验过程中使用的所有原材料转化为最终产品，通过实验试剂和产物的循环使用，降低实验成本，努力提高实验的“零排放”程度。

微型化化学实验是另一个重要的发展方向，通过精心设计，严格控制，最大限度节约试剂用量和节约能源，同时也可大大减少实验后所需要处理的化学废物，并减少环境污染。

环境检测的实验室废液需要经绿色处理后才能排出，否则将对生态环境产生严重影响。目前在环境检测实验室废液的处理方面，仍存在缺乏环保观念、缺乏配套设施以及缺乏专业废液处理企业的问题。为此需要加强对实验室废液的管理，同时通过化学处理、物理处理及生物处理技术实现对废液的绿色处理。

四、水环境化学实验主要仪器及其使用

（一）纯水的制备

（1）蒸馏法：实验室常用的纯水器有不锈钢电热纯水器、双重玻璃纯水器。该法设备成本低、操作简单，但能耗高、产率低，所产纯水只能除去水中的非挥发性杂质及微生物等，而不能除去易溶于水的气体。

（2）离子交换法：采用阴、阳离子交换树脂分离水中杂质离子的方法，所制得的水也称去离子水。实验室中除用市售成套的离子交换纯水机外，也可用简易的离子交换柱制备纯水。交换柱常用玻璃管、有机玻璃管制成。该法制备水量大、成本低、去离子能力强，但需要及时更换交换树脂，操作较复杂，而且也不能除去水中非离子型杂质，去离子水中常含有微量的有机物。

（3）反渗透法：在高于溶液渗透压的压力下，借助于只允许水分子透过的反渗透（reverse osmosis，缩写为 RO）膜的选择截留作用，将溶液中的溶质与溶剂分离，从而达到纯水制备的目的。反渗透技术是当今最先进、最节能、最高效的分离技术，根据其原理制成的 RO 膜纯水/超纯水机，是目前一般实验室最常用的纯水制备仪器。

（二）玻璃仪器的洗涤及其基本操作

洗涤的玻璃仪器是否符合要求，直接影响着分析结果的准确度和精密度。洗涤玻璃仪器看似简单，却是一项技术性的工作，必须认真对待。

1. 洗涤玻璃仪器的要求

常用普通量器如烧杯、锥形瓶、量筒等，可用毛刷蘸合成洗涤剂刷洗，再用自来水冲洗干净，然后用纯水涮洗内壁 3 次。具有精密刻度的玻璃量器如滴定管、移液管和容量瓶等，不宜用刷子刷洗，可以用合成洗涤剂或铬酸洗液浸泡一段时间后，再用自来水洗净，最后用纯水润洗 3 次。对于专用的玻璃仪器如比色皿，是用光学玻璃制成，易被有色物污染，可用热的合成洗涤剂或盐酸-乙醇混合液浸泡内外壁数分钟，然后依次用自来水及纯水洗净；作痕量金属分析的玻璃仪器，使用硝酸溶液[浓硝酸与纯水按 1∶(1～9)的比例混合]浸泡，然后进行常法洗涤。

洗涤过程中，遵循少量多次的原则，节约用水，并根据污物的性质选择适宜的洗涤剂。

2. 洗涤液的制备及使用注意事项

(1) 铬酸洗液：称取 20 g 重铬酸钾($K_2Cr_2O_7$，化学纯或用工业级)，置于 500 mL 烧杯中，加纯水 40 mL 并搅拌使其尽量溶解，然后徐徐注入 350 mL 浓硫酸(边加边搅拌)即可。溶液呈暗红色，冷却后，转入玻璃瓶中，备用。

铬酸洗液是实验室内使用最广泛的一种洗液，适宜洗涤无机物、油污和部分有机物。清洗仪器时，将洗液倒入要洗的仪器中，使仪器内壁全浸洗后稍停一会儿，再将洗液倒回洗液瓶。第一次用少量水冲洗刚浸洗过的仪器后，废水应倒在废液缸中，随后再冲洗的废液可倒入下水池，然后用大量的水冲洗。铬酸洗液可反复使用，当溶液呈绿色时，表明洗液已经失效，须重新配制。

注意

铬酸洗液具有极强的腐蚀性，且 Cr^{6+} 对人体有害，因此在使用时要注意安全，不能溅到身上，以防“烧”破衣服和损伤皮肤。用完的废液须回收处理，不能倒入下水池。

(2) 合成洗涤剂：市售的洗衣粉、洗洁精等，适用于洗涤油污和某些有机物。

(3) 碱性高锰酸钾洗涤液：称取 4 g 高锰酸钾($KMnO_4$)溶于少量水中，慢慢加入 100 g/L 的氢氧化钠溶液 100 mL 即可。适用于洗涤被油污和某些有机物污染的器皿，但作用缓慢，需要浸泡一定的时间。

(4) 酸性草酸洗涤液：称取 10 g 草酸($H_2C_2O_4 \cdot 2H_2O$)溶于 100 mL 的盐酸溶液(浓盐酸与纯水按 1∶1 的比例混合)中即可。适用于洗涤氧化性物质。

(5) 盐酸-乙醇溶液：将盐酸和乙醇按 1∶2 的体积比混合即可。适用于洗涤被有色物污染的比色皿、容量瓶和吸量管等。

(三) 标准玻璃量器使用的基本操作

1. 滴定管及其使用

(1) 滴定管分类：滴定管是一根具有均匀刻度的玻璃管，用以盛装滴定所用标准溶液并准确测量其体积。按盛装溶液性质不同，分为酸式滴定管和碱式滴定管。但目前市售的聚四氟乙烯活塞滴定管，既适用于盛装酸液也适用于盛装碱液。

滴定管按其容积大小，可分为常量滴定管、半微量滴定管和微量滴定管。

常量滴定管：25 mL、50 mL 和 100 mL，最小刻度 0.1 mL，本书滴定分析实验中所用滴定管为 25 mL，读数可估到 0.01 mL。

半微量滴定管：10 mL，最小刻度是 0.05 mL。

微量滴定管：1 mL、2 mL 和 5 mL，最小刻度是 0.01 mL。

（2）滴定管在使用前的准备工作应按以下 3 个步骤进行。① 检漏和活塞涂凡士林：对于碱式滴定管，直接装满自来水，置于滴定架上直立 2 min，观察有无漏水现象。如漏水，则需更换橡皮管或玻璃珠，使之配套不漏水即可。对于酸式滴定管，除检查是否漏水外，关键还要检查活塞旋转是否灵活。如不符合要求，则需要涂抹凡士林。方法是将活塞取下，用滤纸将活塞及活塞槽内的水吸干，用手指在活塞的两头均匀地涂上薄薄一层凡士林（特别注意不要把中间小孔堵塞），或者用手指涂抹活塞的粗端，然后用玻璃棒将少量凡士林涂抹在活塞槽的细端内壁部分。将涂好凡士林的活塞小心插入活塞套内，并朝一个方向旋转，直到从外面观察呈透明。最后用橡皮筋套住活塞，以免滴定过程中活塞脱出。将涂好凡士林的滴定管置于滴定架上，与碱式滴定管一样进行装水检测是否漏水。② 洗涤：无明显油污的滴定管，可直接用自来水冲洗，尽量少用滴定管刷刷洗；若有油污则可倒入适量温热至 40～50℃ 的铬酸洗液，将管子横过来并保持一较小的角度，两手平端滴定管转动直至洗液布满全管。污染严重的滴定管，可直接倒入铬酸洗液浸泡几小时。洗净的滴定管内壁应能被水均匀润湿而无条纹，并不挂水珠。对于碱式滴定管，则应先将橡皮管卸下，把橡皮滴头套在滴定管底部，然后再倒入洗液进行洗涤。③ 装液排气：为了保证装入滴定管内溶液的浓度不被稀释，要用该溶液洗涤滴定管 3 次，然后直接从试剂瓶将标准滴定溶液倒入滴定管，不要再经过其他容器，以免影响溶液的组成和浓度。充满滴定管后，应检查管下部是否有气泡。若有气泡，应将其排出。对于酸式滴定管，可将滴定管倾斜一定的角度，迅速转动活塞，使溶液急速流下将气泡带出；对于碱式滴定管，则可将滴定管向上弯曲，并在稍高于玻璃珠所在处用两手指挤压，使溶液从尖嘴口喷出，将气泡带出。

酸式滴定管涂抹凡士林

拓展知识

凡士林堵塞滴定管管口的处理方法

方法一：将滴定管管口插入热水中，温热片刻后突然打开堵塞，使软化的凡士林随管中水突然流出。

方法二：用直径小于管口的细铁丝，从管尖处插入凡士林处，转动细铁丝，将包裹有凡士林的细铁丝取出，再将管尖插入四氯化碳中，将附在壁上的凡士林溶解，用水洗净。

方法三：将滴定管装满水（不要太满，至刻度线附近即可），活塞部分置于掌心，拇指朝下，握紧滴定管，并使之倾斜。另一只手拿洗耳球从滴定管上端口挤压管中的水，使凡士林从管中挤压出去。

(3) 滴定管的操作：碱式滴定管的使用方法较为简单。但使用时应注意不要捏挤玻璃珠以下部位，不要移动玻璃珠，不要摆动出口管，否则放手时，会有空气进入出口管内形成气泡，引起滴定体积误差。

酸式滴定管操作时的持握方式要求较为严格。滴定时，用左手控制滴定管的活塞，拇指在管前，食指和中指在管后，手指略微弯曲，轻轻拿住活塞柄，转动时轻轻地将活塞柄向里推，但切不可使手心顶住活塞小头部分，以防活塞被顶出松动，造成溶液渗漏。无名指和小手指向手心弯曲，并轻轻顶住与管端相交的直角处（图 1-1，A）。

使用锥形瓶滴定时，瓶底离滴定台高 2～3 cm，滴定管下端伸入瓶口内约 1 cm。左手控制溶液流量，右手拿住锥形瓶，边滴加溶液，边摇动锥形瓶，摇动时以同一方向作圆周运动，使溶液既均匀又不会溅出，且没有水的撞击声（图 1-1，B）。

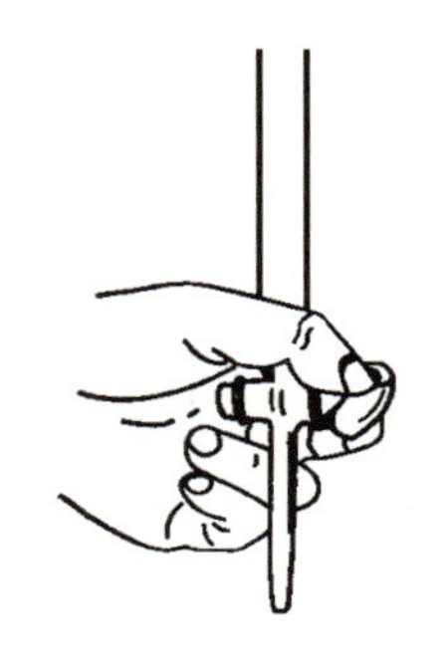

A-酸式滴定管的持握方式

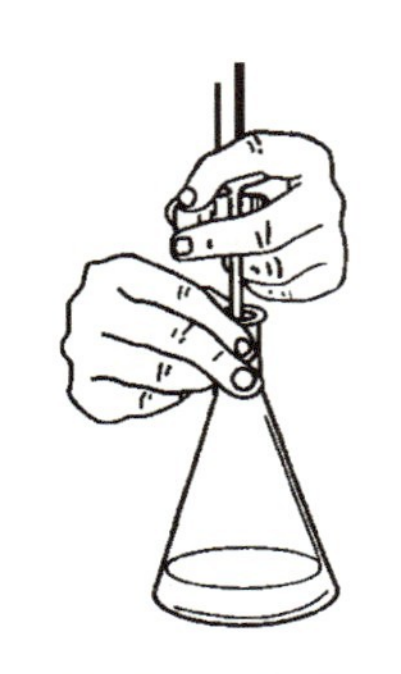

B-使用锥形瓶滴定

图 1-1 滴定管的使用

滴定操作过程应注意以下几个问题：① 滴定过程中，左手不能离开活塞任溶液自流。② 只加半滴的操作：小心放出（酸式滴定管）或挤出（碱式滴定管）溶液半滴，提起锥形瓶令其内壁轻轻与滴定管嘴接触，使挂在滴定管嘴的半滴溶液沾在锥形瓶内壁，再用洗瓶将其洗下。③ 注意观察滴落点附近溶液颜色的变化。滴定开始时速度可以稍快，但应是“滴加”而不是流成“水线”。临近终点时滴一滴，摇几下，观察颜色变化情况，直至加半滴乃至 1/4 滴，溶液的颜色刚好从一种颜色突变为另一种颜色，并一般在 1～2 min 内不变色，即为终点。④ 使用带磨口玻璃塞的锥形瓶或碘量瓶进行滴定时，应将玻璃塞夹在右手的中指和无名指之间，不能随意乱放。⑤ 若使用聚四氟乙烯活塞滴定管，适用于盛装酸液和碱液。上述滴定管操作中酸式滴定管的活塞涂凡士林步骤即可取消。其活塞与滴定管的密合程度靠活塞前面的塑料螺帽调节，其操作方法如酸式滴定管。

（4）滴定管读数：读数时遵循“直、平、切”的原则。“直”即将滴定管从滴定管架上取下，用右手大拇指和食指捏住滴定管上端无刻度处，使滴定管保持自然垂直的状态。“平”即读数时眼睛的视线与溶液弯月面下缘最低点应在同一水平线上。对有色溶液使弯月面不够清晰的，读数时视线应与液面两侧的最高点在同一水平线上。“切”即所读数值为溶液弯月面下缘切线（有色溶液为液面两侧的最高点连线）所对应的刻度。

2. 容量瓶及其使用

容量瓶是一种细颈梨形的平底瓶，带有磨口塞或塑料塞。颈上有标线，瓶上有指示温度和体积。当液体充满至标线时，表示在所指温度下的液体体积恰好与瓶上所注明的体积相等。

容量瓶一般用来配制标准溶液，也用于溶液的稀释。在使用之前，应检查塞子与瓶是否配套严密。首先将容量瓶盛水后塞好，左手按紧瓶塞，右手托起瓶底使瓶倒立，如不漏水，再将瓶子正过来，瓶塞旋转 180°，重复操作一次，如不漏水方可使用。瓶塞应用细绳系于瓶颈，不可随便放置以免沾污或错乱。

配制溶液时，首先将准确称取的物质在小烧杯中溶解，然后将溶液沿玻璃棒注入容量瓶中。溶液转移后，应将烧杯沿玻璃棒微微上提，同时使烧杯直立，避免沾在杯口的液滴流到杯外，再将玻璃棒放回烧杯，用洗瓶吹洗烧杯内壁和玻璃棒，洗水全部转移至容量瓶，反复此操作 4～5 次以保证转移完全。定量转移后，加入稀释剂（如水）至约大半瓶时，先将瓶摇动（不能倒立）使溶液初步混匀，接着继续加入稀释剂至离标线 0.5 cm 处，再用小滴管逐滴加入稀释剂至液面与标线相切，盖好瓶塞，用食指压住瓶塞，其余四指握住瓶颈，另一只手将容量瓶托住并反复倒置、摇荡，使溶液完全混匀（图 1-2）。

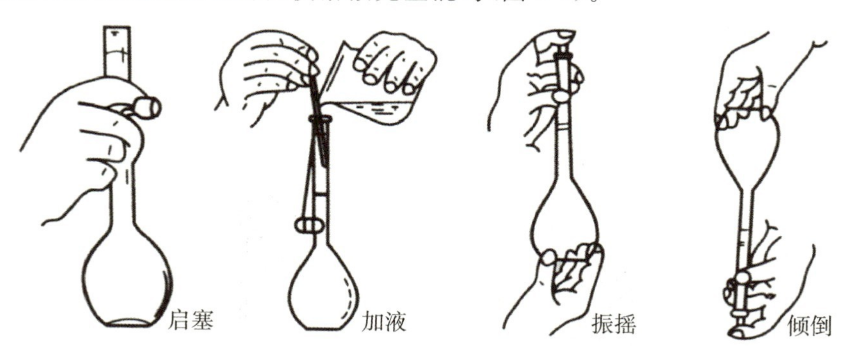

图 1-2　容量瓶的操作

容量瓶不能久储溶液，尤其是碱性溶液，它会腐蚀瓶塞使容量瓶无法打开。所以配好溶液后，应将溶液倒入清洁干净的试剂瓶（该试剂瓶应预先干燥或用少量该溶液润洗 2～3 次）中储存。另外，容量瓶不能用火直接加热及烘烤。使用完毕后，应立即用水冲洗干净。如长期不用，磨口处应洗净擦干，并用纸片将磨口与瓶颈隔开。

3. 移液管及其使用

移液管是用于准确移取一定量体积溶液的量出式器皿。通常有两种形状，一种移液管中间有膨大部分，正规名称是"单标线吸量管"，也称胖肚移液管（胖肚吸管），常用的有 5 mL、10 mL、20 mL、25 mL、50 mL、100 mL 等几种规格；另一种是直形的，管上有分刻度，全称是"分度吸量管"，简称吸量管，有时也混称为移液管。用于移取非整数的小体积的溶液。常用的有 1 mL、2 mL、5 mL、10 mL等多种规格。

洗净的移液管在使用时，首先要用被吸取的溶液洗涤 3 次，以除去管中残留的水分。为此，可倒少许溶液于一洁净并干燥的小烧杯中，用移液管吸取少量溶液，将管放平转动，使溶液流过管内标线下所有的内壁，然后使管直立将溶液由尖嘴口放出至废液杯等容器中。

吸取溶液时，一般用左手拿吸耳球，右手将移液管插入溶液中吸取（图 1-3，A）。当溶液吸至标线以上时，立刻用右手食指按住管口取出，用滤纸擦干下端，然后稍松食指，使液面平稳下降，直至溶液的弯月面与标线相切，立即用食指按紧管口，将移液管垂直放入接收溶液的容器中，管尖与容器壁接触（图 1-3，B），放松食指使溶液自由流出，流完后再等 15 s。残留于管尖的液体一般不用吹出，因为在校正移液管时，未将这部分的体积计算在内。移液管使用后，应立即洗净放在移液管架上。

使用吸量管时，一般将溶液吸至最上边刻度处，然后将溶液放出至适当刻度，两刻度之差即为放出溶液的体积。

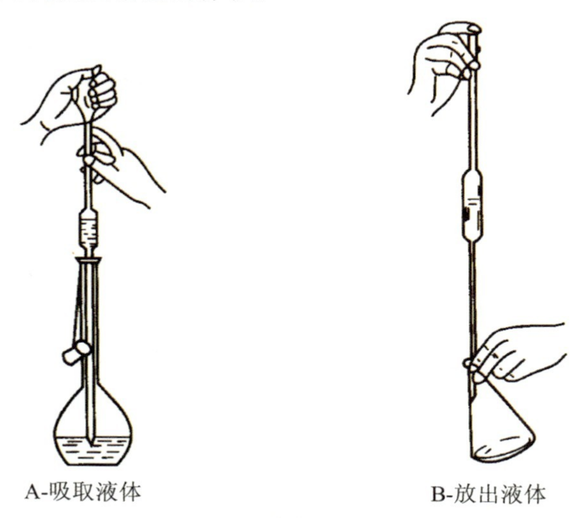

图 1-3　移液管的使用

拓展知识

移液枪

移液枪是移液器的一种，一般用于定量转移少量或微量液体。其设计依据是胡克定律（即在一定限度内弹簧伸展的长度与弹力成正比），也就是移液器内的液体体积与移液器内的弹簧弹力成正比。

移液枪具有不同的规格以及不同的形状，不同规格的移液枪配套使用不同大小的枪头。无论形状如何，其工作原理及操作方法基本一致。常见移液枪的分类可归纳如下。

根据工作原理可分为空气置换移液器与正向置换移液器（活塞内置式与活塞外置式）；

根据工作通道数量可分为单通道移液器和多通道移液器；

根据量程是否可调可分为固定移液器和可调节式移液器；

根据动力来源可分为手动式移液器和电动式移液器；

根据特殊用途还将其分为全消毒移液器、大容量移液器、瓶口移液器、连续注射移液器等。

判断移液枪的好坏，主要考虑以下几点：① 移液枪的产品性能，即移液器的准确性和重复性；② 移液枪的可靠耐用性，即制造移液枪的材料；③ 使用的舒适性，即是否符合人体工程学设计的最基本要求。

移液枪属精密仪器，本身的质量决定了移取液体体积的准确性。由于生产厂家的不同，材质的不同，隔热性的差异，准确性有着很大差距。因此对于移液器的正确使用方法及其一些细节操作，必须根据各自生产厂家的说明要求使用。特别是严禁使用移液枪吸取浓酸、浓碱、有机物等强挥发性、强腐蚀性的液体。

（四）重量分析的基本操作

重量分析包括挥发法、萃取法、沉淀法，以沉淀法最为常用，其基本操作包括沉淀的制备、沉淀的过滤和洗涤、沉淀的烘干（干燥）和灼烧、沉淀的称量等步骤。

1. 沉淀的制备

（1）沉淀的条件：样品溶液的浓度、pH，加入沉淀剂的浓度、加入量、加入的速率，各种试剂加入的次序，沉淀时溶液的温度等条件应严格按照实验操作要求进行。

（2）沉淀剂的加入：将称好的样品于烧杯中溶解，并稀释到一定的浓度，沿烧杯内壁或玻璃棒加入沉淀剂，小心操作以免溶液溅出。加入沉淀剂时通常是左手用滴管逐滴加入，右手用玻璃棒轻轻搅拌溶液，使沉淀剂不至于局部过浓。搅拌时勿使玻璃棒碰击烧杯壁或触击烧杯底部以防碰破烧杯。在热的溶液中进行沉淀时，应在水浴或低温电热板上进行，以免溶液沸腾而溅失。

（3）检查沉淀是否完全：沉淀剂加完后应检查沉淀是否完全。方法是将沉淀的溶液静置，待沉淀沉降后，于上层清液中加入一滴沉淀剂，观察液滴落处是否出现混浊。若有混浊或沉淀出现，则说明沉淀不完全，需补加适量沉淀剂使沉淀完全。

（4）陈化：待沉淀完全后，盖上表面皿放置过夜或加热搅拌一定时间进行陈化。对于无定形沉淀，应当在热的较浓的溶液中进行沉淀，较快地加入沉淀剂，按照上述方法搅拌。待沉淀完全后，迅速用热的纯水冲稀，趁热过滤和洗涤，不必陈化。

2. 沉淀的过滤和洗涤

根据沉淀在灼烧中是否会被纸灰还原以及称重的形式，选择合适的滤纸或玻璃滤器过滤。

（1）滤纸：重量分析的滤纸称定量滤纸（或无灰滤纸，灰分的质量小于0.1 mg）。按过滤速度不同可分为快速、中速和慢速三种，直径有7 cm、9 cm、11 cm三种。可根据沉淀量及沉淀的性质合理选用。一般微粒晶型沉淀可选用较小和紧密的慢速滤纸，蓬松的胶状沉淀则应选用较大而疏松的快速滤纸。滤纸的大小要与漏斗相适应，一般滤纸放入漏斗后，其边缘应低于漏斗口0.5～1.0 cm。沉淀的体积应低于滤纸容积（在漏斗中）的1/3。

滤纸的折叠一般是将滤纸对折，然后再对折成直角，展开后成圆锥体，一个半边为单层，另一半边为三层。放入清洁干燥的漏斗中，标准的漏斗应具有60°的圆锥角，此时折叠好的滤纸应与漏斗完全密合。如滤纸边缘与漏斗不十分密合，可在第二次对折时错开一些，使折成的角度与漏斗的角度完全密合为止。

为使滤纸三层部分紧贴漏斗内壁，可将三层厚的滤纸外层撕下一角，以便使滤纸紧贴漏斗壁，撕下的纸角保留备用。

把折好的滤纸放入漏斗，三层的一边对应漏斗出口短的一边。用手指按紧，用洗瓶吹出少量纯水将滤纸润湿，再用手或玻璃棒轻轻按压滤纸边缘，使锥体上部与漏斗密合（不应有气泡），但下部留有缝隙，加水至滤纸边缘，此时漏斗内应全部被水充满，形成水柱，以加快过滤速度。若不能形成完整的水柱，可用手指堵住漏斗出口，稍微掀起三层厚的滤纸边，用洗瓶向滤纸和漏斗间的空隙内注水，直至漏斗颈及锥体的大部分被水充满。然后压紧滤纸边缘，排除气泡，最后缓慢松开堵住漏斗出口的手指，水柱即可形成。

若用布氏漏斗、玻璃漏斗等滤器，则要选择与漏斗直径相适合的滤纸，而不需折叠。但要用玻璃坩埚漏斗则无需使用滤纸，而是将沉淀或需分离的物质直接过滤在烧结玻璃片上，再在一定温度下烘至恒重即可。

（2）沉淀的过滤与初步洗涤：沉淀的过滤一般采用倾注法。将漏斗放置在漏斗架上，漏斗下面放一烧杯，漏斗颈下端应在烧杯沿下 3～4 cm，并与烧杯壁紧贴。过滤前，先将沉淀倾斜静置，然后将上层清液沿玻璃棒倾入漏斗内的滤纸上，目的是既防止沉淀堵塞滤纸，又可加速过滤，还可使沉淀得到充分洗涤。操作时一手拿住玻璃棒，使之与滤纸近于垂直，玻璃棒位于三层滤纸上方，但不要和滤纸接触。另一手拿住盛沉淀的烧杯，烧杯嘴靠住玻璃棒，慢慢将烧杯倾斜，使上层清液沿玻璃棒缓缓注入漏斗中，至滤液达到滤纸高度的 2/3（或倾入的溶液液面至滤纸边缘约 0.5 cm）处，应暂停倾注，以免沉淀因毛细作用越出滤纸边缘，造成损失。当停止倾注时，将烧杯嘴沿玻璃棒慢慢向上提起，使烧杯直立，再将玻璃棒放回烧杯中，以免烧杯嘴处的液滴流失。注意玻璃棒勿靠在烧杯嘴处，以免烧杯嘴上的少量沉淀黏附在玻璃棒上。

当清液倾注完毕，即可进行初步洗涤。用洗瓶或滴管沿烧杯内壁四周及玻璃棒注入少量洗涤液，每次约 20 mL，用玻璃棒充分搅拌，将烧杯斜放在小木块等物体上，静置，使沉淀集中下沉在烧杯的一侧，以利于沉淀和清液分离，便于下一步沉淀的转移。待沉淀沉降后，按上述倾注法过滤。如此洗涤沉淀3～4次，每次应尽可能地把洗涤液倒尽，再加第二份洗涤液。中间要随时检查滤液是否透明不含沉淀颗粒，否则应重新过滤。

(3) 沉淀的转移:经多次倾注洗涤后,再加入少量洗涤液于烧杯中,用玻璃棒搅起沉淀成悬浮状体,立即沿玻璃棒将其转移到漏斗的滤纸上。然后用洗瓶吹洗烧杯内壁和玻璃棒上的沉淀,再进行转移。如此重复多次,尽可能将沉淀全部转移到滤纸上。对于残留在烧杯内的最后少量沉淀,可采用左手拿住烧杯,将玻璃棒放在烧杯嘴上,用食指按住玻璃棒,烧杯嘴朝向漏斗倾斜,玻璃棒下端指向滤纸三层部分,右手持洗瓶吹出洗液冲洗烧杯内壁,使烧杯内残留的沉淀随液流沿玻璃棒流入滤纸内。仍黏附在烧杯内壁和玻璃棒上的沉淀,可用原来撕下的滤纸角进行擦拭,然后一并放入漏斗内。

(4) 洗涤沉淀:沉淀全部转移到滤纸上后,还需要在滤纸上进行最后的洗涤,目的是洗出沉淀表面所吸附的杂质。操作时,用洗瓶自上而下螺旋式进行冲洗,这样可将沉淀集中于滤纸的底部。为了提高工作效率,尽量减少沉淀的溶解损失,洗涤时应遵循"少量多次"的原则,即同样体积的洗涤液应尽可能分多次洗涤。每次洗后尽量沥干,再进行下一次洗涤。

(5) 玻璃滤器过滤:对于烘干即可称重或热稳定性差的沉淀,可直接用玻璃坩埚或玻璃漏斗过滤(这类玻璃滤器耐酸不耐碱,在使用前,要经酸洗后抽滤、水洗、再抽滤),然后烘干(或晾干)至恒重。

用玻璃滤器进行沉淀的过滤、洗涤和转移的操作与用滤纸的操作基本相同。其不同点在于用玻璃滤器必须在减压下过滤,因此一定要准备抽滤设备。

3. 沉淀的烘干和灼烧

沉淀的干燥和灼烧是在预先灼烧至质量恒定的坩埚中进行,因此,沉淀分析法中必须准备好干燥器和坩埚。有关干燥器的使用较为简单,此处不再介绍。

(1) 坩埚的准备:将坩埚洗净、烘干、编号(可用含铁盐或钴盐的蓝墨水在坩埚及盖上编号),以资识别。然后放入高温炉中,在慢慢升温至灼烧沉淀时的温度条件下,恒温 30 min。然后打开电炉门,用微热过的坩埚钳取出放在石棉板上,冷却至用手臂靠近坩埚只有微热感觉时,将空坩埚放入干燥器中。冷却 30 min后,取出称重。再将坩埚按照上述同样方法灼烧,冷却称重,直至连续两次称重的质量差不超过 0.2 mg,即可认为坩埚已恒重。

(2) 沉淀的包卷:利用玻璃棒(或药铲)将滤纸三层部分挑起,用洁净的手指从翘起的滤纸下面将其取出,打开成半圆形,自右端约 1/3 半径处,向左折叠一次，再自上向下折叠一次，然后从右向左卷成小卷。最后将包有沉淀的小卷放入已恒重的坩埚内。注意：将包裹层数较多的一面朝上，以便于炭化和灰化。

对无定形沉淀，可用玻璃棒将滤纸四周边缘向内折，把圆锥体的敞口封上，再用玻璃棒将滤纸包轻轻转动，以便擦净翻斗内壁可能沾有的沉淀，然后将滤纸包取出倒转过来，尖头向上安放在坩埚中。

（3）沉淀的烘干和灼烧：将装有沉淀的坩埚盖子半掩着倚靠于坩埚口，然后置于低温电炉上加热，直至滤纸和沉淀烘干至滤纸全部炭化（滤纸变黑），注意只能冒烟，不能着火。炭化后可逐渐提高温度，使滤纸灰化。待滤纸全部呈白色后，转至高温炉中灼烧。沉淀灼烧完全后，放至室温，转入干燥器，平衡约 30 min 后再称重，直至恒重。

若用玻璃滤器进行过滤，则应待沉淀中的溶液抽干，再放入电热干燥箱干燥至恒重。

4. 沉淀的称量

称量方法与称量空坩埚的方法基本相同，但应尽快完成称量，特别是对灼烧后吸湿性很强的沉淀更应如此。

（五）分光光度计

有色物质溶液颜色的深浅，与其浓度有一定关系，基于有色物质对光的选择性吸收，比较溶液颜色的深浅来测定溶液中某种组分的含量，而建立起来的分析方法，称为比色分析法。比色分析法包括比色法、可见分光光度法、紫外分光光度法、红外光谱法等。

用眼睛观察比较溶液颜色深浅来确定物质含量的分析方法称为目视比色法。目视比色法测定的准确度较差，相对误差为 5%～20%，但由于它所需仪器简单，操作简便，目前仍被广泛应用于水产养殖水体的快速监测中。

利用分光光度计测定有色物质在特定波长处或一定波长范围内光的吸收度，来确定物质含量的分析方法称为分光光度法，也称为吸收光谱法。根据所用光源波长的光区，又分为可见光（波长 400～760 nm）、紫外光（波长 200～400 nm）和红外光（波长 760～1 000 nm）。

分光光度法具有灵敏度高、操作简便、快速等优点，水体中的多种无机物和有机物均可测定，是水环境监测中常用的分析方法。随着分光光度法的发展以及和其他方法的联用，其应用范围仍在进一步扩大。

1. 物质对光的选择性吸收

光是一种电磁波，其波长的范围包括较短波长的X射线(波长0.001～10 nm)到较长波长的微波(波长0.1～1 000 mm)，直至无线电波。本节仅就分光光度计中常用的可见光为例进行讨论。

通常所见的白光，称为可见光，是由“七色”光按一定比例混合而成的。也可以将两种适当颜色的单色光按一定强度比例混合成为一种白光，这种单色光称为互补色光。物质的颜色就是因物质对不同波长的光具有选择性吸收作用而产生，物质颜色和吸收光颜色之间的关系见表1-1。

表1-1　物质颜色和吸收光颜色的关系

物质颜色	吸收光	
	颜色	波长范围/nm
黄绿	紫	400～450
黄	蓝	450～480
橙	绿蓝	480～490
红	蓝绿	490～500
紫红	绿	500～560
紫	黄绿	560～580
蓝	黄	580～600
绿蓝	橙	600～650
蓝绿	红	650～750

将不同波长的光连续地照射到一定浓度的样品溶液时，便可得到与不同波长相对应的吸收强度(即吸光度)。然后以波长为横坐标，吸光度为纵坐标作图，可得到该物质的光吸收曲线。吸光度最大处对应的波长称为最大吸收波长(即吸收峰)，以λ_{max}表示。同一种物质的溶液，吸光度随物质浓度的增大而增大，但λ_{max}不变，这就是物质定量分析的依据；不同物质的溶液，具有不同的λ_{max}，这也是物质定性的依据。

2. 光吸收的基本定律

当一束平行单色光照射到吸光物质上时，光的一部分将被溶液吸收，一部分会透过溶液，那么，透过光强度（I_t）与入射光强度（I_0）之比称为透光度或透射比（T）。

$$T=\frac{I_t}{I_0} \tag{1-1}$$

朗伯定律：一束单色光通过吸光物质后，光的吸收程度与光通过介质的光程（即溶液层厚度）成正比：

$$A=\lg\frac{I_0}{I_t}=Kb \tag{1-2}$$

式中：A——吸光度；

K'——比例常数；

b——液层厚度。

比尔定律：一束单色光通过吸光物质后，光的吸收程度与透明介质中光所遇到的吸光质点的数目（即溶液浓度）成正比：

$$A=\lg\frac{I_0}{I_t}=K''c \tag{1-3}$$

式中：K''——比例常数；

c——溶液浓度。

将两个定律合并后，就成了朗伯-比尔定律，它表明：当一束单色光通过含有吸光物质的溶液后，溶液的吸光度与吸光物质的浓度及吸光层厚度成正比。其数学表达式为：

$$A=\lg\frac{I_0}{I_t}=Kbc \tag{1-4}$$

式中：K——比例常数，该常数称为吸光系数或吸收系数，它与吸光物质的性质、入射光波长及温度等因素有关。它随b、c所取的单位不同而改变。当液层厚度（b）以 cm 为单位、浓度（c）以 g/L 为单位时，K 的单位为 L/(cm · g)，此时的 K 称为吸收系数；若 c 的单位为 mol/L 时，K 的单位为 L/(cm · mol)，此时的 K 称为摩尔吸光系数，用 ε 表示。ε 反映吸光物质对光吸收的能力，也反映用分光光度法测定该吸光物质的灵敏度。ε 越大，方法的灵敏度愈高。

3. 吸光度的加和性

在多组分体系的光度分析中，如果各种吸光物质之间没有相互作用，这时体系的总吸光度等于各组分吸光度之和，即吸光度具有加和性：

$$A = A_1 + A_2 + A_3 + \cdots + A_n \tag{1-5}$$

在水样的测定中，当水样中加入显色剂后，测得的水样吸光度（$A_{总}$），大致应包含待测成分的吸光度（$A_{待测}$）、加入显色剂的吸光度（$A_{试剂}$）、比色皿的吸光度（$A_{玻璃}$）、显色水样中纯水（即溶剂）的吸光度（$A_{溶剂}$），以及水样中悬浮物等形成的混浊度或有色物质的吸光度（统称混浊吸光度，$A_{混浊}$），则有

$$A_{总} = A_{待测} + A_{试剂} + A_{玻璃} + A_{溶剂} + A_{混浊} \tag{1-6}$$

即

$$A_{待测} = A_{总} - A_{试剂} - A_{玻璃} - A_{溶剂} - A_{混浊} \tag{1-7}$$

在选定的比色皿中加入纯水（溶剂）作参比溶液，则有 $A_{玻璃} + A_{溶剂} = 0$，若选择纯水中加入显色剂的溶液作参比溶液，则有 $A_{试剂} + A_{玻璃} + A_{溶剂} = 0$。因此，选择适当的参比溶液，将给测定带来方便。

拓展知识

朗伯-比尔定律的偏离

利用吸光光度法分析时，根据 $A = Kbc$ 这一关系式，在确定了液层厚度的情况下，以 A 对 c 作图，应为一通过原点的直线，即工作曲线（或标准曲线）。但多数情况下，该曲线的高浓度端会发生偏离的现象，从而偏离了比尔定律。其原因主要有以下几个方面。

（1）比尔定律的局限性：比尔定律是在假设吸收粒子间无相互作用的情况下的定律，仅适用于较低浓度的稀溶液。在高浓度时，由于吸光物质的分子或离子间的电荷分布互相影响加大，从而改变了对光的吸收能力，因此，使吸光度（A）与浓度（c）之间的线性关系发生了偏离。

（2）仪器条件的局限性：比尔定律仅在入射光为单色光时才是正确的，但一般分光光度计中的单色器并不能分离出严格的单色光，总会有或多或少的较窄波长范围的光混杂其中，从而造成对比尔定律的偏离。

另外，被测物质溶液本身发生的解离、缔合等化学变化，以及配合物的稳定性等也能造成比尔定律的偏离。

4. 吸光度测量条件的选择

（1）入射光波长的选择：以溶液的 λ_{max} 为测量的入射波长最佳，此时 K 值最大，测定时的灵敏度和准确度最高。

（2）吸光度读数范围的选择：光度计读数误差是经常遇到的测量误差，特别是数字显示的分光光度计，更容易被忽视。当透光度读数太大或太小时，微小的读数误差将会造成较大的浓度相对误差。根据朗伯-比尔定律，通过计算可知，透光度读数在 15%～65%（A 为 0.8～0.2）的范围内，浓度相对误差较小，当 A＝0.434（T＝36.8%）时测量的相对误差最小。

（3）参比溶液的选择：在吸光光度分析中，利用适当的参比溶液来调节仪器的零点，可以消除由于吸收池壁、溶剂、试剂对入射光的反射和吸收带来的误差，并扣除干扰的影响。

参比溶液的选择主要考虑以下几点：① 纯溶剂空白，当试液、试剂及显色剂均无色时，可直接用纯溶剂（或纯水）作参比溶液；② 试液空白，若显色剂为无色，而被测试液中存在其他有色离子，可用不加显色剂的被测试液作参比溶液；③ 试剂空白，试液无色，而试剂或显色剂有颜色时，可选择不加试样溶液的试剂空白作参比溶液；④ 显色剂和试液均有颜色，则可加入适当掩蔽剂，将被测组分掩蔽后，再加显色剂和其他试剂，以此作为参比溶液。

5. 723 系列可见分光光度计/752N 紫外可见分光光度计的使用

（1）仪器的特点：采用微机处理技术和光栅 CT 式单色器结构，使仪器具有自动设置 0%T 和 100%T 的控制功能，以及多种浓度运算、数据处理和输出打印功能，操作简便，具有良好的稳定性、重现性和精确的测量精度。

（2）仪器的结构：其结构示意图见图 1-4。

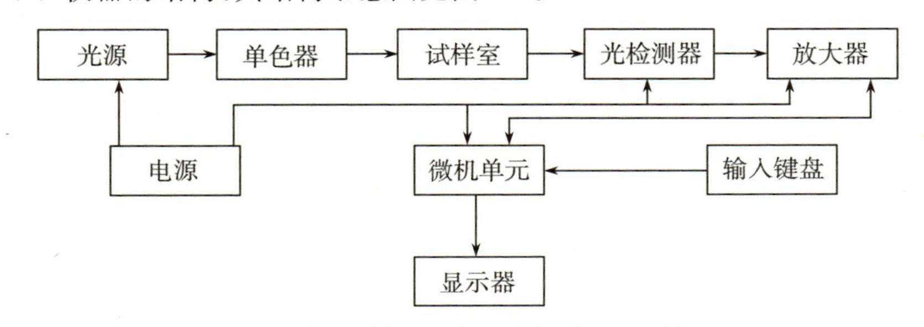

图 1-4　723 系列/752N 分光光度计结构示意图

光源发出的光束经单色器内的光栅色散成展开光谱，通过波长选择后，得到所需波长的单色光，该单色光穿过被测试样，其能量被样品吸收一部分，剩余光能被检测器接收，然后转换成电信号，经放大器放大后，送至微机单元进行运算处理，由显示器给出测定结果。由键盘设定测量模式、参数和命令的控制。

(3) 仪器基本操作：① 连接仪器电源，确保仪器供电电源有良好的接地性能。② 接通电源，开机使仪器预热 20 min。至仪器自动校正后，显示器显示“546.0 nm 0.000*A*”。仪器自检完毕，即可进行测试。③ 按〈方式〉键设置测试方式，根据需要可选择：透过率(*T*)、吸光度(*A*)、浓度(*c*)。④ 按〈设定〉键，屏幕上显示“WL＝XXX. Xnm”字样，按〈∧∨〉键，输入所要的波长，之后按〈确认〉键，显示器第一列右侧显示“XXX. Xnm BLANKING”，此时仪器正在变换到所设置的波长及自动调出“OAbs/100％*T*”，请稍等。待仪器显示出所需的波长，并且已经把参比调成“0.000*A*”时，即可测试。⑤ 将所测得的参比样品溶液和被测样品溶液分别倒入比色皿中，打开样品室盖，分别插入比色皿槽中，盖上样品室盖(一般情况下，第一个槽放参比样品溶液)。⑥ 将参比样品推(拉)入光路中，按〈OAbs00％*T*〉键，调“OAbs/100％*T*”。此时显示器显示为“BLANKING”，直至显示“100.0％*T*”或“0.000*A*”为止。⑦ 将被测样品溶液推(拉)入光路中，这时仪器显示的数值就是被测样品的测试参数。

五、水环境化学实验常用的试剂及其配制

(一) 标准溶液

水环境监测分析中常用的试剂可分为一般试剂和标准溶液，标准溶液主要有滴定分析用标准溶液、仪器分析用标准溶液等，标准溶液必须用标准物质进行配制。

滴定分析用标准溶液用于测定试样中的常量组分，其浓度值保留 4 位有效数字。配制时，一般需用基准试剂或相当纯度的其他标准物质。仪器分析用标准溶液大多用来测定试样中微量或痕量组分，因此配制标准溶液时可能用到专门试剂、高纯试剂、纯金属及其他标准物质、优级纯及分析纯试剂等，而且所用标准溶液的浓度也比较低。

由于稀溶液的保质期较短，通常配成比使用的溶液高 1～3 个数量级的浓

度作为贮备液，临用前稀释。当稀释倍数高时，应采取逐次稀释的方法。

标准溶液的配制主要有以下两种方法：

（1）直接法：用分析天平准确称量一定质量的工作基准试剂或相当纯度的其他标准物质，加入小烧杯中，用适量水或其他试剂溶解后，定量转移至容量瓶中，用水稀释至刻度，摇匀。这种配制方法简单，但成本高，不宜大批量使用，而且很多标准溶液无合适的标准物质配制（如 NaOH、HCl、$KMnO_4$ 等）。

（2）间接配制法（标定法）：用分析纯试剂配成接近所需浓度的溶液，然后利用另一种已知准确浓度的标准溶液（可以用直接法配制的标准溶液）标定。

我国习惯上将滴定分析用的工作基准试剂和某些纯金属这两类标准物质称为基准物质。基准物质具有确定的化学组成，纯度高，在空气中稳定。滴定分析中常用的基准物质及其应用范围见表 1-2。

表 1-2 常用基准物质的应用范围

基准物质	分子式	干燥条件（至恒重）	标定对象
无水碳酸钠	Na_2CO_3	270～300℃	酸
邻苯二甲酸氢钾	$KHC_8H_4O_4$	105～110℃	碱
草酸	$H_2C_2O_4 \cdot 2H_2O$	室温空气干燥	碱、$KMnO_4$
重铬酸钾	$K_2Cr_2O_7$	140℃	还原剂
溴酸钾	$KBrO_3$	130℃	还原剂
碘酸钾	KIO_3	130℃	还原剂
草酸钠	$Na_2C_2O_4$	105～110℃	$KMnO_4$
碳酸钙	$CaCO_3$	110℃	EDTA
锌	Zn	室温干燥器中保存	EDTA
氧化锌	ZnO	800℃	EDTA
氯化钠	NaCl	500～550℃	$AgNO_3$
硝酸银	$AgNO_3$	H_2SO_4 干燥器	氯化物、硫氰酸盐

基准物质要预先按规定的方法进行干燥，配制标准溶液要选用符合实验要求的纯水，配制的标准溶液应密闭保存，避免阳光直射甚至完全避光，见光易分解的标准溶液用棕色瓶贮存。贮存的标准溶液，由于水分蒸发，水珠凝于瓶壁，使用前应将溶液摇匀。

当对实验结果的精确度要求不是很高时，例如水产养殖生产中的常规检测分析，可用优级纯或分析纯试剂代替同种的工作基准试剂进行标定。

（二）一般溶液的配制及保存方法

分析监测中除标准溶液外，还会用到大量的酸、碱、盐溶液和有机试剂等，在配制和保存时应遵循以下原则。

（1）配制溶液时，要牢固地树立"量"的概念，要根据溶液浓度准确度的要求，合理地选择称量用的天平（台秤或分析天平）及量取溶液的量器（量筒或移液管），记录的数据应保留合理的有效数字，配好的溶液应存放在符合要求的容器中。

（2）易侵蚀或腐蚀玻璃的溶液，如含氟的盐类及强碱等应保存在聚乙烯瓶中。

（3）易挥发、易分解的溶液，如高锰酸钾溶液、碘液、硫代硫酸钠溶液、硝酸盐溶液、氨水和乙醇等应存放在棕色瓶中，密闭好放在阴凉暗处。

（4）有些易水解的盐类，配制成溶液时，需先加入适量的酸（或碱）再用水或稀酸（或碱）稀释。有些易被氧化或还原的试剂及易分解的试剂，常在使用前临时配制或采取措施防止其被氧化或分解。

（5）配好的溶液存放于试剂瓶中，并立即贴上标签，注明试液名称、浓度及配制日期。

六、数据处理

（一）分析中常用名词术语

1. 准确度

准确度是用一个特定的分析程序所获得的分析结果与假定的或公认的真值之间符合程度的度量（即测定值与真实值接近的程度）。测定值越接近真实值，准确度越高，反之准确度越低。一个分析方法或分析测量系统的准确度是反映该方法或该测量系统存在的系统误差和随机误差两者的综合指标，它决定着这个分析结果的可靠性。通过测量标准物质或标准物质的加标回收率可以评价分析方法和测量系统的准确度。其中，加标回收率按式（1-8）计算：

$$加标回收率=\frac{加标试样测定值-试样测定值}{加标量}\times 100\% \tag{1-8}$$

2. 精密度

精密度是指用一特定的分析程序在受控条件下重复分析均一样品所得测定值的一致程度。也就是在相同条件下，按规定的同一操作步骤对同一均匀、稳定的样品进行多次重复测定，所得数值之间相互接近的程度。测定的数值越接近，表示测定结果的精密度越高，反之精密度越低。精密度通常用偏差的大小来衡量，偏差有绝对偏差和相对偏差。但在实际分析工作中，对于分析结果的精密度，通常用平均偏差和相对平均偏差来表示。

根据不同的需要和目的，通常用到下述三个精密度的专用术语。

(1) 平行性：在同一实验室中，当分析人员、分析设备和分析时间都相同时，用同一分析方法对同一样品进行的双份或多份平行样测定结果之间的符合程度。

(2) 重复性：在同一实验室中，当分析人员、分析设备和分析时间中至少有一样不相同时，用同一分析方法对同一样品进行的两次或两次以上独立测定结果之间的符合程度。

(3) 再现性：指在不同实验室(分析人员、分析设备，甚至分析时间都不相同)，用同一分析方法对同一样品进行的多次测定结果之间的符合程度。

故所谓的室内精密度即平行性和重复性的总和；而所谓的室间精密度即再现性。

3. 灵敏度

一个方法的灵敏度是指用一个方法对单位浓度或单位量的待测物质的变化所引起的响应量变化的程度。因此，它可以用仪器的响应量与对应的待测物质的浓度或量之比来描述。在实际工作中常以标准曲线的斜率衡量方法的灵敏度。校准曲线斜率越大，方法越灵敏。一个方法的灵敏度可因实验条件的变化而改变，在一定的实验条件下，灵敏度具有相对的稳定性。

4. 空白实验

空白实验(空白测定)是指除用水代替样品外，其他所加试剂和操作步骤均与样品测定相同的操作过程。

空白实验应与样品测定同时进行，测得值的大小与分析方法及各种实验条件等有关。

5. 校准曲线

校准曲线是用于描述待测物质的浓度或量与相应的测量仪器的响应量或其他指示量之间定量关系的曲线。校准曲线包括通常所谓的工作曲线和标准曲线。

工作曲线：绘制校准曲线所用标准溶液的分析步骤与样品分析步骤完全相同。

标准曲线：绘制标准曲线的标准溶液系列，没有经过水样的预处理过程（如消解、净化等过程）而直接测量，即与样品的测定步骤相比有所简化。

某一方法的校准曲线的直线部分所对应的待测物质的浓度（或量）的变化范围，称为该方法的线性范围。在水环境的水质监测中，通常选用校准曲线的直线部分。

6. 检测限（检出限）

检测限是指对某一特定的分析方法在给定的可靠程度内可以从样品中检测待测物质的最小浓度或最小量。所谓"检测"是指定性检测，即断定样品中确实存在有浓度高于空白的待测物质。

7. 检测上限

检测上限系指与校准曲线直线部分的最高界限点相应的浓度值。当样品中待测物质的浓度超过检测上限时，相应的响应值将不在校准曲线直线部分的延长线上。校准曲线直线部分的最高界限点称为弯曲点。

8. 方法适用范围

方法适用范围系指某一特定方法的检测限至检测上限之间的浓度范围。在此范围内可做定性或定量的测定。

9. 测定限

测定限为定量范围的两端，可分为测定下限与测定上限。

测定下限：在测定误差能满足预定要求的前提下，用特定方法能够准确定量测定待测物质的最小浓度或量，称为该方法的测定下限。

测定上限：在限定误差能满足预定要求的前提下，用特定方法能够准确定量测定待测物质的最大浓度或量，称为该方法的测定上限。

对没有(或消除了)系统误差的特定分析方法,精密度要求越高,测定下限高于检出限、测定上限低于检测上限越多。

10. 最佳测定范围

最佳测定范围(有效测定范围)系指在测定误差能满足预定要求的前提下,特定方法的测定下限至测定上限之间的浓度范围。在此范围内能够准确定量测定待测物质的浓度或量。最佳测定范围应小于方法的适用范围。

分析方法的特性关系如图 1-5 所示。

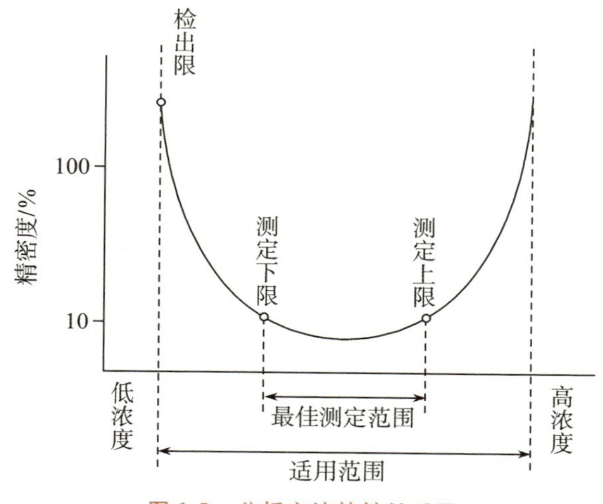

图 1-5 分析方法特性关系图

(二) 分析测试中的误差及其表示方法

水质分析的目的是准确测定样品中有关组分的含量。每一次测试,便可获得一个测试结果或测试数据,以反映被测对象所处的状态。即使采用同一台仪器、同一种分析方法,测定同一样品,多次测试结果都不一定完全相同;同一个分析人员在相同条件下测试同一样品的多次结果也往往不完全相同。这种测试结果与被测对象的客观实际在数值上的差异就称为误差。分析过程中的误差是客观存在的,所以要对分析结果进行评价,查明误差产生的原因,采取有效措施,使测量结果尽量接近真实值。

1. 水环境监测分析中测试误差的主要来源

在水环境监测分析中,测试方法、测试过程和被测样品是水环境监测分析的三要素,也是测试结果的主要误差源。

根据误差的来源和性质一般分为系统误差、随机误差和过失误差。

(1) 系统误差：亦称可测误差，是由测试过程中某些经常性的、固定的原因引起的比较恒定的误差。它常使测定结果偏高或偏低，影响测定结果的准确度，对精密度影响不大。其产生的原因主要有分析方法本身不够完善（方法误差）、仪器本身不够准确（仪器误差）、试剂不纯等（试剂误差）以及操作人员的主观原因（操作误差）等。系统误差的大小、正负有一定规律，具有重复性和可测性，可通过适当的校正来减少或消除。

(2) 随机误差：又叫偶然误差，是由某些难以控制的偶然因素造成的。例如，水温、气压的微小波动，仪器的微小变化，分析人员对天平、滴定管最后一位读数的不确定性等一些不可避免的偶然因素，使测定结果产生波动造成的误差。随机误差的大小、正负无法测量，也不能加以校正，所以随机误差又叫不可测误差。

(3) 过失误差：由于分析人员主观上责任心不强、粗心大意或违反操作规程等而造成的误差，这些过失误差是可以避免的。

2. 测试结果的准确度与误差

准确度是指测定值与真实值接近的程度，准确度的高低是用误差来衡量的，也可以说误差是用来衡量测定结果的准确度的。因此，准确度可用误差来表示。误差可分为绝对误差和相对误差。

绝对误差(E)是指测定值(χ)与真实值(μ)之间的差值，即

$$E=\chi-\mu \tag{1-9}$$

相对误差(RE)是绝对误差在真值中所占的百分率，其数学表达式为

$$RE=\frac{E}{\mu}\times 100\%=\frac{\chi-\mu}{\mu}\times 100\% \tag{1-10}$$

绝对误差和相对误差都有正负之分，正值表示测定值比真值偏高，负值表示测定值比真值偏低。误差越小，准确度越高。

3. 测试结果的精密度与偏差

应该指出，真值是客观存在的真实数值，但往往是不知道的，它包括理论真值、约定真值和标准容器及标准物质的相对真值。对于分析的试样，通常都由理论真值或进行多次重复测定，求出算术平均数作为真值的近似值来看待。在

这种情况下，分析结果的可靠性常用精密度表示。它反映的是分析方法或测量系统存在的随机误差的大小。

精密度通常用极差、偏差（绝对偏差）、相对偏差、平均偏差、相对平均偏差、标准偏差和相对标准偏差来表示。

极差（R）：是指一组测量值中最大值（χ_{max}）与最小值（χ_{min}）之差：

$$R=\chi_{max}-\chi_{min} \tag{1-11}$$

偏差（d）：是指测定值（χ）与平均值（$\bar{\chi}$）之间的差值，即

$$d=\chi-\bar{\chi} \tag{1-12}$$

相对偏差：绝对偏差在平均值（$\bar{\chi}$）中所占的百分数。

$$相对偏差=\frac{d}{\bar{\chi}}\times 100\% \tag{1-13}$$

平均偏差（$\bar{d}$）：是各测定值绝对偏差的绝对值之和的平均值，即

$$\bar{d}=\frac{1}{n}\sum_{i=1}^{n}|d| \tag{1-14}$$

相对平均偏差：是平均偏差与测试平均值之比的百分数。

$$相对平均偏差=\frac{\bar{d}}{\bar{\chi}}\times 100\% \tag{1-15}$$

标准偏差（S）：是绝对偏差的平方和亦称差方和或离差平方和。

$$S=\sqrt{\frac{1}{n-1}\sum_{i=1}^{n}(\chi-\bar{\chi})^2} \tag{1-16}$$

相对标准偏差（RSD）：是标准偏差与测试平均值之比的百分数，又称变异系数（CV）。

$$RSD=\frac{S}{\bar{\chi}}\times 100\% \tag{1-17}$$

由于平均偏差或相对平均偏差取了绝对值，因而都是正值，所以偏差越小，分析测试结果的精密度越高，否则相反。

4. 准确度与精密度的关系

准确度是由系统误差和随机误差决定的，所以要获得很高的准确度，则必须有很高的精密度。而精密度是由随机误差决定的，因此，分析结果的精密度很高，并不等于准确度也很高。两者的关系可由打靶图例说明（图 1-6）。

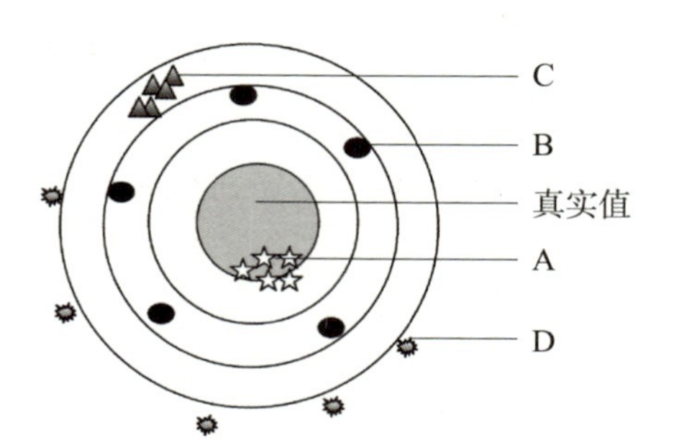

图 1-6　准确度与精密度的关系

从图 1-6 中可以看出，A 的精密度和准确度都好；C 的精密度好，但准确度较差，说明操作细致，但存在系统误差；B 和 D 的精密度和准确度都不好，说明既有系统误差，又有操作误差。

5. 提高准确度与精密度的方法

为了提高分析方法的准确度和精密度，必须减少或消除系统误差和随机误差。在水样分析测定时首先要选择合适的分析方法，然后再校准仪器，测定过程中要做空白试验和对照试验，增加测定次数，减少测量误差，最后对分析结果校正等。

第二部分

基础性实验

以容量分析的基本操作为载体作为基础性实验的内容，以水中主要离子、溶解氧、化学耗氧量的测定为主线组织实验教学，重点培养学生的实验技能。同时也复习巩固分析化学中的酸碱滴定、络合滴定、沉淀滴定和氧化还原滴定法的基础知识。

容量分析法也称滴定分析法。在滴定分析时，一般先将试样制备成溶液，用已知准确浓度的标准溶液(滴定剂)，通过滴定管逐滴加入到待测溶液中，该过程称为滴定。当滴入滴定剂的物质的量与被滴定物的物质的量正好符合滴定反应式中的化学计量关系时，此反应达到了化学计量点或理论终点。该点的到达一般是通过加入的指示剂颜色的变化来显示，但指示剂指出的变色点，不一定恰好为化学计量点，因此，在滴定分析中，根据指示剂颜色突变而停止滴定的那一点称为滴定终点。滴定终点与化学计量点之间的差别称为滴定误差或终点误差。最后通过消耗的滴定剂的体积和有关数据计算出结果。

滴定分析法是定量分析中很重要的一种方法，其特点是适用于常量组分(含量$>1\%$)的测定。准确度较高，应用范围较广，而且使用仪器简单，操作简便、快速。在环境监测中有很大的实用价值。

实验 1 氯化物的测定

知识要点	掌握程度	学时	教学方式
银量法	掌握	2	讲授与操作
容量分析基本操作	掌握	1	讲授
氯化物(氯度)分析方法	了解	2	课外阅读
拓展实验 (1) 针对河口区测定水中氯化物的实际情况，比较荧光黄钠盐和铬酸钾分别作指示剂的银量滴定法的优缺点，为选择河口水中氯化物的快速测定方法提供参考。 (2) 测定海水氯度需用大量的贵重试剂硝酸银，在银量法测定氯度的基础上，请设计一简单快速而又相对准确实用的半微量方法，以满足水环境化学实验课的需用，从而节省实验经费。			

一、淡水氯化物的测定(银量法)

(一) 原理

在中性至弱碱性范围内(pH＝6.5～10.5)，以铬酸钾为指示剂，用硝酸银溶液滴定水样中的氯化物，其反应式如下：

$$Ag^{+} + Cl^{-} \longrightarrow AgCl\downarrow(白色) \qquad K_{sp}=1.8\times10^{-10}$$

$$2Ag^{+} + CrO_4^{2-} \longrightarrow Ag_2CrO_4\downarrow(砖红色) \qquad K_{sp}=2.0\times10^{-12}$$

由于氯化银的溶解度小于铬酸银，根据分步沉淀的原理，溶液中首先析出AgCl沉淀，当Cl^-完全与Ag^+定量沉淀后，Ag^+才与CrO_4^{2-}生成砖红色铬酸银沉淀，使白色混浊溶液中出现稳定的砖红色成分，便指示滴定终点到达。

本法适用于天然水中氯化物的测定，直接测定的水样氯化物含量范围为

10～500 mg/L。对高矿化度水，如咸水、海水等，则需要经过稀释以后测定。经过预处理除去干扰物质的生活污水或工业废水，也可使用该法测定。

（二）主要仪器与试剂

1. 仪器

250 mL 锥形瓶、25 mL 酸式滴定管、50 mL 和 20 mL 移液管等。

2. 试剂

（1）氯化钠标准溶液（$c_{NaCl}=0.014\ 10$ mol/L）：称取 0.412 1 g 氯化钠（NaCl，优级纯，预先于 500～600℃在瓷坩埚内灼烧 40～50 min）溶于纯水中，转移至 500 mL 容量瓶中稀释定容。此标准溶液 1 mL 含 0.500 0 mg 氯化物（以 Cl^- 表示）。

（2）硝酸银标准溶液：称取 2.40 g 硝酸银（$AgNO_3$，分析纯；预先于 105℃烘 0.5 h），溶于纯水中，稀释至 1 000 mL，贮于棕色瓶中。

注意

硝酸银为贵重金属盐类，且有一定的腐蚀性，要节约使用并注意安全。

（3）铬酸钾溶液（50 g/L）：称取 5.0 g 铬酸钾（K_2CrO_4）溶于少量纯水中，再稀释至 100 mL。

（三）测定步骤

1. 硝酸银标准溶液准确浓度的标定

准确移取 20.00 mL 氯化钠标准溶液于锥形瓶中，加纯水 30 mL，铬酸钾溶液 1 mL，在不断摇动下，用硝酸银标准溶液滴定到出现稳定的淡砖红色沉淀为滴定终点，消耗硝酸银体积为 V。另取一锥形瓶，量取 50 mL 纯水代替氯化钠标准溶液作空白滴定，消耗硝酸银体积为 V_0。硝酸银的浓度（c_{AgNO_3}）为

$$c_{AgNO_3}=\frac{c_{NaCl}\times 20.00}{V-V_0}=\frac{0.282\ 0}{V-V_0} \tag{2-1-1}$$

式中：c_{AgNO_3}——硝酸银标准溶液的浓度（mol/L）；

c_{NaCl}——氯化钠标准溶液的浓度（mol/L）；

V——滴定氯化钠标准溶液用的硝酸银溶液的体积（mL）；

V_0——滴定空白溶液(纯水)用的硝酸银溶液的体积(mL)。

将硝酸银标准溶液浓度换算为滴定度(T_{AgNO_3/Cl^-},每毫升硝酸银标准溶液所相当的氯离子质量),则有

$$T_{AgNO_3/Cl^-}=c_{AgNO_3}\times 35.45(\text{mg/mL}) \tag{2-1-2}$$

砖红色终点的判断

2. 水样测定

准确移取 50.00 mL 水样于锥形瓶中,加入 1 mL 铬酸钾溶液,用硝酸银标准溶液滴定到出现稳定的淡砖红色沉淀即为滴定终点,消耗硝酸银标准溶液体积为 V_1。另取一锥形瓶加入 50 mL 纯水,同法做空白滴定,消耗硝酸银标准溶液的体积为 V_0。

(四) 结果与计算

氯化物含量(ρ_{Cl^-})按式(2-1-3)计算:

$$\rho_{Cl^-}=\frac{(V_1-V_0)\times c_{AgNO_3}}{V_{水样}}\times 35.45\times 1\,000=\frac{(V_1-V_0)\times T_{AgNO_3/Cl^-}}{50.00}\times 1\,000 \tag{2-1-3}$$

式中:ρ_{Cl^-}——水样中氯化物的浓度(mg/L);

c_{AgNO_3}——硝酸银标准溶液浓度(mol/L);

T_{AgNO_3/Cl^-}——硝酸银标准溶液滴定度(mg/mL);

V_1——滴定水样消耗的硝酸银溶液体积(mL);

V_0——滴定空白溶液(纯水)用的硝酸银溶液体积(mL);

$V_{水样}$——量取水样的体积(mL)。

二、海水氯化物含量(氯度)的测定(银量法)

(一) 原理

水样在中性或弱碱性条件下,以荧光黄钠盐为指示剂,用硝酸银溶液进行滴定,反应如下:

$$Ag^+ + X^- \longrightarrow AgX\downarrow(乳白色沉淀)$$

式中：X^-——卤素离子（主要为 Cl^-）。

AgX 沉淀表面具有吸附带电粒子的性质，在等当点之前，沉淀表面主要吸附溶液中过剩的 Cl^- 而带负电荷，此时荧光黄钠盐呈黄绿色。等当点后，沉淀的表面主要吸附刚刚过量的 Ag^+，使沉淀表面的负电荷变化为正电荷，从而对荧光黄钠盐的阴离子产生吸附作用，吸附后荧光黄钠盐呈现浅玫瑰红色（由浅黄绿色经乳白色突变成浅玫瑰红色），指示滴定终点到达。用相同的方法滴定氯化钠标准溶液（或标准海水），从而计算出海水样品的氯化物含量。

本法的测定范围为 0.2～20.0 g/L，适用于海水中氯化物含量的测定。

（二）主要仪器和试剂

1. 仪器

100 mL 烧杯、移液管、25 mL 酸式滴定管、电磁搅拌器及包有聚乙烯的磁搅拌转子等。

若使用专为测定海水氯度而设计的海水移液管（15 mL），滴定时最好与对应的氯度滴定管配套使用。

2. 试剂

（1）氯化钠标准溶液（$c_{NaCl}=0.5603$ mol/L，即 $\rho_{NaCl-Cl^-}=19.86$ g/L）：称取 16.372 g NaCl（优级纯，预先在 450～500℃的马弗炉中灼烧 1 h，在干燥器中冷却至室温）溶于温度约 20℃的纯水中，转移至 500 mL 容量瓶中，用纯水稀释至标线。此标准溶液相当于氯度值为 19.375 的标准海水。或直接使用市售氯度值为 19.375 的标准海水。

（2）硝酸银标准溶液：称取 36.9 g $AgNO_3$ 溶于纯水中，稀释至 1 000 mL，贮于棕色瓶中。

（3）荧光黄钠盐混合指示剂：① 荧光黄钠盐溶液：称取 0.1 g 荧光黄（$C_{20}H_{22}O_5$）溶于 10 mL 氢氧化钠溶液（4.0 mg/L）中，用 pH 试纸指示，用稀硝酸（1 mL浓硝酸稀释至 40 mL）中和至中性，再用纯水定容至 100 mL，贮于棕色试剂瓶中。② 1%淀粉溶液：称取 2.5 g 可溶性淀粉，用少量纯水调成糊状，加入250 mL沸水，再煮至沸腾，冷却后贮于试剂瓶中。③ 荧光黄钠盐混合指示剂：量取 12.5 mL 荧光黄钠盐溶液加入到 250 mL1%淀粉溶液中，再加入 0.25 g 苯甲酸钠（C_6H_5COONa，防止受霉菌的作用而腐败），混合均匀，贮于棕色试剂瓶中，有效期为 1 个月，如出现絮状物应弃去重配。

(三) 操作步骤

1. 硝酸银标准溶液的标定

准确移取 10.00 mL 氯化钠标准溶液于 100 mL 烧杯中，加入 1.5 mL 荧光黄钠盐混合指示剂，放入转子。在电磁搅拌下(采用电磁搅拌器搅拌，可以提高滴定的速度，而不会降低方法的准确度)用硝酸银标准溶液滴定。开始可以快速滴入，当水样局部呈现微红色时，减慢滴定速度。当溶液变为玫瑰红色时，即为滴定终点。读取滴定管读数为 V_N。

2. 水样测定

用同一支移液管移取 10.00 mL 水样于 100 mL 烧杯中，加入 1.5 mL 荧光黄钠盐混合指示剂，按上述标定硝酸银同样的操作方法进行滴定，消耗硝酸银标准溶液的体积为 V_W。

(四) 结果与计算

1. 海水样品氯化物的含量(ρ_{Cl^-})按式(2-1-4)计算

$$\rho_{Cl^-}=\frac{\rho_{NaCl-Cl^-}\times V_W}{V_N}=\frac{V_W}{V_N}\times 19.86 \qquad (2\text{-}1\text{-}4)$$

式中：ρ_{Cl^-}——海水样品中氯化物的浓度(g/L)；

$\rho_{NaCl-Cl^-}$——氯化钠标准溶液中氯离子的浓度(g/L)；

V_W——滴定水样消耗的硝酸银溶液体积(mL)；

V_N——滴定标准氯化钠溶液消化的硝酸银溶液的体积(mL)。

2. 若计算海水样品的氯度，则按下列步骤计算

(1) 计算硝酸银标准溶液的浓度校准因子(f，每毫升硝酸银溶液所相当的氯度值)：

$$f=\frac{19.375}{V_N} \qquad (2\text{-}1\text{-}5)$$

(2) 计算滴定水样消耗硝酸银溶液的“标准化体积(V_s)”。

$$V_s=V_W\times f \qquad (2\text{-}1\text{-}6)$$

(3) 由表 2-1-1 查得氯度的校正值(k)，按下式计算海水的氯度(Cl)：

$$Cl=V_s+k \qquad (2\text{-}1\text{-}7)$$

式中：Cl——水样的氯度值(1×10^{-3})；

k——计算氯度的校正值；

V_s——滴定样品所用硝酸银的“标准化体积”(mL)。

表 2-1-1 计算氯度的校正值(k)

V_s	k
23.18	
	−0.11
22.89	
	−0.10
22.59	
	−0.09
22.29	
	−0.08
21.98	
	−0.07
21.66	
	−0.06
21.35	
	−0.05
21.01	
	−0.04
20.67	
	−0.03
20.31	
	−0.02
19.94	
	−0.01
19.57	
	0.00
19.17	
	+0.01
18.77	

V_s	V_s	k
19.17	0.18	
		+0.01
18.77	0.58	
		+0.02
18.34	0.99	
		+0.03
17.89	1.42	
		+0.04
17.41	1.88	
		+0.05
16.91	2.36	
		+0.06
16.37	2.88	
		+0.07
15.78	3.45	
		+0.08
15.13	4.08	
		+0.09
14.40	4.79	
		+0.10
13.52	5.64	
		+0.11
12.39	6.74	
		+0.12
10.29	8.82	
		+0.13
8.82	10.29	

注：V_s 为滴定样品所用硝酸银的“标准化体积”。此表只适用于以氯度为 19.375 的标准溶液或标准海水标定硝酸银标准溶液的氯度计算，对于用其他浓度的标准溶液标定硝酸银来滴定样品的氯度时，可查阅 Knudsen 海水氯度查算表。

知识链接

测定海水氯度专用仪器

1. **海水移液管(图 2-1-1)**

这种移液管是专为测定海水氯度而设计的。使用时，转动活塞让 AC 通道接通，用吸球将水样由 C 管进入到 A 管，立即关闭活塞(旋转 90°)；同一方向旋转活塞(90°)使 BC 通道连通，将水样由 C 管放入到烧杯中(此过程需停留 15 s)，A 管多余的水样废弃。

2. **氯度滴定管(图 2-1-2)**

氯度滴定管适用于滴定氯度 14 以上的自然海水，滴定管所标刻度的数值相当于水样的氯度，并不是水样的体积。使用时，接通加液活塞 B(此时滴定活塞 A 关闭)，使滴定液注入滴定管至 D，然后通过 C 处的尖口流入到 C，最后多余的溶液由 E 处流出，这时可关闭活塞 B；转动滴定活塞 A，即可进行滴定，C 处的尖口起到自动调零的作用。

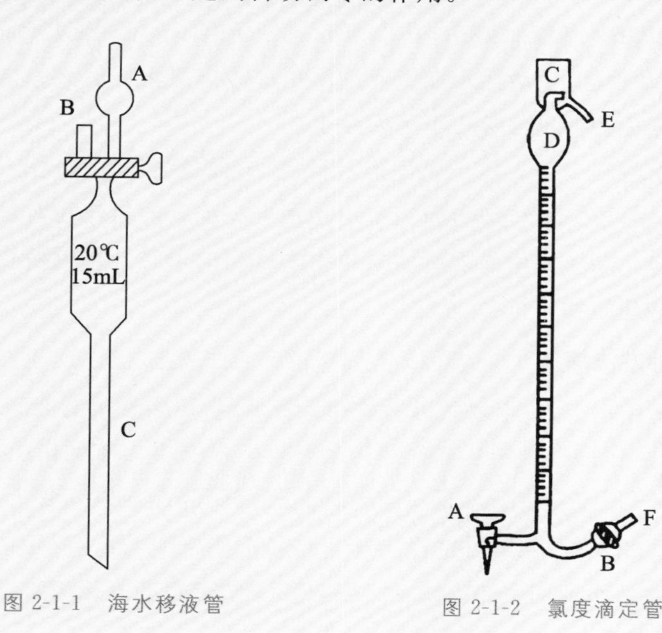

图 2-1-1　海水移液管　　图 2-1-2　氯度滴定管

课外阅读

氯化物(氯度)的分析方法

一、氯化物在水环境中的意义

氯化物普遍存在于各种水体中，它的含量范围变化很大。在河流、湖泊等淡水水体中，氯离子含量较低，一般在每升数百毫克之内；海水中浓度可达2%；有些盐湖及某些盐碱地的水体，氯离子含量也可高达每升数十克；地下水中的氯离子含量变化幅度很大，由每升数毫克的淡水到数百克的卤水。

在海洋学中氯化物的含量一般用专门的术语“氯度”来表示，它是海洋科学研究中的一项重要参数。过去常通过测定氯度计算海水的盐度，现在海水的盐度无需通过氯度计算。但在科学研究与养殖生产中，海水的氯度与海水中许多组分的物理和化学性质存在定量关系，并可通过氯度求算许多其他有关参数，仍具有重要参考价值而备受重视。

氯离子在天然水中的主要来源是食盐矿床和其他含氯化物的沉积物溶解以及海相沉积物中埋藏的海水，其次来自火成岩中一些含氯矿物的风化和分解；在人类活动地区，生活污水和工业废水是水体中氯化物的又一重要来源，城市河道水中氯化物含量常常高于远郊河水。

氯化物本身很少对人体产生危害，当饮水中含量达250 mg/L，且相应的阳离子为钠时，则可感觉出咸味，而当水中存在更高浓度的氯化物时，则可阻碍活性污泥法的净化功能。引水灌溉含氯化物浓度高的水时会影响植物生长，还损害金属管道和建筑物。

二、分析方法综述

从Mohr氏在1856年建立以铬酸钾为指示剂，用硝酸银溶液滴定水中氯化物的分析方法(硝酸银滴定法亦称莫尔法)至今，已有百多年的历史。虽然该法至今仍在使用，但也有许多学者不断地对其进行研究而加以完善。如用荧光黄代替铬酸钾作指示剂；在酸性溶液中加入过量的硝酸银溶液，以铁矾为指示剂，用硫氰酸盐溶液滴定剩余的银离子。同时也不断有新的方法出现，如硝酸汞滴定法，该法滴定终点明显、灵敏度较高，但所使用的汞盐剧毒，而且调节溶液酸度的步骤稍繁多。

对于氯化物浓度较低的水样，可采用硫氰酸汞分光光度法，其方法原理：氯离子与硫氰酸汞反应，置换出硫氰酸根离子，与高铁离子反应，生成橘红色的络合物，利用分光光度计测定。

离子色谱法使水中氯离子的分析迈进了一大步，该方法具有灵敏度高、测量快速且准确、可同时对多种离子进行分析、避免人为操作误差的特点，大大提高了工作效率，但所用离子色谱仪较为昂贵，普通教学实验室还不具备，在实验教学中无法普及。

电位滴定法是用硝酸银标准溶液滴定水中的氯离子，以氯电极为指示电极，感应溶液中氯离子浓度的变化并将其转化为电位值的变化，当电位值变化最大时即为滴定终点。该方法由于具有操作简单、精度高、终点判断比较明显、不受溶液颜色干扰等优点而在水质分析中得到广泛应用。

离子选择电极法则适合于测定带颜色或污染的水体，非常适合现场应急监测。

在测定海水氯化物（氯度）的过程中，虽然也采用硝酸银滴定法，但基于海水中的氯化物含量较高、且较为恒定的现象，将该法作了如下的规定和改进：① 采用 Knudsen 自动移液管；② 用 Knudsen 型滴定管进行滴定；③ 硝酸银溶液的浓度应配制恰当；④ 采用标准海水为基准来标定硝酸银的浓度。但这种改进的滴定法仍存在下列几个问题：① 由于氯离子被氯化银沉淀所包藏，因而滴定终点与等当点不符；② 铬酸钾指示剂虽按理论计算的浓度使用，但判明滴定终点时仍然会产生误差；③ 指示剂变色灵敏度不高，滴定终点的判断不敏锐。为提高方法的精密度，采用荧光黄钠盐作为指示剂；为降低氯化银沉淀的凝聚，增进滴定终点的敏锐，加保护胶（如阿拉伯树胶、淀粉）于试液中有利于滴定终点的判断，可得到很高的准确度和精密度。

对于大批水样的分析，为减少硝酸银试剂的消耗，及求得良好的精密度和准确度，改用微量分析法测量海水氯度，也能得到令人满意的效果。

随着技术的发展，水中Cl^-的测定方法日益增多，探索高灵敏度、高选择性、测试费用相对较低、污染小的实用方法是未来的发展方向。

三、银量测定法的注释

1. 测定溶液的酸碱度

该法要求滴定溶液在中性至弱碱性范围内（pH＝6.5～10.5）进行。这是因为铬酸的酸性较弱，溶度积常数为 $K_{sp}=3.1\times10^{-7}$，Ag_2CrO_4 易溶于酸，即

$$Ag_2CrO_4+H^+ \rightleftharpoons 2Ag^+ + HCrO_4^-$$

为此，不能在酸性溶液中滴定。若酸性太强，可用碳酸氢钠、碳酸钙或四硼酸钠等溶液中和。

如果溶液的碱性太强，则有 Ag_2O 沉淀析出：

$$2Ag^+ + 2OH^- \rightleftharpoons 2AgOH\downarrow$$

$$2AgOH \longrightarrow Ag_2O\downarrow + H_2O$$

当水样中有铵盐存在时，若水样的碱性太强，便有相当数量的 NH_3 产生，并形成 $Ag(NH_3)^+$ 及 $Ag(NH_3)^{2+}$，使 AgCl 及 Ag_2CrO_4 的溶解度增大，影响滴定。在此情况下，要求滴定溶液的酸度范围更窄（pH＝6.5～7.2）。

2. 铬酸钾指示剂的用量

根据溶度积的原理，在等当点时溶液中 Ag^+ 和 Cl^- 的浓度为

$$[Ag^+]=[Cl^-]=\sqrt{K_{sp}(AgCl)}=1.3\times10^{-5} \qquad (2\text{-}1\text{-}8)$$

在等当点时，要求刚好析出 Ag_2CrO_4 沉淀以指示滴定终点，此时溶液中的 CrO_4^{2-} 的浓度为

$$[CrO_4^{2-}]=\frac{K_{sp}(Ag_2CrO_4)}{[Ag^+]^2}=\frac{2.0\times10^{-12}}{(1.3\times10^{-5})^2}=1.2\times10^{-2}\,mol/L \qquad (2\text{-}1\text{-}9)$$

在实际滴定操作中，K_2CrO_4 的浓度太高会妨碍 Ag_2CrO_4 沉淀颜色的观察，影响滴定终点的判断，一般使其浓度为 $2.6\times10^{-3}\sim5.2\times10^{-3}$ mol/L，即在 50～100 mL 滴定液中加入 1 mL50 g/L 铬酸钾溶液。

3. 硝酸银滴定液的浓度

关于硝酸银滴定液的浓度所产生的误差，可通过 0.100 0 mol/L 硝酸银溶液滴定 0.100 0 mol/L KCl 溶液为例（铬酸钾指示剂的浓度为 5.0×10^{-3} mol/L）计算说明：

当开始析出 Ag_2CrO_4 沉淀时，溶液中的 Ag^+、Cl^- 浓度为

$$[Ag^+]\cdot[CrO_4^{2-}]=K_{sp}(Ag_2CrO_4)=2.0\times10^{-12} \qquad (2\text{-}1\text{-}10)$$

$$[Ag^+]=\sqrt{\frac{2.0\times10^{-12}}{5.0\times10^{-3}}}=2.0\times10^{-5}\,mol/L \tag{2-1-11}$$

$$[Cl^-]=\frac{K_{sp}(AgCl)}{[Ag^+]}=\frac{1.8\times10^{-10}}{2.0\times10^{-5}}=9.0\times10^{-6}\,mol/L \tag{2-1-12}$$

溶液中的 Ag^+ 来自真正过量的部分和来自 AgCl 的沉淀平衡(即由于 AgCl 溶解而产生的,其浓度等于 Cl^- 的浓度),而后一部分不能算作过量的部分。所以 Ag^+ 真正过量的浓度为

$$[Ag^+]-[Cl^-]=2.0\times10^{-5}-9.0\times10^{-6}=1.1\times10^{-5}\,mol/L \tag{2-1-13}$$

在滴定到达终点时,要生成一定量的 Ag_2CrO_4 沉淀才能观察到终点,这也必然要消耗一定量的 Ag^+。实验证明,确定终点所生成最低限量的 Ag_2CrO_4,须消耗 Ag^+ 的浓度为 2.0×10^{-5} mol/L。因此,总共多消耗的 Ag^+ 浓度为二者之和,即 1.1×10^{-5} mol/L$+2.0\times10^{-5}$ mol/L$=3.1\times10^{-5}$ mol/L。由过量的 Ag^+ 与滴定时需要的 Ag^+ 的比值,计算出终点误差仅为+0.06%。

若以 0.010 00 mol/L 硝酸银溶液滴定 0.010 00 mol/L 氯化钾溶液,则终点误差将达+0.6%,此时,通常需要校正指示剂的空白值。

另外,硝酸银溶液久置后可产生沉淀,此时可将上清液倒出重新标定使用而不必废弃,但标定时应与水样的测定条件尽量保持一致。

4. 干扰因子

银量法测定氯化物的结果中包含了 Br^-、I^- 的含量,而且凡能与 Ag^+ 生成微溶性化合物或络合物的阴离子,以及与 CrO_4^{2-} 反应的有色金属离子都将影响测定结果。

在测定废水时,有时会出现有机物含量高或色度过大,难以判别滴定终点的情况,可将水样调成偏碱性,然后在瓷坩埚中蒸干后,并在低于 550℃ 的条件下灰化,再用纯水溶解,调节 pH 至 8 左右测定。

实验 2 盐度与矿化度的测定

知识要点	掌握程度	学时	教学方式
海水盐度的测定	掌握	2	讲授与操作
矿化度的测定	熟悉	2	讲授与操作(与盐度测定任选一项)
盐度测定方法	熟悉	2	课外阅读

拓展实验

不同盐碱度水体间氯化物含量、盐度的差异较大,通过建立氯化物含量与盐度的关系式,用简易的盐度测定方法,可快速计算水中氯化物的含量。配制系列不同的氯化物和盐度的水样,选择电导率法、密度计法、光学折射盐度计法分别测定其盐度,用银量法测定氯化物含量,建立氯化物含量与盐度的关系式。

一、海水盐度的测定(电导盐度计)

(一) 原理

在 15℃时,盐度(S)与相对电导比之间存在以下关系:

$$S=0.0080-0.1692K_{15}^{\frac{1}{2}}+25.3851K_{15}+14.0941K_{15}^{\frac{3}{2}}-7.0261K_{15}^{2}+2.7081K_{15}^{\frac{5}{2}} \quad (2\text{-}2\text{-}1)$$

式中:K_{15}——15℃和 1 atm① 时,海水的电导率和质量分数为 32.4356×10^{-3} 的标准氯化钾溶液的电导率之比(简称电导比)。

实际测定海水样品的盐度时,都是用标准海水代替标准氯化钾溶液。用盐

① atm 为非国际制单位,1 atm=101 325 Pa,下同。

度为 35.000 的标准海水作参比溶液时，测得的电导比记为 R_{15}。如果测定的温度不是 15℃，而是在 t 时测量的（记为 R_t），这时根据上式计算的盐度并不是海水真正的实用盐度，而是未修正的盐度，记为 $S_{未修正}$，真正的实用盐度需要加上修正值 ΔS：

$$S=S_{未修正}+\Delta S \tag{2-2-2}$$

$$\Delta S=\frac{t-15}{1+0.0162(t-15)}\times(0.0005-0.0056R_t^{\frac{1}{2}}-0.0066R_t-0.0375R_t^{\frac{3}{2}}+0.0636R_t^2-0.0144R_t^{\frac{5}{2}}) \tag{2-2-3}$$

式中：R_t——海水样品与盐度为 35.000 的标准海水在温度为 t、压力为 1 atm 时的电导率比值。

本方法测定盐度的仪器应用范围，应符合 $2\leqslant S\leqslant 42$，$-2℃\leqslant t\leqslant 35℃$。

（二）主要仪器与试剂

1. 仪器

实验室海水盐度计，型号：SYA2-2。

2. 试剂

标准海水，或配制的标准氯化钠溶液（见实验 1 海水氯化物的测定）。

（三）测定步骤

1. 准备

（1）将被测海水样品放置至与标准海水温差在±2℃内，以备测量。

（2）通过仪器顶上的水槽进水孔，注满纯水（该水槽的水，冬季 1～2 个月换一次，夏季半个月换一次）。

（3）插好电源线。

（4）打开电源开关（该开关在后面板），仪器进行自检，显示屏闪烁显示 P，表示正常；如果报警，应关机。

（5）按动搅拌（STIR）开关，搅拌器工作，并调整搅拌速度（STIR SPEED）旋钮，直到使水槽中水搅拌起小水花为止。通电稳定 15 min。

（6）拉出“水样瓶架”，接通进水管。

（7）取出标准海水和待测水样，将它们放在水样瓶架上，并做好向电导池注入标准海水的准备工作。

2. 定标

(1) 将标准海水分别注入两个导池内,操作如下:① 将标准海水瓶水管插入左侧面板上的"标准"进水孔内,将标准(STD)的两个开关旋转 90°,按下气泵(PUMP)开关,用手指按住储水池气孔,将标准海水注入标准电导池内(电导池内应无气泡)。注满标准海水后,再将标准(STD)的两个开关旋转复位,按下气泵(PUMP)开关,气泵停止抽气。② 再将标准海水瓶水管插入"水样进水孔"内,将样品(SAMPLE)开关旋转 90°,然后按照①的有关步骤操作。

重复①、②步骤两次即可。

(2) 置入 R_{15}:按动"R_{15}"键,显示器上显示"H—1.000 00"值。按动数字键使 R_{15} 显示值等于标准海水的 R_{15} 值。如置错数字键,可按退格进行更改。标准海水的 R_{15} 值需按照标准海水盐度值,查国际海洋学常用表Ⅰa 给出电导率比 R_{15},再结合所侧温度 t 查国际海洋学常用表Ⅱa 给出盐度修正值 ΔS,由公式 $S = S_{未修正} + \Delta S$ 求得 $S_{未修正}$,再从表Ⅰa 查出对应的 R_t,由此定位。

例如:标准海水盐度值 $S=32.544$,电导池温度 $t=21℃$,求 R_t。

由Ⅰa 表查出 $R_{15}=0.988\ 35$,Ⅱa 表的 $t=21℃$,$R_{15}=0.98\sim0.99$,查得 $\Delta S=-0.001$。

那么可求得 $S_{未修正}=34.545$

再查Ⅰa 表,求得定标值 $R_{21}=0.988\ 38$

按数字键使显示器显示的 $R_{15}=1.000\ 00$ 改变为 0.988 38 即可。

(3) 测温:将工作选择开关置于测温"T"位置,然后按"测温(T. MST)"键,20 s 后即可显示出温度值。

(4) 定标测温后,将工作选择开关置于测盐位置,按定标"CAL"键,仪器进行盐度定标。20 s 后,显示出定标常数 K 值(可将 K 值抄写下来以备下次开机使用),3 s 后显示出标准海水的盐度值。如显示出的盐度值不对,可按"R_{15}"键检查 R_{15} 值。

(5) 按"测盐(S. MST)"键,显示器显示标准海水的盐度值。

(6) 如第(5)步显示值不同于第(4)步的盐度值时,可重复(4)、(5)步骤,直到显示盐度相同为止。一般相差±0.001 即可。

3. 水样测定

(1) 将待测水样瓶水管插入"水样进水孔"内,将样品(SAMPLE)开关旋转

90°，按照定标(1)中的①及(3)、(5)步骤进行。

(2) 打印：待显示盐度值后，按“打印(PRINT)”键完成打印操作(打印的同时完成数据的存储)。

(3) 在全部水样测完后，两个电导池内均应注入纯水。最后关闭电源，推进“水样瓶架”。

(四) 结果与计算

根据测得的 R_t 数值，计算实用盐度有以下两种方法：

1. 计算机处理

运用公式编制程序计算，结果精确到小数点后第三位。

2. 查国际海洋学常用表

当 $t=15$℃时，可由表Ⅰa 和内插表Ⅰb，直接得到实用盐度。

当温度 $t\neq15$℃时，可查表Ⅰa 和表Ⅰb 确定 $S_{未修正}$，据所测电导率比值 R_t 和温度 t，查表Ⅱa 和Ⅱb 确定 ΔS。

例：当温度为 28.6℃时，测得电导率比为 0.823 54。

查表Ⅰa 和表Ⅰb，得 $S_{未修正}=28.195$

查表Ⅱa：$t=28.0℃\longrightarrow\Delta S=-40\times10^{-3}$

$t=29.0℃\longrightarrow\Delta S=-43\times10^{-3}$

$\delta S=-3\times10^{-3}$

$\delta t=28.6-28.0=0.6$

由 δS、δt 查表Ⅱb：$\Delta' S=2\times10^{-3}$

$$\Delta S=-40\times10^{-3}-2\times10^{-3}=-42\times10^{-3}$$

实用盐度：$S=S_{未修正}+\Delta S=28.195-0.042=28.153$

二、天然水矿化度的测定

(一) 原理

将水样过滤去除漂浮物及沉降性固体物(清洁水样不必过滤)，放在称至恒重的蒸发皿内水浴蒸干，然后在 105～110℃烘干至恒重，将称得质量减去蒸发皿质量即为矿化度。结果用 g/L 或 mg/L 两种单位表示。

本方法适用于河水、自来水、地下水、湖水及矿泉水等天然水矿化度的测定。

（二）主要仪器与试剂

1. 仪器

直径 90 mm 蒸发皿（玻璃或瓷蒸发皿）、水浴锅、烘箱、电子天平（感量 1/10 000 g）、中速定量滤纸及漏斗（或 G3 号砂芯玻璃坩埚）等。

2. 试剂

过氧化氢溶液（1＋1）：1 体积 30％的过氧化氢加入到 1 体积的纯水中，混匀。

（三）测定步骤

（1）将清洗干净的蒸发皿置于 105～110℃烘箱中烘 2 h，放入干燥器中冷却至室温后称重。重复烘干称重，直至恒重，记为 W_0（两次称重相差不超过 0.000 5 g）。

（2）准确移取 50～100 mL 过滤澄清的水样（以产生 2.5～200 mg 的残渣为宜），置于已称重的蒸发皿中，放于水浴上蒸干。

（3）如蒸干残渣有色，则使蒸发皿稍冷后，滴加数滴过氧化氢溶液（1＋1），慢慢旋转蒸发皿至气泡消失，再置于水浴上蒸干，反复处理数次，直至残渣变白或颜色稳定不变为止。

（4）将蒸发皿放入烘箱内于 105～110℃烘干 2 h，置于干燥器中冷却至室温，称重。重复烘干称重，直至恒重，记为 W（两次称重相差不超过 0.000 5 g）。

（四）计算

$$\rho_{\text{矿化度}} = \frac{W - W_0}{V} \times 10^6 \tag{2-2-4}$$

式中：$\rho_{\text{矿化度}}$——水样的矿化度（mg/L）；

W——蒸发皿及残渣的总质量（g）；

W_0——蒸发皿质量（g）；

V——水样体积（mL）。

课外阅读

含盐量的测定

一、含盐量在水环境中的意义

含盐量是水质的重要参数，通常有离子总量、矿化度、盐度、氯度等指标，习惯上淡水中用离子总量和矿化度来表示，海水中用盐度和氯度来表示。天然水的含盐量相差极大，多数淡水中的离子总量、矿化度每升仅有数毫克，而近海沿岸的海水中的离子总量大多维持在每升 30 g 左右。在我国新疆等内陆的某些盐湖，其含盐量每升可达数百克。

水中含盐量的高低，对人们的生活起着至关重要的作用。经常饮用低含盐量的水，会破坏人体内钾、钠、钙、镁等离子的平衡，产生病变；饮用含盐量过高的水，又会导致结石症。水中总含盐量是农田灌溉用水适用性评价的主要指标之一，也是盐碱地改良效果的评价指标。水生生物对水的含盐量的要求同样相当苛刻，水中一定的含盐量是保持生物体液一定渗透压的需要，否则会影响到许多水生生物的繁殖、生长和生存。

海水中盐度的分布变化取决于海区的地理、水文、气象等因素，如蒸发、降水、结冰、融冰、河流以及海流等。在河口滨海区盐度的分布变化受河水的影响较为显著，盐度变化较大。但大洋水平均盐度却较为恒定，大西洋盐度较高，通常在 36 以上，太平洋一般在 35 左右，北冰洋则较低。在垂直分布上，寒带大洋水盐度一般随着深度增加而逐渐增大；在热带，随着深度的增加先增大至最大值，然后逐渐下降，至深度大于 1 000 m 处盐度渐趋一致，在 36 左右。

中国近海的盐度平均约为 32.1，纬度较高而半封闭性的渤海区海水的盐度较低，黄海、东海一般在 31～32，而纬度较低的南海盐度最高，平均为 35 左右。

盐度作为监控水质的重要参数，应用领域也越来越广。研究海水盐度的分布变化，可以利用盐度与海水的密度、电导、折射率、声速、热学性质等关系，划分水团及确定水团相互混合的情况；利用盐度与海水其他主要元素之间存在的恒比关系，可用来估计其他主要离子的含量；与海水渗透压有直接关系的盐度也是维持生物细胞原生质与海水之间渗透关系的一项重要因素。各种海洋生物的繁殖及鱼类的洄游也和盐度大小有直接关系。

二、分析方法综述

水中含盐量的测定，主要集中于反映淡水含盐量的水质指标——离子总量、矿化度，以及反映海水含盐量的指标——盐度、氯度。

离子总量的测定可采用离子交换法，其原理是用H型强酸性阳离子交换树脂，交换水中的阳离子，树脂中的 H^+ 被取代下来，所得滤液用标准碱溶液滴定，从而得到水样中原有的阳离子总量。根据电中性原理，2倍的阳离子总量即为水的离子总量(以 mmol/L 表示，采用单位电荷为物质浓度的基本单元)。

矿化度的测定方法依目的的不同，有质量法、电导法、离子交换法、密度法及阴阳离子加和法等。质量法含义较明确，是较简单通用的方法。在测定过程中，所采用的烘干温度(105～110℃)对测定结果有显著影响。对于无污染的清洁水样，该法测得的矿化度与该水样在103～105℃烘干测得的溶解性总固体(TDS)含量相同。

可滤残渣(过去也称为“溶解性总固体”)的测定方法是在103～105℃烘干，可保留结晶水和部分吸着水，重碳酸盐将转为碳酸盐，有机物挥发逸失甚少，但达到恒重的时间较长。在(180±2)℃烘干时，可使吸着水全部除去，所得结果与通过化学分析所计算的总矿物质含量较接近。但某些结晶水可能被保留，有机物挥发逸失，重碳酸盐全部转为碳酸盐，部分碳酸盐可能分解为氧化物及碱式盐，而且某些氯化物和硝酸盐可能损失。此外，对含钙、镁、氯化物或硫酸盐高的海水、苦咸水，需要适当延长烘干时间，称重时操作需迅速。

关于海水盐度的测定，20世纪初古典的质量法测定盐度的步骤非常繁杂，根本无法在海洋调查中实现。后来国际海洋考察理事会根据海水主要组分间的恒比关系，提出了化学滴定法测定海水的氯度，再换算出海水盐度的方法。这种方法操作简便、结果精确，但因手工操作，以及所依据的海水主要组分间恒比关系的局限性，特别是对非海洋以及河口等水体盐度的盐分测量时，对指示剂的选择和浓度，以及溶液的pH都有要求，其实用性较差，于是渐渐摒弃了此类方法测定海洋盐度。

密度法测定海水盐度的原理，是根据海水的密度是海水温度、压力和盐度的函数，借助海水密度计测定，求出密度，再根据特定温度下密度和盐度的关系求出海水的盐度。该法操作极其简单，完全满足水产养殖生产的需求，但对要求较为精密的海洋调查等科学研究，则准确度达不到要求。

折射率测定法是利用光的折射原理，根据不同浓度的液体具有不同的折光率这一原理测定盐度。操作时，只需将待测水样均匀覆盖在棱镜上，并保证水样的温度与棱镜温度一致，通过光电转换或者目视方法，即可快速地读取盐度。该类盐度计具有轻便、牢固、操作简单、用水样少等优点，对精度要求不高的水产养殖及海洋研究具有极大的实用价值。

电导率法是利用溶液的成分和电导率之间内在关系的特性，来分析介质溶液的导电现象及其规律性的测量方法。电导盐度计的研究和迅速发展，使盐度的测定方法得以简化，特别是海洋学表及海洋学标准联合专题小组委员会从1982年1月1日推行实施“海水盐度实用标度(1978)”之后，盐度的定义、测量技术和计量标准统一到了电导率法测盐度的技术上，从而实现了海水盐度测定具有操作简便、迅速，结果准确，易于电子化和自动化，适合于现场和实验室检测等优点。从此确立了电导法在盐度测定的主导地位。

三、测定盐度的几种方法

(一) 光学折射盐度计法

1. 原理

不同浓度的液体具有不同的折射率，由于空气与海水是两种不同密度的介质，当光线由空气进入海水后即发生折射现象。在一定温度下，其折射率(n)将随着盐度(S)的增大而增大。在20℃时海水折射率与盐度具有如下的线性关系：

$$n_{20}=1.332\,98+1.385\times10^{-4}\times S \tag{2-2-5}$$

因此，只要能测出海水样品的折射率，就可以得出该海水的盐度值。

2. 仪器

各种规格型号的光学折射盐度计。

3. 测定与计算

以SYYI-1型光学折射盐度计为例：

(1) 用洁净的吸管将待测样品滴加在进光棱镜面上，合上有机玻璃盖板，稍停几分钟，把盖板打开，用滤纸吸干，再用擦镜纸轻轻擦干；重复两次，让棱镜与气温达到平衡一致。

(2) 用滴管吸取水样约 10 滴，滴加在棱镜面上，使水样均匀分布在整个镜面上，盖上盖板，不得有气泡。

(3) 将仪器进光板对准光源或明亮处，旋转接目镜，使视场清晰，在目镜内可以看到明暗相间的分界线，该线与刻板上的垂直线相交的点，即是读数值 N，读到 0.1。

(4) 同时记录仪器左侧温度计的温度值(t)，读到 0.1℃。

(5) 通过 N 与 t，在温度订正表(表 2-2-1)上查得订正值(k)，用式(2-2-6)计算水样的盐度(S)：

$$S=N\pm k \tag{2-2-6}$$

其中 k 用内插法求得：

例如：$N=24.3$，$t=27.5$℃，此时，在订正表上取靠近 24.3 的读数为 25 的一行，查对应于 $t_1=26$℃的 $k_1=3.5$，再查对应于 $t_2=28$℃的 $k_2=4.9$。用内插法公式[式(2-2-7)]算出 $t=27.5$℃时的 k 值为 4.55。

$$\frac{k-k_1}{k_2-k_1}=\frac{t-t_1}{t_2-t_1} \tag{2-2-7}$$

实际盐度为 $S=24.3+4.55=28.85$

(6) 测定完毕后，用纯水冲洗干净，擦干，以免海水对仪器造成腐蚀。

注意

简易盐度计的使用方法，则没有温度的校正与计算。仪器中读出的 N 即可认为是该样品的盐度。

4. 光学折射盐度计的校准

(1) 使用手持盐度计时，防止体温传入仪器，影响测量精度。

(2) 打开进光板，用擦镜纸或柔软绒布将折光棱镜(重点保护部位)擦拭干净。

(3) 将纯水数滴，滴在折光棱镜上，轻轻合上进光板，使溶液均匀分布于棱镜表面，并将仪器进光板对准光源或明亮处，眼睛通过接目镜观察视野，如果视野明暗分界线不清楚，则旋转接目镜，使视野清晰，再旋转零位校正螺钉，使明暗分界线置于零位。

表 2-2-1 光学折射盐度计温度订正值(k)

t/℃ \ S	0	5	10	15	20	25	30	35	40	45	50
0		5.5	5.9	6.2	6.5	6.9	7.2	7.5	7.9	8.2	8.5
2		5.4	5.7	6.0	6.3	6.5	6.8	7.1	7.4	7.7	8.0
4		5.2	5.4	5.6	5.9	6.1	6.4	6.6	6.8	7.1	7.3
6		4.8	5.0	5.2	5.4	5.6	5.8	6.0	6.3	6.4	6.6
8	4.2	4.4	4.6	4.7	4.9	5.1	5.2	5.4	5.6	5.7	5.9
10	3.8	3.9	4.0	4.2	4.3	4.4	4.5	4.7	4.8	4.9	5.1
12	3.2	3.3	3.4	3.5	3.6	3.7	3.8	3.9	4.0	4.1	4.2
14	2.5	2.6	2.7	2.7	2.8	2.9	3.0	3.0	3.1	3.2	3.2
16	1.8	1.8	1.9	1.9	2.9	2.0	2.0	2.1	2.1	2.2	2.2
18	0.9	0.9	1.0	1.0	1.0	1.0	1.1	1.1	1.1	1.1	1.2
20	上部(小于 20℃)，k 取负值(－)；下部(大于 20℃)，k 取正值(＋)										
22	1.0	1.0	1.0	1.1	1.1	1.1	1.1	1.2	1.2	1.2	
24	2.1	2.1	2.2	2.2	2.2	2.3	2.3	2.4	2.4	2.5	
26	3.2	3.3	3.4	3.4	3.5	3.5	3.6	3.7	3.7	3.8	
28	4.5	4.5	4.6	4.7	4.8	4.9	5.0	5.0	5.	5.2	
30	5.8	5.9	6.0	6.1	6.2	6.3	6.4	6.5	6.6		
32	7.2	7.3	7.4	7.5	7.6	7.8	7.9	8.0	8.1		
34	8.6	8.8	8.9	9.0	9.0	9.3	9.4	9.6	9.7		
36	10.1	10.3	10.4	10.6	10.7	10.9	11.1	11.2			
38	11.7	11.9	12.1	12.2	12.4	12.6	12.7	12.9			
40	13.4	13.6	13.8	14.0	14.2	14.4	14.5				

(二) 密度法测定海水的盐度

1. 原理

海水密度是海水温度和盐度的函数，借助海水密度计测出海水的密度

(相当于 17.5℃的纯水),再由海水的密度和水温查表推算海水的盐度。此法操作十分简便,其精度为 0.1,可满足海水动植物增养殖的生产和科学研究的要求。

2. 仪器

(1) 海水密度计(图 2-2-1):每套海水密度计中有广泛密度计 1 支(1.000~1.040,图左 1)、精密密度计 7 支(1.000~1.006,1.005~1.011,1.010~1.016,1.015~1.021,1.020~1.026,1.025~1.031,1.030~1.036)。

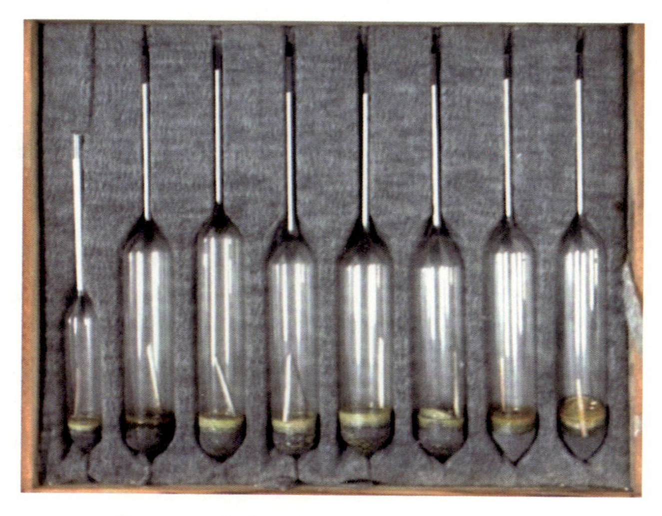

图 2-2-1 海水密度计(左 1 为广泛密度计)

(2) 温度计(0~50℃)1 支。

3. 测定与查算

(1) 将待测海水样品置于筒状玻璃容器中,把海水密度计置于筒内海水样品中,使之呈悬浮状态,待稳定后即可读数。读数时眼睛必须与液面平行,液面的弯月面投影在密度计刻度标尺上的位置即为密度计读数 d_t(读至 0.000 01 位),同时读取样品的温度(t,读至 0.1℃)。

(2) 根据下式计算海水样品在温度为 t 时的条件密度(a_t):

$$a_t=(d_t-1)\times 1\,000 \tag{2-2-8}$$

(3) 根据样品温度(t)和条件密度[查"海水密度盐度查对表"(表 2-2-2)],用双内插法计算海水的盐度(精确至 0.1)。

表 2-2-2 海水密度盐度查对表

a_t / t/℃	0.0	1.0	2.0	3.0	4.0	5.0	6.0	7.0	8.0	9.0	10.0	11.0	12.0	13.0	14.0
0				2.7	4.0	5.2	6.4	7.7	8.8	10.2	11.3	12.7	13.8	15.0	16.3
1				2.6	3.9	5.1	6.3	7.6	8.8	10.1	11.3	12.6	13.8	15.0	16.3
2				2.4	3.7	5.1	6.2	7.5	8.8	10.0	11.3	12.5	13.8	15.0	16.3
3				2.4	3.7	5.1	6.2	7.5	8.8	10.0	11.2	12.5	13.8	15.0	16.3
4				2.4	3.7	5.1	6.2	7.5	8.8	10.0	11.2	12.5	13.8	15.0	16.3
5				2.4	3.7	5.1	6.2	7.5	8.8	10.0	11.2	12.6	13.8	15.0	16.4
6				2.4	3.7	5.1	6.2	7.5	8.8	10.0	11.3	12.7	13.8	15.1	16.5
7				2.5	3.8	5.1	6.3	7.6	8.9	10.1	11.4	12.7	13.9	15.2	16.5
8				2.6	3.9	5.1	6.4	7.7	9.0	10.2	11.5	12.8	14.0	15.3	16.6
9				2.6	3.9	5.2	6.5	7.7	9.0	10.3	11.6	12.8	14.1	15.4	16.8
10				2.7	4.0	5.3	6.6	7.8	9.1	10.4	11.7	12.9	14.2	15.5	16.9
11				2.9	4.2	5.4	6.7	8.0	9.3	10.6	11.9	13.1	14.4	15.7	17.0
12				3.0	4.3	5.5	6.8	8.1	9.4	10.7	12.0	13.2	14.5	15.8	17.1
13				3.1	4.4	5.7	7.0	8.3	9.6	10.9	12.2	13.4	14.7	16.0	17.3
14				3.3	4.6	5.9	7.2	8.5	9.8	11.1	12.4	13.6	14.9	16.2	17.5
15			2.0	3.4	4.7	6.0	7.3	8.6	9.9	11.2	12.5	13.8	15.1	16.4	17.7
16			2.3	3.6	4.9	6.2	7.5	8.8	10.1	11.4	12.7	14.0	15.3	16.6	17.9
17			2.5	3.7	5.1	6.4	7.7	9.0	10.3	11.6	12.9	14.2	15.5	16.9	18.2
18			2.8	4.0	5.4	6.7	8.0	9.3	10.6	11.9	13.2	14.4	15.7	17.1	18.4
19			3.0	4.3	5.6	6.9	8.2	9.5	10.8	12.1	13.4	14.7	16.0	17.3	18.6
20		1.8	3.2	4.5	5.9	7.2	8.5	9.8	11.1	12.4	13.7	15.0	16.3	17.6	18.9
21		2.1	3.4	4.7	6.1	7.4	8.7	10.0	11.3	12.7	14.0	15.3	16.6	17.9	19.2
22		2.4	3.7	5.0	6.4	7.7	9.0	10.3	11.6	13.0	14.3	15.6	17.0	18.3	19.6
23		2.7	4.0	5.3	6.6	7.9	9.2	10.6	11.9	13.3	14.6	15.9	17.3	18.6	19.9
24		2.9	4.3	5.6	7.0	8.3	9.6	10.9	12.2	13.6	15.0	16.3	17.6	18.9	20.2
25	1.9	3.2	4.3	5.8	7.3	8.6	9.9	11.2	12.5	13.8	15.3	16.6	17.9	19.2	20.5
26	2.3	3.6	4.9	6.2	7.6	8.9	10.3	11.6	12.9	14.2	15.6	17.0	18.3	19.6	20.9
27	2.6	3.9	5.2	6.6	7.9	9.2	10.6	11.9	13.3	14.6	15.9	17.3	18.6	20.0	21.3
28	2.9	4.3	5.6	7.0	8.3	9.6	11.0	12.3	13.7	15.0	16.3	17.7	19.0	20.4	21.7
29	3.2	4.7	6.0	7.3	8.6	10.0	11.3	12.6	14.0	15.4	16.7	18.0	19.4	20.7	22.1

续表

a_t / t/℃	15.0	16.0	17.0	18.0	19.0	20.0	21.0	22.0	23.0	24.0	25.0	26.0	27.0	28.0	29.0	30.0
0	17.5	18.8	20.0	21.3	22.5	23.8	25.0	26.3	27.5	28.8	30.0	31.3	32.5	33.8	35.0	36.1
1	17.5	18.8	20.1	21.3	22.5	23.8	25.0	26.3	27.5	28.8	30.0	31.3	32.6	33.8	35.1	36.2
2	17.5	18.8	20.1	21.3	22.5	23.8	25.0	26.3	27.5	28.8	30.1	31.3	32.6	33.8	35.1	36.3
3	17.5	18.8	20.1	21.3	22.6	23.9	25.1	26.4	27.6	28.9	30.2	31.4	32.7	33.9	35.2	36.4
4	17.5	18.8	20.1	21.3	22.6	24.0	25.1	26.5	27.6	28.9	30.3	31.4	32.7	34.0	35.2	36.5
5	17.6	18.9	20.2	21.4	22.7	24.1	25.2	26.5	27.8	29.0	30.3	31.6	32.9	34.1	35.4	36.7
6	17.7	19.0	20.3	21.5	22.8	24.1	25.3	26.6	27.9	29.1	30.4	31.7	33.0	34.2	35.5	36.8
7	17.8	19.0	20.3	21.6	22.9	24.1	25.4	26.7	28.1	29.2	30.5	31.8	33.2	34.3	35.6	36.9
8	17.9	19.1	20.4	21.7	23.0	24.2	25.5	26.8	28.2	29.3	30.6	31.9	33.3	34.4	35.7	37.0
9	18.1	19.3	20.6	21.9	23.2	24.4	25.7	27.0	28.3	29.5	30.8	32.1	33.4	34.6	35.9	37.2
10	18.2	19.4	20.7	22.0	23.3	24.6	25.8	27.1	28.4	29.7	31.0	32.3	33.6	34.8	36.1	37.4
11	18.3	19.6	20.9	22.2	23.5	24.8	26.0	27.3	28.6	29.9	31.2	32.5	33.8	35.0	36.3	37.6
12	18.4	19.7	21.1	22.4	23.7	24.9	26.2	27.5	28.8	30.1	31.4	32.7	34.0	35.2	36.5	37.8
13	18.6	19.9	21.3	22.6	23.9	25.1	26.4	27.7	29.0	30.3	31.6	32.9	34.2	35.5	36.8	38.1
14	18.8	20.1	21.5	22.8	24.1	25.3	26.6	27.9	29.2	30.5	31.8	33.1	34.4	35.7	37.0	38.4
15	19.0	20.3	21.7	23.0	24.3	25.5	26.8	28.1	29.4	30.7	32.0	33.4	34.7	36.0	37.3	38.7
16	19.2	20.5	21.9	23.2	24.5	25.8	27.1	28.4	29.7	31.0	32.3	33.7	35.0	36.3	37.6	38.9
17	19.5	20.8	22.1	23.4	24.7	26.1	27.4	28.7	30.0	31.3	32.6	33.9	35.2	36.5	37.8	39.2
18	19.7	21.0	22.3	23.6	24.9	26.3	27.6	28.9	30.2	31.5	32.8	34.1	35.4	36.8	38.2	39.5
19	19.9	21.3	22.6	23.9	25.2	26.6	27.9	29.2	32.5	31.8	33.1	34.4	35.7	37.1	38.5	39.8
20	20.2	21.6	22.9	24.2	25.5	26.9	28.2	29.5	30.8	32.1	33.4	34.7	36.0	37.4	38.8	40.1
21	20.5	21.9	23.3	24.6	25.9	27.2	28.6	29.9	31.2	32.4	33.8	35.1	36.4	37.7	39.1	40.4
22	20.9	22.3	22.6	25.0	26.3	27.6	28.9	30.2	31.5	32.8	34.1	35.4	36.8	38.1	39.5	40.8
23	21.2	22.6	22.8	25.3	26.6	27.9	29.2	30.5	31.8	33.1	34.4	35.7	37.2	38.5	39.8	41.1
24	21.6	22.9	24.2	25.6	26.9	28.3	29.6	30.9	32.2	33.5	34.8	36.1	37.5	38.8	40.1	41.2
25	21.9	23.3	24.6	25.9	27.2	28.6	29.9	31.2	32.6	33.9	35.2	36.5	37.8	39.1	40.4	
26	22.3	23.7	25.0	26.3	27.6	29.0	30.3	31.6	33.0	34.3	35.6	36.9	38.2	39.5	40.8	
27	22.6	24.0	25.3	26.6	28.0	29.3	30.6	31.9	33.3	34.6	36.0	37.3	38.6	39.9	41.2	
28	23.0	24.4	25.7	27.0	28.4	29.7	31.0	32.3	33.7	35.1	36.4	37.7	39.0	40.3		
29	23.4	24.7	26.1	27.4	28.8	30.1	31.4	32.7	34.0	35.5	36.8	38.1	39.4	40.7		

拓展知识

温盐深剖面仪(CTD)

温盐深剖面仪(conductivity-temperature-depth profiler，CTD)，是一种用来精确测定不同深度下海水温度和盐度的水质检测仪器，是海洋及其他水体调查的必要设备，是海水物理和化学参数的自动测量装置。在近些年来的海洋科考工作中，高精度高性能温盐深剖面仪的研发和运用，使得海洋调查所获取的大量观测资料的精度，在观测层面上达到了极高的水平。

1. CTD 的发展过程

CTD 主要由水中的温盐深传感器(探头)、记录显示器及连接电缆组成。其中的传感器是水文要素测量的最终执行者，是仪器的核心部分，其发展过程大致经历了三个阶段。① 基于模拟补偿算法的 STD(salinitv-temperature-depth)阶段：该阶段的盐度测定，是用温度和压力数据对电导率进行补偿，然后由电导率计算而得到盐度值。② 基于数字化存储和通信的 CTD 阶段：数字化测量具有更高的分辨率和更强的抗干扰能力。③ 智能化的 CTD 阶段：将传感器的定标数据存储到微处理器中，方便进行零点和满量程校正，可有效提高测量的准确性。同时还可达到水下通用异步收发器与水上设备的双向对话。

2. CTD 的传感器

CTD 的测温传感器主要有热敏电阻和铂电阻。测深用的压力传感器有硅阻式和应变式。测盐用的电导率传感器，虽然也有感应式和电极式，但由于受到加工工艺和材料的限制，一直是 CTD 测量技术的研究重点。原因是感应式传感器虽然结构坚固，性能稳定，响应速度快，但易受电磁干扰，难以保证测量的精度；电极式传感器具有较强的抗干扰能力和较高的测量精度，但响应速度慢，易被污染，且清洗过程复杂。

3. CTD的典型设备

(1) 船用绞车布放式CTD：广泛应用于海洋调查中，是目前应用最多的温盐深剖面测量设备。其操作步骤为：安装调试、参数设置、仪器投放、下降过程中测量（控制下放速度）、上升过程中采水（一般与采水器联合并用）、仪器回收、数据下载及处理。

(2) 拖曳式CTD（简称UCTD）：在船舶航行过程中实现大面积、连续、快速的温盐剖面测量，测量结果具有更强的实时性和代表性，且具有更高的测量效率。测量过程中要求船只以规定的船速航行。

(3) 抛弃式CTD（简称XCTD）：通过发射装置（如发射手枪、固定发射架），将其抛弃式的探头投入水中，探头在下沉过程中测量海水的电导率和温度，并根据下沉时间和速度计算深度。XCTD使用方便，性能可靠，可以舰船、潜艇和飞机为载体进行大批量投放，快速获取大面积海域内的温度和电导率数据。

(4) 海洋观测平台上的CTD：在测量温盐深的基础上，融合了水下接驳技术、水声通信、数据传输、能源供应等多个技术领域，可有效解决能量供应和数据传输等问题。

4. CTD的发展趋势

CTD测量技术已广泛应用于海洋环境监测中，并取得了显著效果。随着海洋观测技术的快速发展，CTD剖面测量技术也面临着新的机遇和挑战。美国、英国、意大利等国家的CTD测量技术一直走在世界前列。日本的CTD产品则致力于小型低功耗产品的研发，注重发展链式系留传感器测量技术。目前我国的CTD测量技术已接近世界先进水平，某些方面甚至已处于世界领先，但在部分领域仍处于技术跟踪阶段。

目前，CTD产品正向着低功耗、模块化、智能化、多参数方向发展，同时注重优化传感器测量性能，高速采集测量技术、高频响应测量技术，提高传感器的长期稳定性，也是重点研发的方向。对于CTD而言，海洋生物的附着会降低其测量精度及长期稳定性，研发具有经济、高效、环保的防生物附着技术，也是该领域的研究热点。随着深远海发展战略的逐步推进，深海监测技术发展步伐的加快，研发深海型且适用于极端海洋环境下的高精度温盐深测量设备，已成为海洋监测领域的必然发展趋势。

天然水溶解氧的测定

知识要点	掌握程度	学时	教学方式
碘量法	掌握	3	讲授与操作
水样的采集	掌握	0.5	讲授与操作
溶解氧测定仪的使用	熟悉	0.5	操作
溶解氧测定的简化方法	掌握	1	课外阅读
拓展实验 (1) 固定过程中，摇动次数对溶解氧测定结果的影响。 (2) 温度对滴定终点的影响。 (3) 固定溶解氧后放置时间对测定结果的影响。 (4) 酸化后放置时间对测定结果的影响。			

一、碘量法测定溶解氧

(一) 原理

在水样中加入过量的 Mn^{2+} 和碱性碘化钾溶液，Mn^{2+} 与碱作用生成的白色 $Mn(OH)_2$ 沉淀不稳定，能和水中的溶解氧结合生成三价或四价锰的棕褐色沉淀，过量的 $Mn(OH)_2$ 还能与生成的 $MnO(OH)_2$ 结合为 $MnMnO_3$，这一过程称为溶解氧的固定。

固定：

$$Mn^{2+} + 2OH^- = Mn(OH)_2 \downarrow \text{（白色）}$$

$$2Mn(OH)_2 \downarrow + O_2 = 2MnO(OH)_2 \downarrow \text{（棕褐色）}$$

$$4Mn(OH)_2 \downarrow + O_2 + 2H_2O = 4Mn(OH)_3 \downarrow \text{（棕褐色）}$$

$$MnO(OH)_2 + Mn(OH)_2 = MnMnO_3 + 2H_2O$$

水中的溶解氧被“固定”到沉淀中的定量关系为

$$O_2 \approx 2MnO(OH)_2 \tag{2-3-1}$$

高价锰化合物沉淀在酸性介质中，被 I^- 还原并溶解，同时析出和溶解氧相当量的游离碘(I_2)[需要碘化钾(KI)过量才能溶解]。

酸化：

$$MnO(OH)_2\downarrow + 2I^- + 4H^+ = Mn^{2+} + I_2 + 3H_2O$$

$$2Mn(OH)_3\downarrow + 2I^- + 6H^+ = 2Mn^{2+} + I_2 + 6H_2O$$

$$MnMnO_3 + 2I^- + 6H^+ = 2Mn^{2+} + I_2 + 3H_2O$$

产物 I_2(在溶液中以 I_3^- 形式存在)的量只决定于 $MnO(OH)_2$ 的量，其关系为

$$I_2 \approx MnO(OH)_2 \approx \frac{1}{2}O_2 \tag{2-3-2}$$

用硫代硫酸钠标准溶液滴定析出的游离 I_2，以淀粉指示剂指示滴定终点，根据硫代硫酸钠标准溶液的用量可以计算水中的溶解氧。

滴定：

$$I_2 + 2Na_2S_2O_3 = 2NaI + Na_2S_4O_6$$

$$2Na_2S_2O_3 \approx I_2 \tag{2-3-3}$$

合并式(2-3-1)、(2-3-2)、(2-3-3)得：

$$Na_2S_2O_3 \approx \frac{1}{4}O_2 \tag{2-3-4}$$

即每消耗 1 mol 的硫代硫酸钠，相当于水中有 1/4 mol 的氧气。由于反应中硫代硫酸钠是一价的还原剂，所以消耗 1 mmol 的硫代硫酸钠相当于有 1/4 mmol 的氧气，即 8 mg 氧气。

在没有干扰的情况下，此方法适用于溶解氧大于 0.2 mol/L 和小于氧的饱和浓度 2 倍(约 20 mg/L)的水样。

(二) 主要仪器和试剂

1. 仪器

试剂瓶、碱式滴定管、溶解氧水样瓶、碘量瓶(锥形瓶)、移液管、量筒等。

2. 试剂

(1) 锰盐溶液：称取 48 g $MnSO_4 \cdot 4H_2O$(或 40 g $MnSO_4 \cdot 2H_2O$ 或42 g $MnCl_2 \cdot 4H_2O$ 或 36 g $MnSO_4 \cdot H_2O$)溶解后用纯水稀释至 100 mL。若有沉淀可静置后取上清液使用。

(2) 碱性碘化钾溶液：称取 15 g KI 溶于 10 mL 纯水，另称取 50 g NaOH

溶于 50～60 mL 纯水。冷却后将两种溶液混合，并稀释到 100 mL，装入棕色聚乙烯瓶中备用。

(3) 硫酸溶液(1+1)：在不断搅拌下把 50 mL 浓硫酸慢慢加入到 50 mL 的纯水中混合均匀，贮于试剂瓶中备用。

注意

必须把硫酸加入到纯水中，且不可颠倒顺序。

(4) 硫酸溶液(1 mol/L)：在不断搅拌下将 28 mL 浓硫酸慢慢加入到 472 mL纯水中。

(5) 淀粉指示剂(5 g/L)：称取 0.5 g 可溶性淀粉，先用少量纯水调成糊状，倾入沸水中煮沸并稀释至 100 mL。

(6) 硫代硫酸钠标准溶液配制($c_{Na_2S_2O_3}=0.01$ mol/L)：称取 2.5 g 硫代硫酸钠($Na_2S_2O_3 \cdot 5H_2O$)，溶解于刚煮沸放冷的纯水中，加入约 0.2 g Na_2CO_3，以减缓硫代硫酸钠溶液的分解，稀释到 1 000 mL，摇匀后贮于棕色试剂瓶中。

(7) 碘酸钾标准溶液($c_{\frac{1}{6}KIO_3}=0.010\ 00$ mol/L)：准确称取 3.567 g 碘酸钾(KIO_3)固体(分析纯，预先于 120℃烘干 2 h，置于干燥器中冷却)，加少量纯水溶解后，全部转入 1 000 mL 容量瓶中稀释至标线，混匀。此溶液浓度为 0.100 0 mol/L，阴暗处放置，有效期为 1 个月。使用时准确稀释 10 倍，即得 $c_{\frac{1}{6}KIO_3}=0.010\ 00$ mol/L的标准使用溶液。

(8) 碘化钾固体。

(9) 硫代硫酸钠标准溶液的标定：用移液管准确移取碘酸钾标准使用溶液 20.00 mL于 250 mL 三角烧瓶(或碘量瓶)中，立即加入 0.5 g KI、5 mL 1 mol/L 硫酸溶液(若用碘量瓶，则需要密塞、摇匀并加少许水封口)，于暗处放置5 min后，加纯水 50 mL，在不断振摇下，用硫代硫酸钠标准溶液滴定至淡黄色，再加入 1 mL 淀粉溶液，继续滴定至蓝色消失，并在 0.5 min 内不再出现蓝色为止。重复标定，两次读数差应小于 0.05 mL。记录滴定消耗硫代硫酸钠标准溶液的体积($V_{Na_2S_2O_3}$)。按下式计算硫代硫酸钠标准溶液的浓度($c_{Na_2S_2O_3}$)：

$$c_{Na_2S_2O_3}=\frac{c_{\frac{1}{6}KIO_3}\times V_{\frac{1}{6}KIO_3}}{V_{Na_2S_2O_3}}=\frac{0.010\ 00\times 20.00}{V_{Na_2S_2O_3}} \quad (2\text{-}3\text{-}5)$$

式中：$c_{Na_2S_2O_3}$——硫代硫酸钠标准溶液的浓度(mol/L)；

$V_{Na_2S_2O_3}$——滴定时消耗硫代硫酸钠标准溶液的体积(mL)。

(三) 操作步骤

(1) 水样的采集：用采水器把水样采上来后，立即把采水器的出水管(胶管)插入溶解氧水样瓶(125 mL 左右)底部，放出少量水，润洗 2～3 次，然后将出水管再插入瓶底，令水样缓慢注入瓶内，并溢出 2～3 倍水样瓶体积的水。在不停止注水的情况下，提出导管，盖好瓶塞。瓶中不得有气泡。

(2) 固定：立即向水样瓶中加入锰盐溶液和碱性碘化钾溶液各 0.50 mL。加试剂时移液管尖端应插入水面下 2～3 mm，让试剂自行流出，沉降到瓶底。然后立即盖好瓶塞反复倒转 20 次左右，使溶解氧被完全固定，静置，待沉淀降到瓶的中部后方可进行下一步操作。固定操作要迅速，水样瓶中不得有气泡。固定后的水样在避光条件下可保存 24 h。

水样的采集与固定

(3) 酸化：打开瓶塞，将上层澄清液倒出少许于三角烧瓶(或碘量瓶或小烧杯)中备用，切勿倒出沉淀，然后于水样瓶中加入 1 mL 硫酸溶液(1+1)，盖好瓶塞，颠倒混合均匀至沉淀物全部溶解。酸化后的水样需要尽快滴定。

(4) 滴定：将酸化后的水样全部倒入另一三角烧瓶(或碘量瓶)中，用硫代硫酸钠标准溶液滴定至淡黄色，加入淀粉溶液 1 mL，继续滴定至无色，用倒出备用的上清液回洗水样瓶，倒回三角烧瓶(或碘量瓶)后再继续滴定至无色，并在 20 s 内颜色不返回，记录滴定消耗硫代硫酸钠标准溶液的体积(V)。

(四) 结果与计算

溶解氧含量(ρ_{DO})常用 mg/L、mL/L 两种单位表示，分别用式(2-3-6)、式(2-3-7)计算：

$$\rho_{DO}=\frac{c_{Na_2S_2O_3}\times V\times f}{V_{水样}}\times 8\times 1\,000 \qquad (2\text{-}3\text{-}6)$$

$$\rho_{DO}=\frac{c_{Na_2S_2O_3}\times V\times f}{V_{水样}}\times 8\times 1\,000\times\frac{22.4}{32} \tag{2-3-7}$$

式中：$c_{Na_2S_2O_3}$——硫代硫酸钠标准溶液的浓度(mol/L)；

V——滴定时消耗硫代硫酸钠标准溶液的体积(mL)。

$V_{水样}$——滴定水样的体积(mL)，此处应为水样瓶的容积。

$f=\frac{V_{瓶}}{V_{瓶}-V_{固}}$，其中$V_{瓶}$为水样瓶容积(mL)；$V_{固}$为固定溶解氧加入的试剂总体积(mL)，本方法中等于1.00 mL。

(五) 养殖生产上碘量法的简化操作

1. 操作步骤

(1) 水样的采集：同本实验(三)操作步骤(1)水样的采集。

(2) 固定：立即用滴管向水样瓶中加入锰盐溶液和碱性碘化钾溶液各0.5 mL，加试剂时滴管尖端应插入水面下2～3 mm。然后立即盖好瓶塞反复倒转20次左右，使溶解氧被完全固定。

(3) 酸化：待沉淀降到瓶的中部后可以进行酸化。小心打开瓶塞，用滴管向水样瓶中加入1 mL硫酸溶液(1+1)，盖好瓶塞，颠倒混合均匀至沉淀物全部溶解。酸化后的水样需要尽快滴定。

(4) 滴定：用校正过的量筒(可用50 mL移液管校正)量取50 mL酸化的混匀水样，于锥形瓶中，立即用硫代硫酸钠标准溶液滴定至淡黄色，加入淀粉溶液约1 mL，继续滴定至无色，记录滴定消耗硫代硫酸钠标准溶液体积(V)。

2. 计算

计算公式同式(2-3-6)、式(2-3-7)，其中$f=1$。

(六) 注释

(1) 酸量不足，沉淀不能全部溶解。当水样溶解氧很高时，即使酸量充足，也可能有沉淀不溶解，这是因为碘化钾加入量不足，不能使生成的碘完全溶解。补加少量固体碘化钾，沉淀即可溶解。

(2) 藻类多时，酸化后大量I_2将被藻类吸附，形成棕色沉淀，像是亚锰酸没溶解完全所致。这时要注意将水样充分摇匀后连同沉淀一起取出滴定。

(3) 水样瓶的体积标定：在需要精确计算溶解氧时，就必须准确测出水样瓶的体积。首先在15～20℃时将空瓶称重，加满纯水，盖上瓶塞，使瓶塞下面不留空隙，用毛巾（或滤纸）擦干瓶外壁再称重。由两次称重之差及该温度下的密度，求出瓶的体积。

知识链接

一、关于硫代硫酸钠溶液的标定

硫代硫酸钠溶液不稳定，水中的CO_2、光照和微生物容易使其分解。水中的O_2也能将其氧化。配制时最好用新煮沸放冷的纯水，以除去水中的CO_2和O_2，并杀死微生物。然后加入少量的Na_2CO_3或NaOH，使溶液呈弱碱性，以抑制硫代硫酸钠溶液的分解和微生物的生长，并贮于棕色试剂瓶中。

硫代硫酸钠溶液的标定，除用碘酸钾标准溶液外，通常还采用$K_2Cr_2O_7$、$KBrO_3$、$KMnO_4$、$NaIO_3$等氧化剂，$K_2Cr_2O_7$用的较多。因$K_2Cr_2O_7$与$Na_2S_2O_3$的反应产物有多种，不能按确定的反应式进行，故采用间接碘量法，以淀粉为指示剂标定。标定时，首先使$K_2Cr_2O_7$与过量的KI反应，析出与$K_2Cr_2O_7$计量相当的I_2，然后再用硫代硫酸钠标准溶液滴定I_2。反应方程式如下：

$$Cr_2O_7^{2-}+14H^++6I^-=\!=\!=3I_2+2Cr^{3+}+7H_2O$$

$$2S_2O_3^{2-}+I_2=\!=\!=S_4O_6^{2-}+2I^-$$

在酸度较低时，第一步反应完成较慢，若酸度太强又会使KI被空气氧化成I_2，因此必须注意控制反应的酸度（通常控制溶液的速度为0.2～0.4 mol/L）。同时避光于暗处放置一定时间，让反应定量完成。

硫代硫酸钠溶液在酸性溶液中易分解：

$$S_2O_3^{2-}+2H^+=\!=\!=S\downarrow+SO_2\uparrow+H_2O$$

与 I_2 在碱性溶液中会发生以下反应：

$$S_2O_3^{2-}+4I_2+10OH^-=\!=\!=2SO_4^{2-}+8I^-+5H_2O$$

因此，在滴定前须将溶液稀释以降低酸度。另外，H_2CO_3 可使 $Na_2S_2O_3$ 发生水解，因而刚配制不久的硫代硫酸钠溶液有浓度增加的现象，在测定溶解氧时强调要不断摇动三角烧瓶，也是这个原因。

二、关于淀粉指示剂的配制

配制的淀粉指示剂若要长期保存，可按下法配制：称取 2 g 可溶性淀粉（分析纯或化学纯）加入 200 mL 纯水中，在不断搅拌下，加入 200 g/L 的氢氧化钠溶液，直至淀粉变为厚糖浆状透明液为止（大约需 30 mL）。放置 1～2 h 后用浓盐酸中和至中性或微碱性，再加 1 mL 冰醋酸作保存剂。最后用纯水稀释至 400 mL，混合均匀，保存于试剂瓶中，有效期为 1 年左右，该试剂终点变色较灵敏。

没有可溶性淀粉时，可以自己用土豆粗制：洗净—去皮—切丁—压碎，然后用水浸洗，滤除残渣，所得淀粉溶液即可使用。

三、亚硝酸盐干扰的叠氮化钠法

如果水样中含有亚硝酸盐（NO_2^--N＞0.05 mg/L），滴定到终点后，蓝色返回很快，因为：

$$2I^-+2NO_2^-+4H^+=\!=\!=2H_2O+2NO\uparrow+I_2$$

生成的 NO 可以被 O^2 氧化为 NO_2，进一步再生成 NO_2^-，继续产生干扰。要消除此干扰可将碘量法中的碱性碘化钾溶液改为碱性碘化钾-叠氮化钠溶液。叠氮化钠的作用是将亚硝酸根离子分解，消除其干扰。

碱性碘化钾-叠氮化钠溶液的配制方法如下：称取 50 g NaOH 溶于 30～40 mL纯水中，另称取 15 g KI 溶于大约 20 mL 纯水中，待氢氧化钠溶液冷却后，将两溶液合并。称取 1 g 叠氮化钠（NaN_3）溶于少量纯水，最后再与碱性碘化钾混合液混合并稀释到 100 mL。

水样测定步骤同碘量法。

注意：叠氮化钠属于剧毒、易爆试剂。操作时，不能将碱性碘化钾-叠氮化钠溶液直接酸化，否则可产生有毒的叠氮酸雾。

二、溶解氧仪

(一) 膜电极法

1. 原理

溶解氧仪一般由电子单元组成的主机和由阴极、阳极、电解液和薄膜组成的薄膜电极组成，该电极由一个用薄膜封闭的电极腔组成，电极腔内有两个金属电极并充有电解质溶液。采用聚四氟乙烯、聚氯乙烯、聚乙烯、硅橡胶等透气材料制成的选择性薄膜，把待测水样和电极隔开，该薄膜只允许氧气和一定数量的其他气体透过，而不能使水和可溶解物质的离子透过。

当给电极供应电压时，氧分子透过薄膜在电极上被还原，由此而产生的微弱扩散电流（一般统称为电信号）与氧分子通过膜的迁移速度成正比，而迁移速度在其他条件（如膜的材质、厚度、温度等）固定的情况下，与膜内外氧分压差成正比。

2. 仪器和试剂

（1）仪器：由主机和测量探头（传感器或电极）组成的溶解氧测定仪，刻度分度为0.5℃的温度计。

（2）试剂：每升水中含1 g无水亚硫酸钠（$NaSO_3$）制备的无氧水。

3. 操作步骤

仪器使用前，应仔细阅读制造厂的说明书，并参照说明书的要求正确调整和测量。一般性的操作如下：

（1）电极准备：在电极中加入电解质，将薄膜轻轻旋转到电极上，用指尖轻击电极边缘，确保膜内电极腔中无气泡。对使用过的仪器探头必须检查电极状态是否良好，否则应重新装配。

（2）校准：① 调整仪器的零点。有些仪器有补偿零点，不需要调整。对没有此功能的仪器，需要将仪器探头浸泡于无氧水中，进行仪器调零。此过程一定要根据制造厂家的说明书操作。② 仪器校准。视仪器型号可采用水样校准法或空气校准法。水样校准法的操作步骤：取一定的水样，向水中曝气，使水中溶解氧达到饱和或接近饱和，用碘量法测定其溶解氧。然后将电极放入该水中，保持 15 min，按照仪器操作要求使仪器的指针指示（或数字显示）的读数为该水样的溶解氧，即校正完毕。空气校正法的操作步骤：用湿度饱和的空气做标准来校准仪器。将溶解氧电极表面的水滴吸干，放入盛有湿度饱和的空气瓶中。达到平衡后，按照仪器操作要求调整仪表按钮，使仪器读数指示该温度下的氧气溶解度（采用测定溶解氧含量功能作校正时）或饱和度为 100%（采用测定溶解氧饱和度功能作校正时）。

（3）溶解氧的测定：经校准后的仪器即可对水样进行测定。在电极浸入水样后，停留足够时间，使电极与待测水温达到一致，等到读数稳定后即可记录溶解氧读数，取值到小数点后第一位。由于仪器型号不同，带有手动温度补偿的仪器需先测水温，按实际温度旋动补偿旋钮，再将探头放入待测水体中测定水体中的溶解氧。如果待测水体为静止水体，必须使探头不断摆动，以防止探头周围形成溶解氧的浓度梯度，影响测定的准确性。

（二）荧光淬灭法

1. 原理

荧光淬灭法溶解氧仪是基于物理学中特定物质对活性荧光的猝熄原理，调制的蓝光照射到传感器前端的荧光物质上使其激发并发出红光，由于氧分子可以带走能量（猝熄效应），所以激发红光的时间和强度与氧分子的浓度成反比。采用与蓝光同步的红色光源作为参比光，测量激发红光与参比光之间的相位差，并与内部标定值对比，从而可计算出氧分子的浓度。若进一步经过处理，可直接输出溶解氧值。

2. 仪器

德国 WTW Multi 3620 多参数水质分析仪，FDO 925 荧光法溶解氧探头。

注意

一般荧光探头（即电极）的结构包括光路系统（调制光源、光路传导系统）、荧光敏感膜（荧光分子、荧光分子载体）和光学检测系统（滤光，光电流检测、放大及运算）。

3. 使用操作

(1) 将溶解氧探头与主机连接，按下“on/off”键，仪器开机自检，显示“WTW”的标识，然后显示测试结果。

(2) 将探头插入待测水样中，按“M”键选择需要的参数[溶解氧浓度(mg/L)、溶解氧饱和度(%)、氧气分压(mbar①)]。如果测试水样的盐度超过 1 g/L 时，需要启动盐度补偿功能，并输入实测盐度值，此时屏幕上有“Sal”字样提示。

(3) 屏幕数值稳定后即可记录所测参数。有时为了获得稳定的读数，使用自动读数功能可能需要较长时间，此时可启动手动测试：按“AR”键启动“HOLD”功能，屏幕显示“HOLD”字样，按“MENU-ENTER”键手动启动漂移控制。当同时显示“AR”和“HOLD”字样时，说明测试结束，记录读数即可。再按“MENU-ENTER”键，开始下一个读数。

4. FDO 925 溶解氧探头的检测与校正

荧光法溶解氧探头不容易老化，仅在特定的条件下(如 FDO 检测结果显示要校正时、测试准确度要求非常高等)才需要校正，平时只需要定时检测就能满足需求。具体检测时间可参看以下条件：① 规定的检测周期到了；② 测试值明显错误；③ 荧光帽脏了或寿命到了，进行了清洗或更换等。

具体检测与校正方法一般都是采用饱和湿空气法，详细步骤可参看仪器说明书。

溶解氧的测定

一、溶解氧及其在水体中的意义

溶解于水中的分子态氧称为“溶解氧”(dissolved oxygen，DO)。正常情况下，未被污染的地表水所含溶解氧接近饱和状态；富含有机物的富营养化的水体，所含的溶解氧最低可接近零；池塘等含浮游植物丰富的水体，溶解氧可达过饱和状态。海水中溶解氧约为淡水的 80%，而且不同海区溶解氧也各不相同，高纬地区常年温度和盐度比较低，溶解氧较大，低纬地区恰相反。

---

① mbar 为非国际制单位，1 mbar=100 Pa，下同。

水中的氧气状况取决于氧的收入和支出的平衡。在相对封闭的池塘系统中，氧的收入主要包括水生植物的光合作用和大气的溶解，当然还有人工增氧机增氧。浮游植物的光合作用是池塘中氧的主要来源，占池塘自然溶解氧收入的60%～95%；大气溶解是池塘溶解氧的重要补充，占溶解氧收入的4.7%～40.0%。

氧的支出主要包括"水柱"的呼吸、鱼虾类等养殖生物的呼吸、底质的呼吸。"水柱"呼吸是一个综合的耗氧过程，包括浮游细菌、浮游植物、浮游动物的呼吸以及细菌对溶解有机物、悬浮有机物质的分解，占消耗总氧量的50%～75.1%。养殖生物呼吸在总耗氧量中所占比例与养殖密度有密切关系。即使在精养条件下，养殖生物本身的呼吸并非耗氧的主要因子，仅占总耗氧量的5%～22%。底质呼吸包括底栖生物群落的呼吸及细菌对沉积物有机质的分解，在总耗氧量中所占比例较低，为3%～20%。

在海洋中光合作用也仅限于在上层的真光层中进行。一般情况下，表层海水中的溶解氧趋向于与大气中的氧达成平衡。当海水的温度升高，盐度增加和压力减少时，溶解度减少，溶解氧也就减少。尤其海水温度改变时对溶解氧影响更为显著。

海洋中溶解氧的垂直分布并不均匀，在海洋的表层和近表层，光合作用较为强烈，溶解氧最丰富；中层则是溶解氧较低的区域，因为生物的呼吸及海水中无机和有机物的分解氧化而耗用了大量的溶解氧，而且依靠海流补充到那里的溶解氧也并不多，从而形成了溶解氧垂直分布上的含量最小层。深层因温度变低，氧化过程的强度减弱以及海流的补充，溶解氧比中层有所增加。

研究大洋中溶解氧在时间上和空间上的分布，不仅可以用来研究大洋各个深度上生物生存的条件，而且还可以用来了解海洋环流情况。

二、溶解氧的测定方法

水中溶解氧的测定系Winkler于1888年所创立的碘量法，虽然后来也开发了许多新的方法，如电化学分析法以及光学分析法等，但从测量的范围、仪器设备的配备、测定步骤的繁简、测定方法的准确度等方面进行综合评价，唯有Winkler碘量法简便、准确度高，因而也成为国标规定使用的方法，但该法仅适用于无污染的清洁水体。

碘量法测定实际上分为两步，第一步系借四价锰化合物的生成以固定水样中的溶解氧，第二步系在酸化后以硫代硫酸钠溶液滴定所析出的碘。因为水体中的溶解氧力求与大气维持平衡，取样后如不立即进行固定，分析结果的误差会很大，所以测定的第一步（固定作用）必须在取样地点立即进行，至于第二步测定的时间也不应超过一昼夜。

水样中如含较大量的还原剂（如 S^{2-}、H_2S、Fe^{2+}）或氧化剂（如 Fe^{3+}、NO_2^-）及有机物等，对碘量法测定有干扰。例如水样中存在 H_2S 时，可于试样中加入适量 $HgCl_2$ 进行修正；水样中亚硝酸盐氮含量高于 0.05 mg/L 时，采用叠氮化钠修正法，此法适用于多数污水及生化处理水；水样中 Fe^{2+} 高于 1 mg/L，采用高锰酸钾修正法；水样有色或有悬浮物，采用明矾絮凝修正法；含有活性污泥悬浊物的水样，采用硫酸铜-氨基磺酸絮凝修正法等。若水样中铁含量较高，则须在加入锰盐固定之后，改用磷酸（H_3PO_4）酸化。

光学分析法测定水样的溶解氧，有应用 Winkier 法的反应，通过测量碘与淀粉所形成的蓝色溶液的分光光度法，以及不加淀粉指示剂而测定 I_3^- 的分光光度法；还有采用靛红为显色剂的分光光度法。但以上方法仅适用于溶解氧低微水样的测定，不适用于自然水体溶解氧的测定。

应用于水中溶解氧测定的电化学分析法有电位滴定法、电流滴定法、极谱法和隔膜电极法。电位滴定法及电流滴定法终点判断较为敏锐；极谱法系先将水样以盐酸溶液调至 $pH<2$ 后进行极谱测定。隔膜电极法是根据分子氧透过薄膜的扩散速率来测定水中溶解氧，方法简便、快速、干扰少，可用于现场测定。

采用最新技术开发而成的荧光猝灭法溶解氧测量仪，替代传统的膜式电极，具有较强的抗干扰能力与测量精度。其优点体现在不用更换膜片和电解液，使用方便，几乎不用维护；传感器不消耗氧气，因而也没有流速和搅动的要求；不受硫化物等物质的干扰，特别适用于多种污水溶解氧的测定与监控，为溶解氧的测定开辟了新的途径。

实验 4

天然水化学需氧量的测定

知识要点	掌握程度	学时	教学方式
碱性高锰酸钾法	掌握	3	讲授与操作
酸性高锰酸钾法	掌握	3	讲授与操作
重铬酸钾法	掌握	4	讲授与操作
化学需氧量测定方法	了解	3	课外阅读

拓展实验

（1）高锰酸钾氧化法不同加热方式的比较研究。

（2）设计碱性高锰酸钾法（氧化还原滴定-返滴法）和酸性高锰酸钾法（氧化还原滴定-碘量法）的测定方案。

一、碱性高锰酸钾法（氧化还原滴定-碘量法）

（一）原理

在碱性条件下，水样中加入一定量的高锰酸钾溶液，加热一定时间以氧化水中的还原性物质（主要是有机物，以“C”表示）。

$$4MnO_4^- + 3C + 2H_2O = 4MnO_2 + 3CO_2\uparrow + 4OH^-$$

然后在酸性条件下，用碘化钾还原剩余的高锰酸钾和生成的二氧化锰：

$$2MnO_4^-(\text{剩余}) + 10I^- + 16H^+ = 2Mn^{2+} + 5I_2 + 8H_2O$$

$$MnO_2 + 2I^- + 4H^+ = Mn^{2+} + I_2 + 2H_2O$$

所生成的游离碘用硫代硫酸钠溶液滴定。

$$I_2 + 2S_2O_3^{2-} = S_4O_6^{2-} + 2I^-$$

该法适用于氯离子浓度大于 300 mg/L 的大洋、近岸海水及河口等水体。

（二）主要仪器和试剂

1. 仪器

25 mL 碱式滴定管、250 mL 锥形瓶（或碘量瓶）、电热板（或电炉等加热设备）、移液管、吸量管等。

2. 试剂

(1) 氢氧化钠溶液(250 g/L)：称取 25 g NaOH 溶于 100 mL 纯水中，盛于聚乙烯瓶中。

(2) 硫酸溶液(1＋3)：在搅拌下将 1 体积浓硫酸慢慢倒入 3 体积水中，冷却，盛于试剂瓶中。

(3) 碘酸钾标准溶液($c_{\frac{1}{6}KIO_3}$ ＝0.010 00 mol/L)：同实验 3“一、碘量法测定溶解氧”。

(4) 硫代硫酸钠标准溶液配制($c_{Na_2S_2O_3}$ ＝0.01 mol/L)：同实验 3“一、碘量法测定溶解氧”。

(5) 淀粉溶液(5 g/L)：同实验 3“一、碘量法测定溶解氧”。

(6) 高锰酸钾贮备溶液($c_{\frac{1}{5}KMnO_4}$ ＝0.1 mol/L)：称取 3.2 g $KMnO_4$ 溶于 1.2 L水中，加热煮沸，使体积减少到约 1 L，在暗处放置过夜。若有沉淀出现，可静置令其沉降后，取上清液贮于棕色瓶中备用。

(7) 高锰酸钾标准溶液($c_{\frac{1}{5}KMnO_4}$ ＝0.01 mol/L)：吸取 50 mL 0.1 mol/L 高锰酸钾贮备溶液，于 500 mL 容量瓶中，用纯水稀释至标线，摇匀。此溶液在暗处可保存几个月，其准确浓度需使用当天进行标定。

(8) 碘化钾(固体)。

（三）操作步骤

1. 硫代硫酸钠溶液的标定

同实验 3“一、碘量法测定溶解氧”。标准规范中，标定硫代硫酸钠溶液所用试剂应与测定水样所用试剂完全一致，即用硫酸溶液(1＋3)，而不是 1 mol/L 硫酸溶液。

2. 水样的测定

(1) 准确量取 100.0 mL 摇匀的水样(或适量水样加纯水稀释至 100 mL)，

于 250 mL 锥形瓶中(测平行双样),加入几粒玻璃珠以防暴沸。加入 250 g/L 氢氧化钠溶液 1 mL,摇匀,用移液管准确加入 10.00 mL 高锰酸钾标准溶液(浓度 0.01 mol/L),摇匀。

(2) 立即将锥形瓶置于电热板(或覆盖有石棉网的电炉)上加热至沸,准确煮沸 10 min(从冒出第一个气泡时开始计时)。

注意

为防暴沸样品溅出及蒸发使样品体积减少,可在锥形瓶口加一合适的玻璃漏斗。

(3) 取下锥形瓶,迅速冷却至室温,加入 5 mL 硫酸溶液(1+3)和 0.5 g 固体 KI,摇匀,在暗处放置 5 min,待反应完毕(剩余的高锰酸钾和生成的二氧化锰与碘化钾反应,释放游离碘),立即在不断振摇下,用硫代硫酸钠溶液滴定至淡黄色,再加入 1 mL 淀粉溶液,继续滴定至蓝色刚消失,记录消耗的硫代硫酸钠溶液的体积(V_1)。两平行双样滴定读数相差不超过 0.10 mL。

另取 100 mL 高纯水代替水样,按水样的测定步骤,分析滴定空白值,记录消耗的硫代硫酸钠溶液的体积(V_2)。

(四) 结果与计算

水样的化学需氧量计算公式:

$$\rho_{COD_{Mn}}=\frac{c_{Na_2S_2O_3}\times(V_2-V_1)}{V_{水样}}\times 8\times 1\,000 \tag{2-4-1}$$

式中:$\rho_{COD_{Mn}}$——水样的化学需氧量(mg/L);

$c_{Na_2S_2O_3}$——硫代硫酸钠溶液的浓度(mol/L);

V_2——空白滴定消耗硫代硫酸钠溶液的体积(mL);

V_1——滴定水样消耗硫代硫酸钠溶液的体积(mL);

$V_{水样}$——水样的体积(mL)。

二、酸性高锰酸钾法

（一）原理

样品中加入已知量的高锰酸钾和硫酸，在沸水浴中加热 30 min，高锰酸钾将样品中的某些有机物和无机还原性物质氧化，反应后加入过量的草酸钠溶液还原剩余的高锰酸钾，过量的草酸钠再用高锰酸钾溶液回滴。

该法适用于氯离子浓度小于 300 mg/L 的水样。

（二）主要仪器和试剂

1. 仪器

25 mL 酸式滴定管、250 mL 锥形瓶、水浴（或相当的加热装置）、移液管、吸量管等。

2. 试剂

（1）硫酸溶液（1＋3）：同碱性高锰酸钾法。

（2）高锰酸钾贮备溶液（$c_{\frac{1}{5}KMnO_4}=0.1$ mol/L）：同碱性高锰酸钾法。

（3）高锰酸钾标准溶液（$c_{\frac{1}{5}KMnO_4}=0.01$ mol/L）：同碱性高锰酸钾法。

（4）草酸钠标准溶液（$c_{\frac{1}{2}Na_2C_2O_4}=0.010\ 00$ mol/L）：准确称取 0.670 0 g 草酸钠固体（$Na_2C_2O_4$，分析纯，120℃烘干 2 h），加少量水溶解后，全部转入 100 mL容量瓶中稀释至标线，混匀。此溶液浓度为 0.100 mol/L，置 4℃保存。使用时稀释 10 倍，即得 0.010 0 mol/L 草酸钠标准溶液。

（三）操作步骤

（1）准确量取 100.0 mL 摇匀的水样（或适量水样加纯水稀释至100.0 mL），置于 250 mL 锥形瓶中（测平行双样），加入 5.0 mL 硫酸溶液（1＋3），摇匀，用移液管准确加入 10.00 mL 0.01 mol/L 高锰酸钾标准溶液摇匀。

（2）立即将锥形瓶置于沸水浴内加热 30 min（水浴沸腾时，开始计时）。沸水浴液面要高于反应溶液的液面。

（3）取出锥形瓶，用移液管迅速加入 10.00 mL 草酸钠溶液，摇匀，溶液变为无色。趁热用 0.01 mol/L 高锰酸钾标准溶液滴定至刚出现粉红色，并保持 30 s 不退色。记录消耗的高锰酸钾标准溶液的体积（V_1）。

(4) 高锰酸钾标准溶液浓度的标定：将上述已滴定完毕的溶液加热至70℃，准确加入10.00 mL草酸钠标准溶液。用高锰酸钾标准溶液滴定至刚出现粉红色，并保持30 s不退色。记录消耗的高锰酸钾标准溶液的体积(V_2)。按式(2-4-2)求得高锰酸钾标准溶液的校正系数(K)。

$$K=\frac{10.00}{V_2} \tag{2-4-2}$$

式中：K——高锰酸钾标准溶液的校正系数；

V_2——回滴草酸钠标准溶液消耗的高锰酸钾标准溶液的体积(mL)。

若水样经稀释时，应同时取100.0 mL纯水，用与水样测定步骤同样的条件进行空白实验。记录消耗的高锰酸钾标准溶液的体积(V_0)。

(四) 结果与计算

1. 水样不经稀释的化学需氧量计算

$$\rho_{COD_{Mn}}=\frac{c_{\frac{1}{2}Na_2C_2O_4}\times[(10.00+V_1)\times K-10.00]}{V_{水样}}\times 8\times 1\,000 \tag{2-4-3}$$

式中：$\rho_{COD_{Mn}}$——水样的化学需氧量(mg/L)；

$c_{\frac{1}{2}Na_2C_2O_4}$——草酸钠溶液浓度(mol/L)；

K——高锰酸钾标准溶液的校正系数；

V_1——滴定水样消耗高锰酸钾标准溶液的体积(mL)；

$V_{水样}$——水样的体积(mL)。

2. 水样经稀释后的化学需氧量计算

$$\rho_{COD_{Mn}}=\frac{c_{\frac{1}{2}Na_2C_2O_4}\times\{[(10.00+V_1)\times K-10.00]-[(10.00+V_0)\times K-10.00]\times c\}}{V_{水样}}\times 8\times 1\,000 \tag{2-4-4}$$

式中：V_0——空白试验中消耗高锰酸钾标准溶液的体积(mL)；

c——稀释水样中含纯水的比值。例：10.00 mL水样，稀释至100 mL，则c=0.90。

其余同式(2-4-3)。

课外阅读

化学需氧量的测定

一、概述

我国于1988年颁布的环境水质标准中，就规定了以酸性重铬酸钾法测得的值称为化学需氧量（COD_{Cr}），而将高锰酸钾法测得的值称为高锰酸盐指数（COD_{Mn}）。由于养殖水体的化学需氧量含量一般较低、较难氧化的物质较少，因此水产行业仍然习惯上将高锰酸盐指数（COD_{Mn}）称为化学需氧量（chemical oxygen demand，COD）。

化学需氧量是水质监测的一个重要指标。是指在规定的条件下，水体中易被强氧化剂氧化的还原性物质所消耗的氧化剂的量，以氧的 mg/L 表示。它是表征水体中还原性物质（主要是水体中的有机物）污染的综合性指标，总体上反映出水体中所存在的有机污染物的含量和某些具有还原特性的无机物（如亚硫酸盐、亚铁盐、亚硝酸盐和硫化物等）的含量。它的作用就像医生用体温判断人的一般健康状态有点相似，因为它是一个重要而易得的参数。若要衡量有机物污染的程度，最好进行有机物污染种类的全分析，但污染物种类多、数量大，加之现有分析技术的限制，不可能对有机物逐一全部分析。

在自然界的循环中，还原性物质，特别是有机化合物在生物降解过程中会消耗溶解氧，溶解氧的降低甚至消失会破坏水环境的生态平衡，从而引起水体恶化，当然也会给养殖生物带来致命影响。若以经验式 $C_aH_bO_cN_dP_eS_f$ 泛指一般有机化合物，其氧化反应可由下式表示：

$$C_aH_bO_cN_dP_eS_f + \frac{1}{2}\left(2a + \frac{1}{2}b + d + \frac{5}{2}e + 2f - c\right)O_2 \longrightarrow aCO_2 + \frac{b}{2}H_2O + dNO + \frac{e}{2}P_2O_5 + fSO_2 \quad (2\text{-}4\text{-}5)$$

即1 mol的有机化合物 $C_aH_bO_cN_dP_eS_f$ 在氧化反应中要消耗$\frac{1}{2}\left(2a+\frac{1}{2}b+d+\frac{5}{2}e+2f-c\right)$mol的氧，用此法计算出的COD的值称为理论需氧量（theortical oxygen demand，ThOD)，其单位一般用 g/g(即每克有机物耗氧克数)表示。但在评价 COD 的方法时，人们往往利用氧化率的概念，即实际测得的 COD 与 ThOD 的比值：

$$\text{氧化率}=\frac{\text{COD}}{\text{ThOD}}\times 100\% \tag{2-4-6}$$

氧化率越高，表明该法所测得的值越接近真实值。

拓展知识

紫外吸光度(UVA)

——水中有机物污染的新综合指标

水中有机物污染指标主要由化学需氧量(COD)和生化需氧量(BOD)表示。近年来又常采用总有机碳(TOC)、总需氧量(TOD)表示，有时还采用(TOD)作为控制指标，用 TOC 作为参考指标。若将 TOC 和 TOD 两者配合使用，可有助于了解水质瞬间变化实况。无论采用哪种方法，由于水质状况(水的种类)、采用的操作方法、选用的氧化剂种类的不同，所得结果也会不同，尤其对低浓度的有机物的分析测量往往产生一些困难。

由于生活污水、工业废水所导致的有机污染物，大多含有芳香烃和双键或羰基的共轭体系，在紫外光区都有强烈吸收。因此，可通过测定紫外吸光度来判断水中的有机物含量。

水样不经过滤直接以不含有机物的纯水为空白对照，用 1 cm 石英比色皿，在 254 nm、365 nm 波长处测定吸光度，其差值即为水样的紫外吸光度：$UVA=A_{254}-A_{365}$。

采用紫外吸光度(UVA)作为新的评价水质有机物污染的综合指标，具有操作简单、快速准确和重现性好等优点。

对特定的水系来说，其所含物质组成一般变化不大。通过积累某个水系整个流域的实测数据分析，发现 UVA 与 COD、TOC、BOD 等指标具有良好的相关关系。这样，只通过 UVA 的测定和相应的回归方程，就可求得有机物污染指标或其他水质指标的含量，甚至可推断水质的其他物理和化学指标，这在水环境监测评价中具有重要的现实意义。

另外，UVA 在评价水处理效果方面也得到了广泛应用。

二、测定方法简介

目前，COD 的测定方法主要有重铬酸钾法、高锰酸钾法、微波消解法、COD 快速测定仪法、分光光度法、流动注射法、电化学方法等。

微波消解法具有操作简单、快速等优点，但对仪器设备要求较高；COD 快速测定仪法和分光光度法具有批量分析和快捷简便的优点，但取样量小，容易造成取样不均匀，影响方法准确度和精密度；流动注射法自动化程度高，但强氧化剂容易腐蚀泵管；电化学方法简单、快速，但重现性较差。重铬酸钾法和高锰酸钾法具有准确度高、重现性好等优点，特别是在仲裁分析、抽查比对中尚无其他测定方法可以完全替代，是测定 COD 的经典方法，也是目前世界上多数发达国家所采用的测定方法（欧美地区的国家多采用重铬酸钾法，日本、瑞典多用高锰酸钾法）。

重铬酸钾法可较彻底氧化大多数有机物，测得的值称为铬法 COD，以 COD_{Cr}表示。该法操作麻烦、费时，但由于氧化能力强（理论氧化率达 95%以上），仍被广泛采用，特别是污染严重的水体。因此，该法仍被选为水质检测的标准方法。然而，由于该法分析周期长，能源浪费大，所采用试剂中的银盐、汞盐及铬盐会造成二次污染，操作步骤也较繁琐，使该法的使用受到了一定的限制。在该法的基础上建立起来的氧化还原电位滴定法和库仑滴定法，配以自动化的检测系统，制成的 COD 测定仪，已广泛应用于水质 COD 的连续自动监测。

高锰酸钾氧化法按溶液介质又分为酸性高锰酸钾法和碱性高锰酸钾法。在碱性条件下高锰酸钾的氧化能力不如酸性条件下的氧化能力强，它不能氧化水中的氯离子，所以碱性高锰酸钾法适用于大洋和近岸海水及河口水的测定。

对于氯离子含量不超过 300 mg/L 的水样可以采用酸性高锰酸钾法。

同一水样，一方面，由于加入氧化剂的种类及浓度、反应溶液的酸碱度、温度和反应时间等不同而呈现不同的氧化结果；另一方面，在同样条件下也会因水体中还原性物质的种类与浓度不同而呈现不同的氧化程度。因此，化学需氧量是一个条件性指标，测定时必须指明采用的方法，严格控制实验条件。

三、其他几种化学需氧量的测定方法

（一）重铬酸钾法

1. 原理

在水样中加入已知量的重铬酸钾溶液，在强酸性介质下，以银盐作催化剂，经加热沸腾回流后，过量的重铬酸钾以试亚铁灵作指示剂，用硫酸亚铁铵溶液回滴。根据消耗的硫酸亚铁铵的用量计算出水样中的化学耗氧量。反应式如下（式中用“C”表示水中有机物等还原性物质）：

$$2Cr_2O_7^{2-}+3C+16H^+ \rightleftharpoons 4Cr^{3+}+3CO_2+8H_2O$$

$$Cr_2O_7^{2-}(\text{剩余})+6Fe^{2+}+14H^+ \rightleftharpoons 6Fe^{3+}+2Cr^{3+}+7H_2O$$

计量点时：$Fe(H_8N_2)_3^{3+}$（蓝色）$\longrightarrow$ $Fe(H_8N_2)_3^{2+}$（红色）

由于重铬酸钾溶液呈橙黄色，还原产物 Cr^{3+} 呈绿色，用硫酸亚铁铵溶液回滴过程中，溶液的颜色变化为橙黄色—蓝绿色—蓝色—红色。

该方法用 0.25 mol/L 的重铬酸钾溶液，可测定大于 50 mg/L 水样的 COD，未经稀释水样的测定上限是 700 mg/L；用 0.025 mol/L 的重铬酸钾溶液可测定 5～50 mg/L 的 COD，但低于 10 mg/L 时测量准确度较差。

2. 主要仪器

（1）加热装置：变阻电炉、电热板等均可，但功率最好大于 1 kW，以保证回流液充分沸腾。

（2）滴定装置：25 mL 酸式滴定管。

（3）全玻璃回流装置：带有 250 mL 磨口锥形瓶的全玻璃回流装置（可选用水冷或风冷的全玻璃回流装置，其他等效冷凝回流装置亦可），防暴沸用的玻璃珠或沸石。

注意

回流冷凝管不能用软质乳胶管，否则容易老化、变形，使冷却水不通畅。手摸回流冷却水时不能有温感，否则会导致测定结果偏低。

3. 主要试剂

(1) 重铬酸钾标准溶液($c_{\frac{1}{6}K_2Cr_2O_7}=0.250\ 0$ mol/L)：称取 12.258 g 预先在 120℃烘干 2 h 的基准或优级纯重铬酸钾($K_2Cr_2O_7$)溶于水中，移入 1 000 mL 容量瓶，稀释至标线，摇匀。

(2) 试亚铁灵指示液：称取 1.458 g 邻菲啰啉($C_{12}H_8N_2 \cdot H_2O$)、0.695 g 硫酸亚铁($FeSO_4 \cdot 7H_2O$)溶于水中，稀释至 100 mL，贮于棕色瓶内。

(3) 硫酸-硫酸银溶液：于 500 mL 浓硫酸中加入 5 g Ag_2SO_4。放置 1～2 d，不时摇动使其溶解。

(4) 硫酸汞：结晶或粉末。

(5) 浓硫酸：ρ=1.84 g/mL，优级纯。

(6) 硫酸亚铁铵标准溶液($c_{(NH_4)_2Fe(SO_4)_2}=0.1$ mol/L)：称取 19.8 g 硫酸亚铁铵[$Fe(NH_4)_2 \cdot (SO_4)_2 \cdot 6H_2O$]溶于水中，边搅拌边缓慢加入 10 mL 浓硫酸，冷却后移入 500 mL 容量瓶中，加水稀释至标线，摇匀。临用前，用重铬酸钾标准溶液标定。

硫酸亚铁铵标准溶液的标定：准确吸取 5.00 mL 重铬酸钾标准溶液于 250 mL锥形瓶中，加水稀释至约 50 mL，缓慢加入 15 mL 浓硫酸，混匀。冷却后加入 3 滴(约 0.15 mL)试亚铁灵指示液，用硫酸亚铁铵溶液滴定，溶液的颜色由黄色经蓝绿色至红褐色即为终点，记录硫酸亚铁铵的消耗量(V)。

$$c_{(NH_4)_2Fe(SO_4)_2}=\frac{0.250\ 0\times 5.00}{V} \tag{2-4-7}$$

式中：$c_{(NH_4)_2Fe(SO_4)_2}$——硫酸亚铁铵溶液的浓度(mol/L)；

V——消耗硫酸亚铁铵溶液的体积(mL)。

4. 操作步骤

(1) 取 10.00 mL 混合均匀水样(或适量水样)稀释至 20.00 mL，置于

250 mL磨口回流锥形瓶中，加入 0.2 g 硫酸汞($HgSO_4$)，严格来说是按照硫酸汞与氯离子的质量比大于 20∶1 的比例加入，摇匀，然后准确加入 5.00 mL 重铬酸钾标准溶液及数粒洗净的玻璃珠或沸石，连接回流冷凝管，从冷凝管上口慢慢地加入 15 mL 硫酸-硫酸银溶液，轻轻摇动锥形瓶使溶液混匀，加热回流 2 h(自开始沸腾时计时)。

注意

汞盐剧毒，硫酸和重铬酸钾具有强烈的腐蚀性和氧化性，操作时必须严格按照操作规范并加以小心。

(2) 冷却后，用 45 mL 水从上部慢慢冲洗冷凝管壁，取下锥形瓶。溶液总体积不得少于 70 mL，否则因酸度太大，滴定终点不明显。

(3) 溶液再度冷却后，加 3 滴试亚铁灵指示液，用硫酸亚铁铵标准溶液滴定(滴定时不能剧烈摇动锥形瓶，瓶内试液不能溅出水花)，当溶液的颜色由黄色经蓝绿色至红褐色即为终点，记录硫酸亚铁铵标准溶液的用量(V_1)。

(4) 空白测定：测定水样的同时，以 20.00 mL 纯水，按同样操作步骤作空白实验。记录消耗硫酸亚铁铵标准溶液的用量(V_0)。

5. 结果与计算

$$\rho_{COD_{Cr}}=\frac{c_{(NH_4)_2Fe(SO_4)_2}\times(V_0-V_1)}{V_{水样}}\times 8\times 1\,000 \tag{2-4-8}$$

式中：$\rho_{COD_{Cr}}$——水样的化学需氧量(mg/L)；

$c_{(NH_4)_2Fe(SO_4)_2}$——硫酸亚铁铵标准溶液的浓度(mol/L)；

V_0——滴定空白时消耗硫酸亚铁铵标准溶液的体积(mL)；

V_1——滴定水样时消耗硫酸亚铁铵标准溶液的体积(mL)；

$V_{水样}$——水样的体积(mL)。

(二) 密闭催化消解法(滴定法)

1. 原理

在强酸性介质中，用重铬酸钾溶液氧化水中的还原性物质，用硫酸铝钾与钼酸铵作助催化剂，用银盐作催化剂，在加压、密封条件下经加热消解，过量的重铬酸钾以邻菲啰啉作指示剂，用硫酸亚铁铵溶液回滴。根据消耗的硫酸亚铁铵的用量计算出水样中还原性物质消耗氧的量。

该法可测定地表水、生活污水、工业废水。但在消解时，应根据水样的COD，参考表2-4-1选择不同浓度的重铬酸钾消解液进行消解。

表2-4-1 COD不同的水样应选择重铬酸钾的浓度

COD/(mg/L)	<50	50～1 000	1 000～2 500
消解液中重铬酸钾浓度/(mol/L)	0.05	0.2	0.4

注：当水样化学需氧量小于50 mg/L时，最好改用0.025 0 mol/L重铬酸钾标准溶液消解，此时回滴用的硫酸亚铁铵标准溶液的浓度，也要相应地改为0.01 mol/L。

2. 仪器

具密封塞的50 mL加热管、150 mL锥形瓶、25 mL酸式滴定管、恒温定时加热装置。

3. 试剂

(1) 重铬酸钾标准溶液($c_{\frac{1}{6}K_2Cr_2O_7}$=0.100 0 mol/L)：称取4.903 g优级纯$K_2Cr_2O_7$(预先在120℃烘干2 h)，用少量水溶解，移入1 000 mL容量瓶中，稀释至标线，摇匀。

(2) 硫酸亚铁铵标准溶溶液($c_{(NH_4)_2Fe(SO_4)_2}$=0.1 mol/L)：同重铬酸钾法。

(3) 消化液：称取9.8 g重铬酸钾($K_2Cr_2O_7$)、25.0 g硫酸铝钾[$KAl(SO_4)_2 \cdot 12H_2O$]、5.0 g钼酸铵[$(NH_4)_6Mo_7O_{24} \cdot 4H_2O$]，溶解于250 mL水中，加入100 mL浓硫酸，冷却后，转移至500 mL容量瓶中，用水稀释至标线。该溶液重铬酸钾浓度($c_{\frac{1}{6}K_2Cr_2O_7}$)约为0.4 mol/L。另外，配制重铬酸钾浓度约为0.2 mol/L、0.05 mol/L的消化液，用于测定不同COD的水样。

(4) 硫酸-硫酸银催化剂：称取4.4 g硫酸银(Ag_2SO_4，分析纯)，溶解于500 mL浓硫酸中。

(5) 邻菲啰啉指示剂：称取0.695 g硫酸亚铁($FeSO_4 \cdot 7H_2O$，分析纯)和1.485 0 g邻菲啰啉($C_{12}H_8N_2 \cdot H_2O$)，溶解于水，稀释至100 mL，贮于棕色瓶中待用。

(6) 掩蔽剂：称取10.0 g浓硫酸(分析纯)，溶解于100 mL10%硫酸中。

4. 测定步骤

准确吸取 3.00 mL 水样，置于 50 mL 具密封塞的加热管中，加入 1 mL 掩蔽剂，混匀。然后加入 3.0 mL 消化液和 5 mL 催化剂，旋紧密封盖，混匀。然后将加热器接通电源，待温度达到 165℃时，再将加热管放入加热器中，打开计时开关，经 7 min，待液体也达到 165℃时，加热器会自动复零，计时。待加热器工作 15 min 之后会自动报时。取出加热管，冷却后用硫酸亚铁铵标准溶液滴定，同时做空白实验。

5. 结果与计算

计算公式同式(2-4-9)。

(三) 密闭催化消解法(分光光度法)

方法原理同"(二) 密闭催化消解法(滴定法)"。

本方法适用于化学需氧量大于 50 mg/L 以上的水样。操作步骤如下。

1. 工作曲线的绘制

称取 0.425 1 g 邻苯二甲酸氢钾($KHC_8H_4O_4$，基准试剂)用纯水溶解后，转移至 500 mL 容量瓶中，定容。此贮备溶液 COD 为 1 000 mg/L。

分别取上述贮备溶液 5.00 mL、10.00 mL、20.00 mL、40.00 mL、60.00 mL、80.00 mL 和 100.00 mL 于 100 mL 容量瓶中，加水稀释至标线即可得到 COD 分别为 50 mg/L、100 mg/L、200 mg/L、400 mg/L、600 mg/L、800 mg/L 和 1 000 mg/L系列标准使用溶液。然后按滴定法的测定步骤，取样并进行消解。消解完毕后，打开加热管的密封盖，用移液管加入 3.0 mL 纯水，盖好盖，摇匀冷却后，将溶液倒入 3 cm 比色皿中(试剂空白按全过程操作)，在 600 nm 处以试剂空白为参比，测定吸光度。绘制工作曲线或求出回归方程式。

2. 水样测定

准确吸取 3.00 mL 水样，置于 50 mL 具密封塞的加热管中，加入 1 mL 掩蔽剂，混匀。然后再加入 3.0 mL 消化液和 5 mL 催化剂。旋紧密封塞，混匀。将加热管置于加热器中进行消解，消解后按照工作曲线的操作程序进行比色，测定吸光度。

3. 计算

根据回归方程式或在工作曲线图中，以作图法查出与水样校正吸光度(扣除试剂空白)对应的化学需氧量,乘以相应的稀释倍数后即为水样的化学需氧量。

(四)酸性高锰酸钾法的快速简易测定

1. 原理

同酸性高锰酸钾法。

2. 仪器

水浴锅(或相当的加热装置)、移液管、15 mL 试管等。

3. 仪器与试剂

(1)硫酸溶液(1+3)。

(2)高锰酸钾溶液:称取 1 g $KMnO_4$,用纯水溶解至 250 mL,煮沸 15 min。静置数日后,取上清液 25 mL,稀释至 250 mL。此溶液现用现配。

4. 测定方法

取试管 5 支,各加水样 10 mL、硫酸溶液(1+3)1 mL,然后依序分别加入高锰酸钾 0.1 mL、0.2 mL、0.3 mL、0.4 mL、0.5 mL,立即置于沸水浴中准确煮沸 10 min,取出观察褪色情况,算出 COD。

5. 计算

$$\rho_{COD}=\frac{V\times 0.1\times 1000}{10}=V\times 10 \qquad (2\text{-}4\text{-}9)$$

式中:ρ_{COD}——水样的化学需氧量(mg/L);

V——褪色时所用高锰酸钾溶液的体积(mL)。

例如:加入高锰酸钾溶液后,0.1 mL、0.2 mL 和 0.3 mL 试管中的紫红色消退,0.4 mL 试管中还保留紫红色,则水样所用高锰酸钾溶液的体积应为 0.3 mL,耗氧量应为 3 mg/L。

若加入 0.5 mL 的试管也褪色,则说明水样的耗氧量超过了 5 mg/L,然后须另取 5 支试管,各加 10 mL 水样,按照 0.6 mL、0.7 mL、0.8 mL、0.9 mL、1.0 mL的体积,各加入高锰酸钾标准溶液。按上述方法测定和计算。

(五)碱性高锰酸钾法的草酸钠还原法

1. 原理

在碱性条件下,水样中加入一定量的高锰酸钾溶液,加热一定时间以氧化水中的还原性物质(主要是有机物)。然后在酸性条件下,用草酸钠溶液还原剩余的高锰酸钾，并使草酸钠过量，再以高锰酸钾溶液滴定至微红色。

2. 主要仪器

同酸性高锰酸钾法。

3. 主要试剂

(1) 氢氧化钠溶液(250 g/L)：称取 25 g NaOH 溶于 100 mL 纯水中，盛于聚乙烯瓶中。

(2) 其余同酸性高锰酸钾法。

4. 操作步骤

(1) 准确量取 100.0 mL 摇匀的水样(或适量水样加纯水稀释至 100 mL)，于 250 mL 锥形瓶中(测平行双样)，加入几粒玻璃珠以防暴沸。加入 250 g/L 氢氧化钠溶液 1 mL，摇匀，用移液管准确加入 10.00 mL 高锰酸钾标准溶液，摇匀。

(2) 立即将锥形瓶置于沸水浴内加热 30 min(水浴沸腾时开始计时)。沸水浴液面要高于反应溶液的液面。

(3) 取出锥形瓶，冷却至 70～80℃，用移液管加入 5 mL 硫酸溶液(1＋3)，然后加入 10.00 mL 草酸钠溶液，摇匀，溶液变为无色。趁热用 0.01 mol/L 高锰酸钾溶液滴定至刚出现粉红色，并保持 30 s 不退色。记录消耗的高锰酸钾溶液的体积(V_1)。

高锰酸钾溶液浓度的标定，以及化学需氧量的计算同酸性高锰酸钾法。

四、COD 测定的注意事项

1. 水样的采集与保存

水样采集后，装于塑料瓶或玻璃瓶中，用硫酸酸化至 pH＜2，以抑制微生物活动。样品应尽快测定，必要时应在 0～5℃冷藏下保存，并在 48 h 内测定。

2. “适量水样”的确定

(1) 高锰酸钾法：所取水样的量，应以加热氧化后残留 1/3～1/2 的高锰酸钾为宜。在煮沸过程中，若水样的红色变黄或全部褪去，说明所取水样中还原性物质(有机物)含量过多，应多加高锰酸钾溶液或将水样稀释后重新测定。若水样经纯水稀释，则必须测定纯水的需氧量，并在计算中减去。

(2) 重铬酸钾法：所取水样的量，可在 10.00～50.00 mL 范围之内，但试剂用量及浓度需要按表 2-4-2 进行调整。无论水样取用多少，加热回流后，应残留 1/5～4/5 的重铬酸钾溶液。

表 2-4-2　水样取用量与所用试剂用量表

水样体积 /mL	0.250 0 mol/L 重铬酸钾标准溶液 /mL	硫酸-硫酸银溶液 /mL	浓硫酸 /g	0.1 mol/L 硫酸亚铁铵标准溶液 /mL	滴定前总体积 /mL
10.00	5.00	15	0.2	0.050	70
20.00	10.00	30	0.4	0.100	140
30.00	15.00	45	0.6	0.150	210
40.00	20.00	60	0.8	0.200	280
50.00	25.00	75	1.0	0.250	350

对于化学需氧量高的废水水样，应先稀释成混匀水样后进行测定。如何确定水样稀释倍数？可采用试管代替磨口回流锥形瓶的直接加热方法：取 1.00 mL或 2.00 mL 的待测废水水样，按上表加入 1/10 倍的试剂于 15 mm×150 mm 硬质玻璃试管中摇匀，加热，观察溶液的颜色变化。若溶液显绿色，表明需氧量过高，应适当减少废水取样量或适当地稀释，重新测定。直到溶液不变绿色为止，从而确定废水水样分析时应取用的体积。

稀释时，所取废水水样的量不得少于 5 mL，如果化学需氧量很高，则废水样应多次逐级稀释。

3. 高锰酸钾的氧化特性

高锰酸钾溶液具有较强的氧化性，遇到还原剂时反应产物随溶液的酸碱性而有差异。

(1) 在强酸性条件下 1 mol 的 MnO_4^- 获得 5 mol 电子，被还原为 Mn^{2+}，表现为强氧化剂性质：

$$MnO_4^- + 8H^+ + 5e^- \rightleftharpoons Mn^{2+} + 4H_2O \qquad E^0 = 1.51V$$

(2) 在弱酸性、中性、弱碱性溶液中，MnO_4^- 获得 3 mol 电子，被还原为 MnO_2：

$$MnO_4^- + 2H_2O + 3e^- \rightleftharpoons MnO_2 + 4OH^- \qquad E^0 = 0.588V$$

(3) 在大于 2 mol/L 的强碱性溶液中，MnO_4^- 获得 1 mol 电子，被还原为 MnO_4^{2-}（绿色）：

$$MnO_4^- + 1e^- \rightleftharpoons MnO_4^{2-} \qquad E^0 = 0.564V$$

由此可以看出，高锰酸钾的氧化能力在酸性溶液中比在碱性溶液中大，但反应速度则在碱性溶液中较在酸性溶液中快。

4. 干扰的排除

除特殊水体外，水体中的还原性物质主要是有机物，同时也包括无机还原性物质，如 NO_2^-、S^{2-}、Fe^{2+} 等（Cl^- 除外）。若将 COD 看作有机物污染指标的话，则需将这些无机还原性物质的耗氧除去。对于 S^{2-}、Fe^{2+}，可以根据其测定的浓度，由理论需氧量计算出其需氧量，然后加以校正即可。对于 NO_2^- 的干扰可加入氨基磺酸去除。由于清洁水体（包括养殖水体）中这些离子的含量甚少，故化学需氧量也被当作有机物需氧量。

Cl^- 广泛存在于自然水体，特别是海水中。在酸性重铬酸钾法中，Cl^- 被氧化：

$$Cr_2O_7^{2-}+6Cl^-+14H^+ \xlongequal{} 2Cr^{3+}+3Cl_2\uparrow+7H_2O$$

在酸性高锰酸钾法中，Cl^- 能与溶液中的 H^+ 发生反应生成盐酸，继而再被高锰酸钾所氧化：

$$2MnO_4^-+10Cl^-+16H^+ \longrightarrow 2Mn^{2+}+5Cl_2\uparrow+8H_2O$$

这样就消耗了过多的高锰酸钾，使测定结果偏高。

对于 Cl^- 的干扰，实验证明：小于 300 mg/L 的含量，若采用酸性高锰酸钾法，可忽略不计；若超过 300 mg/L 时，则用碱性条件氧化即可；若采用重铬酸钾法测定，一般采用 $HgSO_4$ 去除。

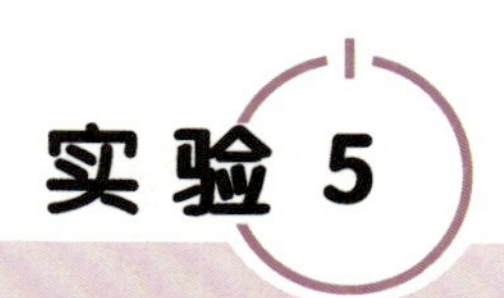

实验 5

电位法测定水体的pH

知识要点	掌握程度	学时	教学方式
酸度计的使用方法	掌握	1	操作
电极的使用与保养	了解	1	课外阅读
拓展实验 该实验内容较少，但是很重要，可以结合海水总碱度的测定，完成一综合性实验。具体内容见总碱度的测定。			

一、原理

将玻璃电极[作指示电极（负极）]、饱和甘汞电极或银-氯化银电极[作参比电极（正极）]组成电极对，插入溶液中组成原电池。由于参比电极的电位是已知恒定的，因此通过测定原电池两极的电位差，就可知指示电极的电位。

pH 的测量符合能斯特方程。分别测定同一温度下的标准缓冲溶液和水样的电动势，从而得到下列关系：

$$pH_x - pH_s = \frac{(E_x - E_s)F}{2.302\,6RT} \tag{2-5-1}$$

式中：E_x——水样中的电动势；

E_s——标准缓冲溶液中的电动势；

pH_x——测定水样的 pH；

pH_s——标准缓冲溶液的 pH；

R——气体常数；

T——热力学温度；

F——法拉第常数。

根据此原理制成的 pH 计，通过标准溶液的校准、定位，可直接测定溶液的 pH。

二、主要仪器和试剂

1. 仪器

pHS-3C 型酸度计或其他型号酸度计（pH 计），配套的复合电极、温度计、100 mL 小烧杯等。

2. 试剂

(1) pH = 4.01 标准缓冲溶液（25℃）：称取 2.53 g 邻苯二甲酸氢钾[$KHC_8H_4O_4$，分析纯，预先在(115±5)℃烘干 2～3 h]，溶于不含 CO_2 的纯水中，在容量瓶中稀释至 250 mL。

(2) pH=6.86 标准缓冲溶液（25℃）：称取 0.847 g 磷酸二氢钾（KH_2PO_4）和 0.883 g 磷酸氢二钠（Na_2HPO_4）[均为分析纯，预先在(115±5)℃烘干 2～3 h]，分别溶于不含 CO_2 的纯水，混合，在容量瓶中稀释至 250 mL。

(3) pH = 9.18 标准缓冲溶液（25℃）：称取 0.95 g 硼砂（$Na_2B_4O_7 \cdot 10H_2O$）溶于不含 CO_2 的纯水中，在容量瓶中稀释至 250 mL，混匀。

以上 pH 标准试剂有袋装固体商品出售，按照说明配制即可使用，比较方便。这 3 种标准缓冲溶液在 0～40℃时的 pH 见表 2-5-1。

表 2-5-1 0～40℃时 3 种标准缓冲溶液的 pH

t/℃	邻苯二甲酸氢钾	磷酸二氢钾-磷酸氢二钠	硼砂
0	4.003	6.984	9.464
5	3.999	6.951	9.395
10	3.998	6.923	9.332
15	3.999	6.900	9.276
20	4.002	6.881	9.225
25	4.008	6.865	9.180
30	4.015	6.853	9.139
35	4.024	6.844	9.102
38	4.030	6.840	9.081
40	4.035	6.838	9.068

三、操作步骤

1. 准备

将复合电极的插头和电源线分别连接在酸度计相应的位置上。将功能开关置于“pH”档。然后开启仪器电源开关，预热 30 min。

2. 仪器的校正

(1) 测量标准缓冲溶液的温度，由表 2-5-1 查得该温度下标准缓冲溶液的 pH。

(2) 将仪器的温度补偿旋钮指向标准溶液的温度。

(3) 仪器定位：将电极用纯水洗净，用滤纸把悬挂在电极上的水珠吸干，插入 pH＝6.86 的标准缓冲溶液中，平衡一段时间，待读数稳定后，调节定位调节器，使仪器显示该温度下标准缓冲溶液的 pH(例如，20℃时为 6.88)。

(4) 斜率校正：用纯水冲洗电极，用滤纸把悬挂在电极上的水珠吸干，然后插入 pH＝9.18 标准缓冲溶液中，待读数稳定后，调节斜率调节器，使仪器显示该温度时标准缓冲溶液的 pH(例如，20℃时为 9.23)。

若待测水样偏酸性，则用 pH＝4.01 标准缓冲溶液校正斜率。

重复(3)、(4)两个步骤 1～2 次，直到显示的读数与 pH 标准值一致为止。

这种利用两种标准缓冲溶液分别对“仪器定位”和“斜率校正”的方法，也称为“二点校正法”。

3. 水样的测定

(1) 测量水样的温度，调整“温度补偿”旋钮指向水温。

(2) 用纯水冲洗电极，用滤纸把悬挂在电极上的水珠吸干(也可以用少量水样涮洗电极)。

(3) 将电极插入水样中，待读数稳定后，仪器显示的数字就是水样的 pH。

四、结果与计算

用酸度计测定的值就是水样的 pH，一般不需要计算，可以直接使用或报告。但对于需要测定定点水温、水深时的 pH，则需要根据式(2-5-2)计算：

$$pH_W = pH_m + \alpha(t_m - t_W) - \beta \cdot d \qquad (2\text{-}5\text{-}2)$$

式中：pH_W——现场的 pH；

pH_m——实验室测定的 pH；

t_W——现场的水温（℃）；

t_m——实验室测定的水温（℃）；

d——水样深度（m）；

α——温度校正系数；

β——压力校正系数。

α、β 可参考有关资料查得。《海洋监测规范　第 4 部分：海水分析》（GB 17378.4—2007）规定，如果水样深度在 500 m 以内，不作压力校正。

五、注释

（1）用 pH 试纸，即使是精密 pH 试纸测定天然水样的 pH，结果一般不可靠，甚至有很大误差。原因主要是一般天然水的缓冲容量比较小，而 pH 试纸本身却有相对较大的缓冲容量，试纸蘸上的少量水改变不了试纸原有的 pH。

（2）标准缓冲溶液应在聚乙烯瓶或硬质玻璃瓶中密闭保存。在室温下一般以保存 1～2 个月为宜，当发现有混浊、发霉或沉淀现象时，不能继续使用。若在 4℃冰箱内保存，且用过的缓冲溶液不再倒回去，则可以延长保存期限。

（3）校正时标准溶液的温度和被测液的温度要尽量一致。在仪器校正以后，不能再旋动“定位”“斜率”旋纽，否则必须重新校正。一般情况下，一天进行一次 pH 校正已能满足常规 pH 测量的精度要求。建议将每一种 pH 标准溶液都分别分装在两个小塑料瓶中，一个瓶中的溶液作为涮洗电极用，另一个作为校准用。使用一段时间以后，将涮洗瓶中的溶液倒掉，校准瓶中的溶液转入涮洗瓶中，校准瓶另装新溶液。这样处理，不仅利于保持标准溶液的 pH，而且标准溶液的 pH 发生了改变也容易发现。

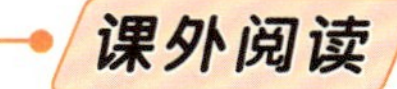

水体中的 pH

一、pH 在水环境中的意义

pH 的测定是水分析中最重要和最经常进行的分析项目之一，是评价水质的一个重要参数。pH 的大小反映了水的酸性或碱性，但并不能直接表明水样的具体酸度或碱度。pH 小于 7 表示溶液呈酸性，而 pH 大于 7 则表示溶液呈碱性。

天然水的 pH 常受二氧化碳—重碳酸盐—碳酸盐平衡的影响而处于 4.5～8.5 范围内，江河水多在 6～8，湖水则通常在 7.2～8.5，海水通常呈弱碱性，其 pH 一般在 7.5～8.6，在某些地区也可能超出这个范围。大体说来，游离 CO_2 的含量越多，CO_3^{2-} 含量越少，水的 pH 越低。反之，如果 CO_2 从水中逸出，或 CO_3^{2-} 含量增加，则 pH 增大。

水的 pH 过高或过低会对水生生物造成直接或间接的危害，pH 的变化还可能引起水中一系列化学平衡的移动以及某些物质存在形态的变化。当浮游植物进行光合作用使水中游离 CO_2 含量降低时，pH 便增高；当水中的生物呼吸消耗氧而放出 CO_2 时，pH 则下降。另外，水的温度和盐度的变化均能使水的 pH 发生变化。因此 pH 是水质测定需经常检测的项目之一，而且应该在现场采样后立即测定。

海水的 pH 是研究海水碳酸平衡体系时所能直接测定出来的最重要的数值，在一定条件下反映了游离 CO_2 含量的变化。根据测定的 pH，结合碱度、水温及盐度等资料，可以计算海水中的总碳酸量或者计算海水各碳酸分量（游离 CO_2、HCO_3^-、CO_3^{2-}）的数值，避免直接测定这些数据的麻烦和困难。借助于 pH 的分布有助于进一步认识各种海生动植物的生活环境和特点，进而掌握海生动植物的生长繁殖规律。

二、电极的保养

玻璃电极在初次使用或久置不用重新使用时，应将玻璃球泡放在纯水中浸泡 24 h 左右，一是使电极形成良好的水化层，保持对 H^+ 的传导敏感性；二是使电极的不对称电势减小并达到稳定。电极的玻璃球泡容易破损，水冲洗后，用滤纸小心地吸去附着在电极上的水，不能用力擦拭。使用前，应仔细检查电极是否完好，球泡部分应无裂痕或斑点，内参比电极应浸在电极的内充液中。若电极溶液中有气泡，可轻轻甩动电极令气泡溢出，以使内参比电极与溶液之间的接触良好。在常规情况下，一般的玻璃电极只能保存和使用一年。

饱和甘汞电极在使用前应该拔去用于添加氯化钾溶液的侧管的橡皮帽，以保持足够的液压差，并检查饱和氯化钾溶液是否足够。当盐桥内溶液不能与白色甘汞部分接触时，应再添加饱和氯化钾溶液。

安装电极时，饱和甘汞电极应略低于玻璃电极，以保护玻璃电极。两电极不能彼此接触，也不可碰到杯底或杯壁。

复合电极的外参比补充液为 3 mol/L 氯化钾溶液。补充液可以从电极上端小孔加入。在存放时应将电极保护帽套上，帽内应放少量补充液，以使电极球泡保持湿润。由于存放时电极球泡始终保持湿润状态，所以复合电极在使用前不需要在纯水中浸泡。

电极响应不正常时，除因长期使用而老化或受腐蚀外，多为使用不当造成表面被油类污染或结垢，因此需对电极进行必要的清洗。

(1) 当测量含油或乳化状物的水样后，要及时用洗涤剂和水清洗电极。

(2) 如果电极附着无机盐结垢，可将电极浸于盐酸溶液(1＋9，1 体积浓盐酸与 9 体积纯水混合)中，待结垢溶解后，用水充分淋洗电极，然后将电极置于纯水中待用。

(3) 当上述处理方法不理想时，可用丙酮或乙醚清洗，清洗过后，仍需将电极浸于盐酸溶液(1＋9)中，以除去可能残留的污膜，然后将电极用水淋洗干净，在纯水中浸泡过夜后使用。

(4) 如经上述处理仍无效，则可尝试用铬酸洗液浸泡数分钟。铬酸清除玻璃表面外附物质颇为有效，但同时也存在脱水作用的弊病，因此用铬酸处理过的电极，必须在水中浸泡过夜，方可用于测量。

(5) 在上述方法均失效，万不得已的情况下，可将电极在 5%氢氟酸溶液浸 20～30 s 或在氟氢化铵溶液中浸 1 min 作适度腐蚀处理，立即用水充分淋洗干净，浸入水中待用。

后两种清洁措施，仅仅是作为一种替代废弃的方法，经这种剧烈的处理后，电极的寿命将受影响。

实验 6 碱度及其有关组分的测定

知识要点	掌握程度	学时	教学方式
酸碱滴定法	掌握	2	讲授与操作
pH 法测定海水总碱度	掌握	2	讲授与操作(可结合 pH 的测定组合为一综合性实验)
碱度的组成	了解	1	课外阅读
酸碱指示剂	了解	1	课外阅读

拓展实验

根据碱度的定义,结合碱度毒性实验,讨论并设计不同浓度梯度的碱度溶液的配制方法(课外作业 2～4 学时,以备后面的研究性实验)。

一、酸碱滴定法测定淡水的碱度及其各组分

(一)原理

用盐酸标准溶液滴定水样的碱度,并选用适当的指示剂,可分别将 OH^-、CO_3^{2-}、HCO_3^- 的浓度测出。当滴定至酚酞指示剂由红色变为无色时,溶液的 pH 为 8.3,表明水中 OH^- 和 CO_3^{2-} 与盐酸溶液反应生成 H_2O 和 HCO_3^-:

$$OH^- + H^+ \longrightarrow H_2O$$

$$CO_3^{2-} + H^+ \longrightarrow HCO_3^-$$

此时称为第一等当点。说明水中含有氢氧化物碱度(OH^-)或碳酸盐碱度(CO_3^{2-})或两者均有。若加入酚酞水样无色,表明水中仅有碳酸氢盐碱度(HCO_3^-)。

当滴定至甲基红-次甲基蓝混合指示剂由橙黄色变成浅紫红色时，溶液的pH为4.4～4.5，表明水中HCO_3^-（包括原有的和由CO_3^{2-}转化成的）已被中和生成H_2CO_3，反应如下：

$$HCO_3^- + H^+ \longrightarrow H_2O + CO_2 \uparrow$$

此时称为第二等当点，也即总碱度的终点。

该法适用于较为清洁的淡水。对于海水及组分复杂的废水、污水，分别测定碳酸盐、重碳酸盐和氢氧根离子的含量，则无实际意义。

（二）主要仪器和试剂

1. 仪器

25 mL 酸式滴定管、250 mL 锥形瓶、移液管等。

2. 试剂

（1）无二氧化碳纯水：将纯水在临用前煮沸 15 min，冷却至室温。以下试剂均用无二氧化碳纯水配制。

（2）碳酸钠标准溶液（$c_{\frac{1}{2}Na_2CO_3}=0.020\ 00\ mol/L$）：称取 0.530 0 g 无水碳酸钠（$Na_2CO_3$，分析纯，预先在 220℃恒温干燥 2 h），溶于少量纯水中，再稀释至 500 mL。

（3）甲基红-次甲基蓝混合指示剂：称取 0.032 g 甲基红溶于 80 mL95%乙醇中，加入 6.0 mL 次甲基蓝乙醇溶液（0.01 g 次甲基蓝溶于 100 mL95%乙醇中），混合后加入 40.0 g/L 氢氧化钠溶液 1.2 mL，贮于棕色瓶中。

（4）酚酞指示剂：称取 0.5 g 酚酞溶于 50 mL 95%乙醇中，用纯水稀释至 100 mL。

（5）盐酸标准溶液：量取 1.8 mL 浓盐酸，并用纯水稀释至 1 000 mL。

（三）操作步骤

1. 盐酸标准溶液浓度的标定

用移液管准确吸取 20.00 mL 碳酸钠标准溶液于锥形瓶中，加 30 mL 纯水，6 滴甲基红-次甲基蓝混合指示剂，用盐酸标准溶液滴定至由橙黄色变成浅紫红色后，加热煮沸（或剧烈震荡）驱赶反应生成的二氧化碳，继续滴定至浅紫红色。记录消耗盐酸标准溶液的用量（V）。按式（2-6-1）计算盐酸标准溶液的浓度。

$$c_{HCl}=\frac{20.00\times 0.02000}{V} \tag{2-6-1}$$

式中：c_{HCl}——盐酸标准溶液的浓度(mol/L)；

V——滴定碳酸钠标准溶液所消耗盐酸的体积(mL)。

2. 水样测定

(1) 取 50.00 mL 水样于 250 mL 锥形瓶中，加入 4 滴酚酞指示剂，摇匀。当溶液呈红色时，用盐酸标准溶液滴定至微红色，记录盐酸标准溶液用量(V_P)。如加酚酞指示剂后溶液无色，则不需用盐酸标准溶液滴定，接着进行下一步操作。

(2) 向上述锥形瓶中加入 6 滴甲基红-次甲基蓝混合指示剂，摇匀。继续用盐酸标准溶液滴定至溶液由橙黄色变成浅紫红色后，加热煮沸(或剧烈震荡)驱赶反应生成的二氧化碳，继续滴定至浅紫红色。记录滴定盐酸标准溶液的总用量(V_T)。

微红色和浅紫红色滴定终点的判断

(四) 结果与计算

$$A_T=\frac{c_{HCl}\times V_T}{V_{水样}}\times 1000 \tag{2-6-2}$$

当 $V_T\geqslant 2V_P$ 时：

$$c_{HCO_3^-}=\frac{c_{HCl}\times(V_T-2V_P)}{V_{水样}}\times 1000 \tag{2-6-3}$$

$$c_{\frac{1}{2}CO_3^{2-}}=\frac{c_{HCl}\times 2V_P}{V_{水样}}\times 1000 \tag{2-6-4}$$

当 $V_T<2V_P$ 时：

$$c_{OH^-}=\frac{c_{HCl}\times(2V_P-V_T)}{V_{水样}}\times 1000 \tag{2-6-5}$$

$$c_{\frac{1}{2}CO_3^{2-}}=\frac{c_{HCl}\times(V_T-V_P)}{V_{水样}}\times 2000 \tag{2-6-6}$$

式中：A_T——水样的总碱度(mmol/L)；

$c_{HCO_3^-}$——水样的重碳酸盐碱度(mmol/L)；

$c_{\frac{1}{2}CO_3^{2-}}$——水样的碳酸盐碱度(mmol/L);

c_{OH^-}——水样的氢氧化物碱度(mmol/L);

c_{HCl}——盐酸标准溶液的浓度(mol/L);

V_T——滴定水样所消耗的盐酸标准溶液的总用量(mL);

V_P——滴定水样至第一等当点时所用盐酸的量(mL);

$V_{水样}$——测定水样的体积(mL)。

(五) 注释

(1) 以酚酞作指示剂,用盐酸标准溶液滴定水样至微红色,此时的微红色较难判别,可用碳酸氢钠溶液(0.01 mol/L)50 mL,加入酚酞指示剂 3 滴以 pH=8.3 的颜色标准作为对照。

(2) 水样加酚酞后将出现两种情况:① 红色,表明水中含有氢氧化物碱度(OH^-)或碳酸盐碱度(CO_3^{2-})或两者都有;② 无色,表明水中只有碳酸氢盐碱度(HCO_3^-)。HCO_3^- 碱度与 OH^- 碱度不能共存,因为

$$OH^- + HCO_3^- \rightleftharpoons CO_3^{2-} + H_2O$$

此时反应的逆反应就是 CO_3^{2-} 的水解,所产生的 OH^- 和 HCO_3^- 仍作为 CO_3^{2-} 碱度看待。

(3) 滴定总碱度(第二等当点)所选用的指示剂还有甲基橙指示剂(0.05%):称取 0.05 g 甲基橙溶于 100 ml 纯水中。终点颜色由橘黄色变为橙色。

(4) 用酚酞作指示剂滴定 CO_3^{2-} 时,滴加盐酸的速度不可太快,并且应不断摇荡锥形瓶,使加入的盐酸尽快分散,免得局部生成过多的二氧化碳逸出,使 CO_3^{2-} 测定结果偏高。

二、pH 法测定海水总碱度

(一) 原理

向一定量的海水样品中加入过量盐酸标准溶液,使 pH 维持在 3.40~3.90,用 pH 计准确测定混合溶液的 pH,即可依据公式计算水样总碱度(A_T)。

(二) 主要仪器和试剂

1. 仪器

pH 计、25 mL 酸式滴定管、250 mL 锥形瓶、烧杯、移液管等。

2. 试剂

(1) 盐酸标准溶液(c_{HCl}=0.006 mol/L):移取 0.5 mL 浓盐酸于烧杯中,用除去二氧化碳的纯水稀释至 1 000 mL。

(2) 碳酸钠标准溶液($c_{\frac{1}{2}Na_2CO_3}$=0.010 00 mol/L):称取 0.530 0 g 无水碳酸钠(Na_2CO_3,分析纯,预先在 220℃恒温干燥 2 h),溶于少量无二氧化碳纯水中,再稀释至 1 000 mL 定容。

(3) 甲基红-次甲基蓝混合指示剂:同本实验“一、酸碱滴定法测定淡水的碱度及其各组分”。

(4) 校准酸度计的标准缓冲溶液:同实验 5。

(三) 操作步骤

1. 盐酸标准溶液浓度的标定

用移液管准确吸取 15.00 mL 碳酸钠标准溶液于锥形瓶中,加 2 滴甲基红-次甲基蓝混合指示剂,用盐酸标准溶液滴定至浅紫红色即为终点,记录消耗盐酸标准溶液的用量(V)。盐酸标准溶液的浓度(c_{HCl})计算:

$$c_{HCl}=\frac{c_{\frac{1}{2}Na_2CO_3}\times V_{Na_2CO_3}}{V_{HCl}}=\frac{0.010\,00\times 15.00}{V_{HCl}} \tag{2-6-7}$$

式中:c_{HCl}——盐酸标准溶液的浓度(mol/L);

$c_{\frac{1}{2}Na_2CO_3}$——碳酸钠标准溶液的浓度(mol/L);

$V_{Na_2CO_3}$——碳酸钠标准溶液的体积(mL);

V_{HCl}——滴定用盐酸溶液的体积(mL)。

2. 水样测定

(1) 酸度计校准:选用中性和酸性标准缓冲溶液,利用“二点校正法”校正。

(2) 水样测定:取 25.00 mL 水样于 100 mL 烧杯中,加入 10.00 mL 盐酸标准溶液,混匀,准确测定混合水样的 pH。若测定水样的 pH 小于 3.40,则应再准确加入适量水样;若高于 3.90,则再加适量的盐酸标准溶液。总之要控制 pH 在 3.40~3.90 范围内,即可记录此时的 pH,以及盐酸标准溶液的体积(V_{HCl})和水样的体积($V_{水样}$)。

(四) 结果与计算

水样总碱度(A_T)计算:

$$A_T = \frac{1\,000 \times c_{HCl} \times V_{HCl}}{V_{水样}} - \frac{1\,000 \times \alpha_{H^+}}{\gamma_{H^+}} \times \frac{V_{水样} + V_{HCl}}{V_{水样}} \tag{2-6-8}$$

式中：A_T——水样的总碱度(mmol/L)；

c_{HCl}——盐酸标准溶液的浓度(mol/L)；

V_{HCl}——酸化水样所用盐酸标准溶液的用量(mL)；

$V_{水样}$——测定水样的体积(mL)；

α_{H^+}——混合溶液中氢离子活度，等于 10^{-pH}；

γ_{H^+}——混合溶液中氢离子活度系数(查表 2-6-1)；

$\frac{V_{水样}+V_{HCl}}{V_{水样}}$——是氢离子浓度稀释效应校正系数。

表 2-6-1　海水氢离子活度系数(γ_{H^+})随盐度和 pH 变化

pH	S						
	3.5	7	11	14.8	18	21～33	36
3.0～3.9	0.845	0.782	0.770	0.760	0.755	0.753	0.758

注：若水样为淡水，碱度求算式中 α_{H^+} 可视为混合溶液中氢离子浓度，此时，混合溶液中氢离子活度系数视为“1”。

式(2-6-4)中的第一项表示 1 L 水样中加入盐酸的量。第二项表示加入的盐酸中和 1 L 水样中的碱性物质后的剩余量。两项之差即为中和 1 L 水中碱性物质所用盐酸的量，即为总碱度。

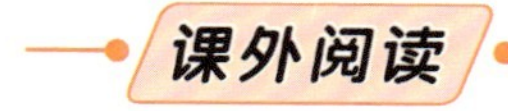

碱度的组成及测定

一、碱度及其在水体中的意义

天然淡水中的弱酸阴离子主要为碳酸氢根离子、碳酸根离子，海水中尚有硼酸根离子，其余弱酸阴离子含量较低。总碱度可以理解为这些成分浓度的总和，可以用来衡量水体中所含弱酸离子的多少，它和水体的 pH(酸度，或称酸碱度)有直接的密切关系，但二者却是两个截然不同的概念。碳酸氢根离子、碳酸根离子是构成二氧化碳系统的基本成分，是决定天然水碱度、pH 与缓冲能力的重要因素。

水的(总)碱度是指在温度为20℃时,中和1 L天然水的pH至4.3所需氢离子的量,一般用mmol/L作单位。也可以换算为mg/L($CaCO_3$)或德国度作单位,换算关系为1 mmol/L=2.804度(德国度)=50.05 mg/L($CaCO_3$)。关于这个量曾经有各种不同的名称,如“碱度”(或译为“碱储量”,alkalinity)、“滴定碱度”(titration alkalinity)、“可滴定碱”(titratable base)、“缓冲容量”(buffer capacity)、“过量碱”(excess base)等。1939年后以“碱度”作为标准名称,代号为“Alk”。其组成可表示为

天然淡水总碱度:

$$A=c_{HCO_3^-}+2c_{CO_3^{2-}}+(c_{OH^-}-c_{H^+}) \qquad (2\text{-}6\text{-}9)$$

海水总碱度:

$$A=c_{HCO_3^-}+2c_{CO_3^{2-}}+c_{H_4BO_4^-}+(c_{OH^-}-c_{H^+}) \qquad (2\text{-}6\text{-}10)$$

式中,后两项在pH正常的自然海水中含量相对较低,常可以忽略。

当水中除了HCO_3^-、CO_3^{2-}外,还含有硼酸盐、磷酸盐或硅酸盐等弱酸盐时,总碱度也包含了这些成分的含量。所以,总碱度是反映水中能被强酸滴定的碱性物质总量的综合指标。

碱度常用于评价水体的缓冲能力及金属的溶解性和毒性,也是水质调控处理中的参考指标之一。若碱度是由较高浓度的碱金属盐类所形成,则碱度又是确定这种水是否适宜于养殖与灌溉的重要参数。此外,利用碱度资料以及水温、盐度及pH,可以直接对海水的总二氧化碳与碳酸各分量进行理论计算,从而避免实际测定的麻烦,还可以得到关于不同水层及在海区中碳酸平衡体系较清楚的概念。

在外海海水中,碱度与氯度之间的比例关系大致上为一常数,通常以“碱度/盐度”和“碱度/氯度”表示,分别称为“碱盐系数”和“碱氯系数”,或称“比碱度”。它是划分水团的良好化学标志。大西洋、印度洋和太平洋的碱氯系数变化在0.119~0.130。在河口滨海区,由于河水的碱氯系数较海水高得多,因此它也是河口滨海区水系混合的良好化学标志之一。在海水、河水、海冰的融化水及沉积物底质水中,由于氢离子和碳酸离子之间的数量关系不同,所以可以利用有关碱度的资料去研究海区水系的来源。

二、测定方法简介

水体碱度的测定方法有碘量法、中和法、pH法和电位滴定法。海水总二氧

化碳除了利用 pH、碱度、温度和盐度资料间接计算外，在用电位滴定法测定碱度的同时，也可以用来精确测定总二氧化碳，其他尚有红外气体分析器法、气相色谱法等。

碘量法是在试样中加入已知量的酸，与试样中的碱中和后，所剩余的酸再与加入的碘酸钾及碘化钾混合液作用，而定量地析出游离碘，然后用硫代硫酸纳标准液滴定。由所加入的酸量减去相当于所析出的碘的酸量即为试样被中和而消耗的酸量。该法步骤相当烦杂，且操作必须严格一致才能得到准确的结果，因此在水质分析上目前无人利用。

酸碱中和法又分为直接滴定法和间接滴定法，直接滴定法系在含有 CO_2 的水样中，直接用标准酸进行滴定，此法简便快速，适用于养殖水质测定，并且可根据滴定结果分别计算氢氧化物碱度、碳酸根碱度与重碳酸根碱度，进而计算碳酸氢根离子和碳酸根离子的浓度。

间接滴定法系在试样中加入过量的标准酸溶液，并使 CO_2 逸出，然后用标准碱溶液滴定剩余的酸。由所加入的酸总量减去酸剩余量求得水样的碱度。此法所使用的酸有 H_2SO_4、HCl 和 HNO_3，但最常使用的是 HCl。该法虽然精度和准确度都不错，但相当麻烦、费时。所以，现在一般现场测定也很少采用此法。

pH 法是在一定体积的水样中加入一定量标准酸溶液(使 pH 约为 3.5)，测定混合溶液的 pH，以计算混合溶液中过量酸的浓度，然后由所加的酸量减去过量的酸量便得到水样的碱度。此方法不受水样混浊度、色度的影响，适用范围较广。

电位滴定法作为测定海水总碱度的方法，它不仅可以比较精确地测定碱度，还可以同时测定总二氧化碳，该方法已逐渐得到广泛应用。

上述各种测定方法中，碘量法是最古老的测定方法，在现代海水分析中已极少采用；酸碱中和法中的直接和间接滴定法，曾先后被用来作为标准分析方法，其中直接滴定法到目前还在继续应用，并且还是一种比较准确可靠的方法；应用玻璃电极测量加入海水试样中过量酸的 pH 测定法，方法简便，准确度相当高，也被人们所采用。

三、组成碱度的化合物之间的关系

碱性化合物在水中产生的碱度，有下列五种情形。滴定时所消耗的标准盐

酸溶液的体积 P、M、$T(M+P)$ 及发生的反应之间的关系见图 2-6-1。

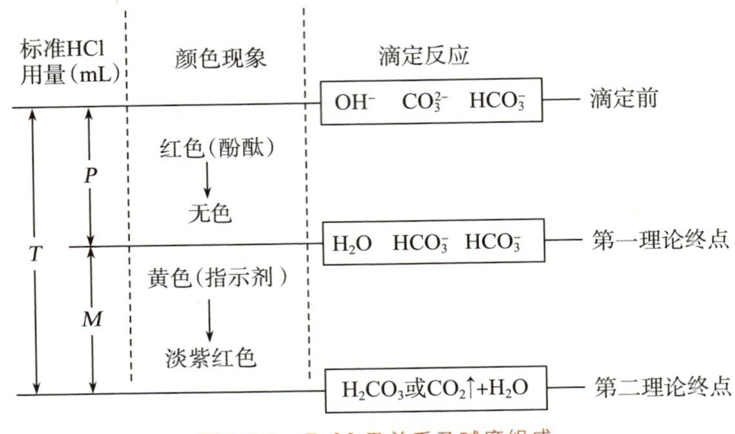

图 2-6-1 P、M、T 关系及碱度组成

(1) $T=P$,表明水中只有氢氧化物碱度。或 $M=0$,表示不含有碳酸根,也不含重碳酸根。这种情况在天然水中不存在。

(2) $M>0$,$P>\frac{1}{2}T$,说明水中有碳酸根存在,将碳酸根中和到碳酸所消耗的酸量为 $2M=2(T-P)$。因 $P>\frac{1}{2}T$,即 $P>M$,说明尚有氢氧化物存在,中和氢氧化物碱度消耗的酸量为 $T-2(T-P)=2P-T$。

(3) $P=\frac{1}{2}T$,即 $P=M$,说明水中没有氢氧化物碱度,也不存在碳酸氢根碱度,仅有碳酸根碱度。P 和 M 都是中和碳酸根一半时的酸消耗量。这种情况在天然水中也很难存在。

(4) $P<\frac{1}{2}T$ 时,$M>P$,M 除包含滴定由碳酸根生成的碳酸氢根外,尚有水样中原有碳酸氢根对酸的消耗。滴定碳酸根消耗的酸量为 $2P$,滴定水中原有碳酸氢根消耗的酸量为 $T-2P$。

(5) $P=0$,说明水中只有碳酸氢根形式的碱度存在。滴定碳酸氢根消耗的酸量为 $T=M$。

拓展知识

一、海洋 CO_2 测定的最优方法

海洋 CO_2 系统是一个极其复杂的系统，研究 CO_2 在海洋中的区域分布差异、源汇格局、迁移变化，对于预估未来大气 CO_2 的增长速率，进而对全球气候变化的影响和对海洋生态系统演化具有重要意义。

研究海洋 CO_2 系统，需要精确测定碳参数。最新观测仪器设备技术的进步和原位采样、分析方法的提高，大大改善了海洋碳体系观测的精度和准确度。为了制定分析测定海水 CO_2 体系当中各种参数的标准操作规程，将目前测定过程中的各种方法进行优化，使之达到最佳的测定手段，是积极参与全球性有关海洋碳循环研究的基础。

鉴于海水成分的复杂性，许多参数并不能直接测量，但总溶解无机碳(DIC)、总碱度(Alk)、pH 以及 CO_2 逸度[$f(CO_2)$]4 个无机碳参数可以直接被测量，它们常常和其他辅助参数结合在一起，以实现对海水 CO_2 体系的完整描述。

(一) 水样采集

采水器获得水样后，从其排水管延伸至采样瓶瓶底平稳地向瓶中装水，装满后再溢流出至少采样瓶体积的一半，然后慢慢抽出采水器的排水管。操作过程中尽量减少与大气气体的交换。

加入水样体积 0.02%的饱和氯化汞溶液，以阻止微生物的活动。最后密封保存于阴凉、黑暗的地方(最好冷藏而非冷冻)，并记录采样时间、位置等信息。

(二) 海水中总溶解无机碳的测定

海水中总溶解无机碳含量的定义为

$$c_{DIC}=c_{CO_2^*}+c_{HCO_3^-}+c_{CO_3^{2-}} \tag{2-6-11}$$

式中：$c_{CO_2^*}$——游离 CO_2 的总浓度，包括 H_2CO_3 和 CO_2。

将海水水样酸化(一般用磷酸溶液)，提取并测量产生的 CO_2 气体含量，便可以进行直接测定。

(三)与海水样品平衡的 CO_2 逸度

在已知的压力和温度下,将已知量的海水密封在一个包含少量已知空气体积的系统中,利用气相色谱或者红外 CO_2 探测仪,测量气相与海水样品处于平衡时气相中 CO_2 的含量。若将密封系统改成流过平衡器,使流过的海水样品和其中固定体积的空气产生平衡,然后测量,这就实现了走航测定的要求。

另外,总碱度、pH 的测定本书已有涉及,但详细严格的具体操作与计算方法,请参考陈立奇、高众勇翻译的《海洋二氧化碳测定最优方法指南》(海洋出版社,2010)。

二、植物色素酸碱指示剂

酸碱滴定法是以酸碱反应为基础,通过酸碱指示剂在滴定终点颜色的变化来指示滴定终点。常用的酸碱指示剂有酚酞、甲基橙、甲基红、石蕊等,这些人工合成的指示剂对人体和环境都存在一定的危害。在自然界中,许多植物的花朵、果实中都含有植物性色素,提取的色素在酸性、碱性溶液中变色明显,易于观察,可作为酸碱指示剂用于酸碱鉴别,也可用来判断溶液的酸碱性,如红萝卜皮、红月季花、红玫瑰、紫色卷心菜叶、茄子皮等,它们的浸出液颜色分别为紫红、土红、红、蓝、淡紫色,遇碱时的颜色分别变为黄绿、黄、黄、黄绿、黄绿色,而遇酸时的颜色却分别变为红、桃红、红、蓝、粉红色。

植物色素来源广泛、提取方便、成本低廉、天然环保,可以用作常用的酸碱指示剂的代用品。提取植物色素常用的植物有茶叶、红苋菜、虞美人、紫甘蓝、萝卜、紫色卷心菜、茄子皮、紫草、苏木、八月菊、一串红、美人蕉、牵牛花、海棠花、红月季、凤仙花、红玫瑰、红康乃馨、浅粉百合、黄菊花等。其中茶汁作指示剂与酚酞和甲基橙相当;苋菜红指示酸碱滴定终点变色与酚酞相当;紫甘蓝的变色范围广,不仅可以指示物质的酸、碱性,而且可以比较酸碱性的强弱,较之石蕊试纸、酚酞试纸有一定的优势;红玫瑰花、红康乃馨在酸性或者碱性环境下呈现出规律的颜色,而且它们对光和热的稳定性特别好,pH 突变范围小,灵敏度高。

由于色素不易保存,易于退色,难以用于大面积的推广,还需我们更加深入地研究。

实验 7

硬度及钙镁离子的测定

知识要点	掌握程度	学时	教学方式
络合滴定——EDTA 法	掌握	3	讲授与操作
金属指示剂	熟悉	1	讲授
钙、镁的测定方法	了解	1	课外阅读

一、EDTA 法测定总硬度

（一）原理

乙二胺四乙酸二钠（EDTA-Na_2）在不同的酸度范围内能与许多二价及多价金属离子络合，生成各种稳定性很高的络合物。在 pH≈10 的条件下，以铬黑 T（EBT）作指示剂，它与水样中的 Ca^{2+}、Mg^{2+} 生成葡萄酒红色的络合物，且稳定性较低。当用 EDTA-Na_2 标准溶液滴定水样时，EDTA-Na_2 与水样中 Ca^{2+}、Mg^{2+} 反应，生成的络合物稳定性较高，当滴定近终点时，可自铬黑 T 络合物中夺取 Ca^{2+}、Mg^{2+}，使溶液呈现游离指示剂（铬黑 T）的蓝色。反应如下。

加指示剂后：

Ca^{2+} + EBT（蓝色）$\rightleftharpoons$ Ca · EBT（酒红色）+ $2H^+$　　$\lg K_{Ca \cdot EBT} = 5.4$

Mg^{2+} + EBT（蓝色）$\rightleftharpoons$ Mg · EBT（酒红色）+ $2H^+$　　$\lg K_{Mg \cdot EBT} = 7.0$

EDTA-Na_2 滴定：

$H_2Y^{2-} + Ca^{2+} \longrightarrow CaY^{2-} + 2H^+$　　$\lg K_{Ca \cdot Y} = 10.69$

$H_2Y^{2-} + Mg^{2+} \longrightarrow MgY^{2-} + 2H^+$　　$\lg K_{Mg \cdot Y} = 8.69$

滴定达终点时：

H_2Y^{2-} + Ca · EBT（酒红色）$\longrightarrow$ CaY^{2-} + EBT（蓝色）+ $2H^+$

$$H_2Y^{2-} + Mg \cdot EBT(\text{酒红色}) \longrightarrow MgY^{2-} + EBT(\text{蓝色}) + 2H^+$$

式中，H_2Y^{2-} 表示 EDTA-Na_2 的酸根阴离子。

随着滴定反应的进行，不断有 H^+ 释放，使 pH 降低。因此使用氨-氯化铵缓冲溶液，以保持溶液的 pH≈10。

(二) 主要仪器和试剂

1. 仪器

25 mL 酸式滴定管、250 mL 锥形瓶、移液管、吸量管等。

2. 试剂

(1) EDTA-Na_2 溶液($c_{\frac{1}{2}EDTA}$=0.1 mol/L)：称取约 4 g 乙二胺四乙酸二钠，用纯水溶解(可加热促溶或放置过夜)并稀释至 200 mL。贮于聚乙烯瓶或硬质玻璃瓶中(软质玻璃瓶会发生瓶壁的钙、镁离子的溶出而影响浓度)。

(2) EDTA-Na_2 标准溶液($c_{\frac{1}{2}EDTA}$=0.02 mol/L)：移取 0.1 mol/L 的 EDTA-Na_2 溶液 100 mL 稀释至 500 mL，精确浓度需标定(或直接用基准级试剂精确配制)。

(3) 氨性缓冲溶液(内含 Mg-EDTA 盐)：① NH_3-NH_4Cl 缓冲溶液。称取 16.9 gNH_4Cl(分析纯)固体溶于 143 mL 浓氨水中。② Mg-EDTA 溶液。称取 0.644 g $MgCl_2 \cdot 6H_2O$(或 0.780 g $MgSO_2 \cdot 7H_2O$)溶解后于 50 mL 容量瓶中定容。然后用干燥洁净的移液管准确移取 25.00 mL 溶液于锥形瓶中，加 1 mL NH_3-NH_4Cl 缓冲溶液，3 滴铬黑 T 指示剂(或固体铬黑 T 指示剂少许)，用0.1 mol/L的 EDTA-Na_2 溶液滴定至溶液由酒红色变为纯蓝色为止，记录用量。再按此比例取相应体积的 EDTA-Na_2 溶液，加到容量瓶中，与剩余的氯化镁溶液混合，即成 Mg-EDTA 溶液。③ 将 NH_3-NH_4Cl 缓冲溶液和 Mg-EDTA 溶液混合，用纯水定容到 250 mL，即得含 Mg-EDTA 盐的氨性缓冲溶液。此溶液 pH≈10。

(4) 铬黑 T 指示剂：0.5 g 铬黑 T 固体溶于 100 mL 三乙醇胺中，可用最多 25 mL 乙醇代替三乙醇胺，以减少溶液的黏性，盛放在棕色瓶中。

亦可用 0.5 g 铬黑 T 固体与 100 g NaCl 固体共同研磨成干粉混合物，直接使用固体试剂。此试剂在棕色试剂瓶中可长期保存。

(5) 盐酸溶液(1+1):1 体积的浓盐酸与 1 体积的纯水混合。

(6) 氨水(1+1):1 体积的浓氨水与 1 体积的纯水混合。

(7) 锌标准溶液:精确称取 0.31～0.35 g 的基准锌粒(W_{Zn})于 100 mL 烧杯中,加入盐酸溶液(1+1)10 mL,盖上表面皿,待锌粒完全溶解后,将烧杯内的溶液全部转入 500 mL 容量瓶中定容,即得锌标准溶液,其浓度($c_{\frac{1}{2}Zn^{2+}}$)计算:

$$c_{\frac{1}{2}Zn^{2+}}=\frac{W_{Zn}}{32.695\times500}\times1\,000 \tag{2-7-1}$$

式中:$c_{\frac{1}{2}Zn^{2+}}$——以$\frac{1}{2}Zn^{2+}$为基本单元的锌标准溶液浓度(mol/L);

W_{Zn}——锌粒的质量(g)。

(三) 操作步骤

1. EDTA-Na_2 标准溶液的标定

准确移取 20.00 mL 锌标准溶液于 250 mL 锥形瓶中,加纯水约 30 mL,逐滴加入氨水(1+1),待溶液有氨味后,再加入氨性缓冲溶液 1 mL,铬黑 T 指示剂 3 滴,立即用 EDTA-Na_2 标准溶液滴定至溶液由酒红色变为纯蓝色即为滴定终点,记录消耗 EDTA-Na_2 溶液的体积为 V_{EDTA},则 EDTA-Na_2 标准溶液的浓度($c_{\frac{1}{2}EDTA}$)计算公式:

$$c_{\frac{1}{2}EDTA}=\frac{c_{\frac{1}{2}Zn^{2+}}\times20.00}{V_{EDTA}} \tag{2-7-2}$$

式中:$c_{\frac{1}{2}EDTA}$——EDTA-Na_2 标准溶液的浓度(mol/L);

$c_{\frac{1}{2}Zn^{2+}}$——锌标准溶液的浓度(mol/L);

V_{EDTA}——滴定中消耗 EDTA-Na_2 溶液的体积(mL)。

2. 水样的测定

用移液管移取澄清的水样(若混浊需过滤)50.00 mL 或适量($V_{水样}$)于 250 mL锥形瓶中,加入氨性缓冲溶液 1 mL,铬黑 T 指示剂 3 滴,此时溶液的 pH 应为 10 左右,颜色为酒红色。立即用 EDTA-Na_2 标准溶液滴定,开始时,滴定速度可较快,接近终点时速度要慢,逐滴加入至溶液由酒红色变为纯蓝色即为滴定终点。记录消耗 EDTA-Na_2 溶液的体积为 V_1。

（四）结果与计算

依式(2-7-3)计算水样的总硬度(H_T)：

$$H_T=\frac{c_{\frac{1}{2}EDTA}\times V_1}{V_{水样}}\times 1\,000 \tag{2-7-3}$$

式中：H_T——水样总硬度(mmol/L)；

V_1——滴定水样消耗 EDTA-Na_2 溶液的体积(mL)；

$V_{水样}$——滴定水样体积(mL)。

二、钙离子的测定和镁离子含量的计算

（一）原理

Ca^{2+}、Mg^{2+}共存，Mg^{2+} 会干扰 Ca^{2+} 的测定，必须将 Mg^{2+} 分离。在溶液 pH 大于 12 时，Mg^{2+} 成为 $Mg(OH)_2$ 沉淀，不被 EDTA-Na_2 络合。在 pH≥12 的水溶液中，钙试剂和水中的 Ca^{2+} 络合生成酒红色的络合物，而游离指示剂在此 pH 条件下本身为蓝色。用 EDTA-Na_2 标准溶液滴定时，EDTA 先与水中游离的 Ca^{2+} 生成 EDTA-钙络合物，继而再夺取“指示剂—钙”络合物中的钙，使溶液在等当点时呈现游离钙试剂的浅蓝色。由 EDTA-Na_2 的消耗量可求得水样中钙的含量。

镁含量一般是由总硬度减去钙含量而得到。

（二）主要仪器和试剂

1. 仪器

同本实验 EDTA 法测定总硬度。

2. 试剂

(1) 氢氧化钠溶液(2 mol/L)：称取 8 g NaOH 溶于 100 mL 纯水中。

(2) 钙指示剂：称取 0.5 g 钙试剂羧酸钠($C_{21}H_{13}O_7N_2SNa$)与 100 g NaCl 固体，充分研磨混合均匀。贮于棕色试剂瓶中。

(3) 其余试剂同本实验 EDTA 法则定总硬度。

（三）操作步骤

1. 钙镁总量(总硬度)的测定

按照本验验 EDTA 法则定总硬度的操作步骤进行。

2. 钙含量的测定

移取 50.00 mL 澄清的水样（若混浊需过滤）于 250 mL 锥形瓶中，加入 2 mL氢氧化钠溶液，摇匀，加入钙指示剂约 0.2 g（以溶液能出现明显的紫红色为宜），立即用 EDTA-Na_2 溶液滴定，开始时滴定速度可稍快，接近终点时应稍慢，至溶液由酒红色变为纯蓝色即为滴定终点。记录滴定消耗 EDTA-Na_2 溶液的体积（V_2）。

（四）结果与计算

1. 钙

$$H_{\frac{1}{2}Ca^{2+}}=\frac{c_{\frac{1}{2}EDTA}\times V_2}{V_{水样}}\times 1\ 000 \tag{2-7-4}$$

$$\rho_{Ca^{2+}}=H_{\frac{1}{2}Ca^{2+}}\times 20.04 \tag{2-7-5}$$

式中：$H_{\frac{1}{2}Ca^{2+}}$——钙硬度（mmol/L）；

$\rho_{Ca^{2+}}$——钙含量（mg/L）；

V_2——滴定水样消耗 EDTA-Na_2 溶液的体积（mL）；

$V_{水样}$——滴定水样的体积（mL）。

2. 镁

$$H_{\frac{1}{2}Mg^{2+}}=H_T-H_{\frac{1}{2}Ca^{2+}} \tag{2-7-6}$$

$$\rho_{Mg^{2+}}=H_{\frac{1}{2}Mg^{2+}}\times 12.16 \tag{2-7-7}$$

式中：$H_{\frac{1}{2}Mg^{2+}}$——镁硬度（mmol/L）；

$H_{\frac{1}{2}Ca^{2+}}$——钙硬度（mmol/L）；

H_T——总硬度（mmol/L）；

$\rho_{Mg^{2+}}$——镁含量（mg/L）。

三、EDTA 法测定钙、镁及总硬度的注意事项

1. 缓冲溶液中加入 Mg-EDTA 的作用

用 EDTA 滴定硬度的过程中，由反应体系中的各物质的稳定常数（$\lg K_{稳}$）可知，在有 Mg^{2+} 存在时，水样中的铬黑 T 主要和 Mg^{2+} 结合。随着 EDTA 的加入，EDTA 首先与游离的 Ca^{2+}、Mg^{2+} 络合，然后再夺取钙-铬黑 T 络合物中的钙，最后夺取镁-铬黑 T 络合物中的镁。如果水样中的 Mg^{2+} 太少，则当水中的

Ca^{2+}还未被滴定到终点时，大部分钙-铬黑T就被解离了，暂时出现了铬黑T的蓝色，结果使指示剂变色不敏锐，无法判断滴定终点。如能在氨性缓冲溶液中加进少量的Mg-EDTA（增加Mg^{2+}的量），被Ca^{2+}置换出的Mg^{2+}最后被EDTA滴定，则终点变色较敏锐，易于判断。

2. 试剂用量

水样的取样量以消耗的EDTA标准溶液在5～20 mL范围内较适宜，否则应加大或减少取样量，同时缓冲溶液、氢氧化钠的量也要相应地增加或减少。

铬黑T和钙红指示剂的加入量以使水样呈现明显的红色为宜，过多或过少，会使颜色过深或过浅，从而使滴定终点难以判断。滴定时，若发现颜色太浅，可随时补加适量的指示剂。

3. $EDTA\text{-}Na_2$标准溶液的标定

除用锌标准溶液标定外，还常常用基准碳酸钙标定$EDTA\text{-}Na_2$。其碳酸钙标准溶液（$\rho_{\frac{1}{2}CaCO_3}=0.020\,00$ mol/L）的配制方法如下。

称取1.001 g碳酸钙（$CaCO_3$，预先在150℃干燥2 h）于500 mL锥形瓶中，用水润湿后，逐滴加入4 mol/L盐酸至碳酸钙完全溶解（避免加入太多过量的酸），再加入200 mL水，煮沸数分钟驱除CO_2，冷却至室温，加入数滴甲基红指示剂溶液（0.1 g甲基红溶于100 mL 60%乙醇配制而成），逐滴加入3 mol/L的氨水至溶液变为橙色，最后在容量瓶中定容至1 000 mL。

4. 滴定颜色出现异常现象及原因

（1）当水样在滴定过程中，已经加入了明显过量的EDTA后溶液亦不变蓝色。原因：① 水样呈强酸性或强碱性；② 缓冲溶液长期存放，氨水挥发使浓度降低。

（2）水中如果含HCO_3^-较多，加缓冲液后可能会有$MgCO_3$、$CaCO_3$沉淀析出，使水样变混浊。以至滴定到达终点后，常出现红色很快返回的现象，使测定结果偏低。遇此情况，将水样先以盐酸酸化，然后煮沸约1 min，以驱除CO_2，冷却后用氢氧化钠溶液中和，加入氨性缓冲溶液和指示剂后立即滴定，可使终点更加敏锐。

5. Mg^{2+}较多时Ca^{2+}的测定

当有较多的Mg^{2+}存在时，生成的$Mg(OH)_2$沉淀能吸附Ca^{2+}，并进而吸附指示剂，使沉淀呈红色，导致滴定终点变色迟钝。在水样中加入少量蔗糖后，再加碱，可以减少沉淀对 Ca^{2+} 的吸附。另外还可采用两次滴定，第一次为预滴定，取得消耗 EDTA-Na_2 的大约用量，然后再取水样做准确测定。第二次为准确测定，加入比粗略测定时少约 1 mL 的 EDTA-Na_2 量，再加氢氧化钾溶液，放置片刻，加入氰化钾溶液（极毒！）、盐酸羟胺溶液和指示剂，再继续滴定。特别是测定海水中 Ca^{2+} 时，用“二步滴定法”，其结果更为精确。具体操作：先于水样中滴加 EDTA-Na_2 溶液所需量的 90%（需先进行预试验），然后再用剩余量的 EDTA-Na_2溶液，按照水样的测定步骤滴定至终点。

课外阅读

钙、镁的测定方法

一、钙、镁在水环境中的意义

水的硬度是水质的重要指标之一，一般是指水中的 Ca^{2+} 、Mg^{2+} 浓度的总量，但也包括其他多价阳离子，因其含量较低，用络合滴定法测定硬度时，可忽略它们的贡献。

硬度通常以 $CaCO_3$ 表示，并根据其含量的高低，将水分为硬水和软水。一般认为水中 $CaCO_3$ 少于 75 mg/L 时属于软水，超过此浓度时就是硬水。当水中含有大量 HCO_3^- 时，将水煮沸，水中的 Ca^{2+} 、Mg^{2+} 则生成碳酸盐沉淀，使硬度减低，其减少部分称为暂时硬度，把经煮沸而不减少的硬度称为永久硬度。海水的硬度很大，但是一般不使用硬度这一概念。

钙、镁是天然水体中的常见成分，是生物生命过程所必需的营养元素。它们不仅是生物体液及骨骼的组成成分，而且还参与体内新陈代谢的调节；不仅能提高水体的缓冲能力，而且还能降低一些重金属离子的毒性。因此，了解水体中 Ca^{2+} 、Mg^{2+} 的变化规律是必要的。

由于 Ca^{2+} 和 CO_3^{2-} 可生成 $CaCO_3$ 沉淀，水中钙直接影响水体碳酸系统各分量的浓度，进而影响水体的 pH。水体中的生物可直接摄取其中的钙生成生物体的介壳和骨胳，当生物遗体沉积到水底之后，其中部分钙将永远自水中移出。

镁也是水生生物有机体的特征要素之一，在水生生物体中含有相当成分的镁。它参与生物的生命过程，在生物死亡后，其遗体中部分的镁可能被溶解而重新进入水相。

海水中镁含量较高，而海水又是取之不尽的天然资源，因此，许多沿海国家的镁冶金工业就以海水为主要原料来提取镁，工艺上已相当成熟，生产流程也多种多样。

二、测定方法简介

1. 总硬度的测定

目前通常采用EDTA络合滴定法。该法较为准确、简便、快速，适用于地下水和地表水硬度的测定。其测定的最低浓度为0.05 mmol/L。硬度过高的水样需要稀释后测定。

2. Ca^{2+}的测定

可供选择的方法较多。从早期的重量法，到逐步发展起来并仍在使用的容量法和原子吸收分光光度法等。

重量法是让水中的钙离子与外加的草酸盐形成草酸钙沉淀，然后灼烧成氧化钙的形式称量。由于水中碱金属离子的共沉淀作用，特别是在海水的测定过程中，Mg^{2+}的共沉淀，严重地影响到该方法的准确度。虽经过大量的详细研究，譬如进行草酸钙重量法二次沉淀和三次沉淀提纯的准确度研究，也取得了满意的结果，但该法费时、步骤繁杂，现今已无人在调查监测中使用。

络合滴定法系用EDTA-Na_2为标准溶液，用适当指示剂指示终点。该法既简便、快速，又比较准确，使用的设备简单，易于推广。测量钙含量的范围为2～100 mg/L(0.05～2.50 mmol/L)，适用于地下水和地表水的测定。对于海水及含盐量高的水，以三乙醇胺作掩蔽剂，采用EDTA络合滴定的“二步滴定法”，其准确度为±0.5%，目前仍被广泛应用。

原子吸收分光光度法简单、快速、灵敏、准确，干扰易于消除；等离子发射光谱法快速、灵敏度高，干扰少，且可同时测定多种元素(包括测定试样中的主次成分和痕量元素)，只是由于分析仪器昂贵，使用尚不广泛。

3. 海水中Mg^{2+}的测定

主要的测定方法有重量法、容量法和分光光度法。其他的测定方法如气体分析法及电位滴定法，也曾用于海水中镁的测定。

重量法即磷酸铵镁沉淀法，其原理是在过量氨的存在下，用磷酸氢铵[$(NH_4)_2HPO_4$]使镁离子定量地沉淀为磷酸铵镁($MgNH_4PO_4 \cdot 6H_2O$)，将沉淀灼烧至1 100℃使成焦磷酸镁($Mg_2P_2O_7$)，然后冷却称重，此法长期以来一直被认为是测定镁的最准确的经典方法，也是测定海水中镁含量最早采用的方法。但要想得到准确结果，需要采用三次沉淀，因此步骤过于繁杂，每次测定时间过长(36 h以上)，不能符合快速测定的要求。所以此法准确度虽高，被认为是一个经典的标准方法，但目前已很少被采用。

应用EDTA络合滴定法测定水体中钙、镁的含量，分别以钙试剂和铬黑T为指示剂以测定水体中钙量和钙镁合量，然后由其差额计算镁含量。该法简单、费时不长，准确度也高，目前仍被广泛采用。

原子吸收分光光度法、等离子发射光谱法可同时测定Ca^{2+}、Mg^{2+}，简便快速而且灵敏度较高。

实验 8

EDTA络合滴定法测定硫酸根离子

知识要点	掌握程度	学时	教学方式
EDTA 络合滴定法	掌握	3	讲授与操作(该法需陈化 6 h 以上,可分为 2 次进行。或与硬度、钙和镁离子的测定安排在一起,组合成一综合性实验。)
SO_4^{2-} 的测定方法	了解	2	课外阅读
拓展实验 设计硫酸钡沉淀陈化的条件对测定结果的影响。			

一、原理

往水样中准确加入过量的氯化钡溶液,使水样中的 SO_4^{2-} 在酸性介质中定量地生成硫酸钡沉淀:

$$SO_4^{2-} + Ba^{2+}(\text{过量}) \xrightarrow{HCl} BaSO_4 \downarrow + Ba^{2+}(\text{剩余})$$

剩余的钡与水样原有的 Ca^{2+}、Mg^{2+} 一起,在氨性缓冲溶液介质中(pH≈10),以铬黑 T 作指示剂,用 $EDTA\text{-}Na_2$ 标准溶液滴定。为使滴定终点清晰,应保证试液中含有一定量的镁离子,为此可用钡、镁混合溶液作沉淀剂。

$$(Ba^{2+} + Mg^{2+}) + (Ca^{2+} + Mg^{2+}) + 4H_2Y^{2-} \xrightarrow{pH\approx10} BaY^{2-} + 2MgY^{2-} + CaY^{2-} + 8H^+$$

同时,需测定水样的总硬度和标定钡镁混合液的浓度:

$$Ca^{2+} + Mg^{2+} + 2H_2Y^{2-} \xrightarrow{pH\approx10} MgY^{2-} + CaY^{2-} + 4H^+$$

$$Ba^{2+} + Mg^{2+} + 2H_2Y^{2-} \xrightarrow{pH\approx10} BaY^{2-} + MgY^{2-} + 4H^+$$

由水样中原有钙、镁及加入的钡、镁所消耗 EDTA-Na_2 标准溶液的体积，减去 SO_4^{2-} 沉淀后剩余的钡、镁、钙所消耗 EDTA-Na_2 溶液的体积，即可间接计算出 SO_4^{2-} 含量。

测定中各有关成分数量之间的关系如下所示：

←加入的 Ba^{2+}、Mg^{2+}→	←水样中原有的 Ca^{2+}、Mg^{2+}→
←　SO_4^{2-}　→	←　滴定消耗的 EDTA－Na_2　→

二、主要仪器和试剂

1. 仪器

25 mL 滴定管、150 mL 锥形瓶、可调温电热板、移液管、吸量管等。

2. 试剂

(1) 钡、镁混合液($c_{\frac{1}{2}Ba^{2+}\cdot\frac{1}{2}Mg^{2+}}=0.02$ mol/L)：称取 0.61 g $BaCl_2\cdot2H_2O$ 和 0.51 g $MgCl_2\cdot6H_2O$ 溶于纯水中，稀释为 500 mL。

(2) 氯化钡溶液(100 g/L)：称取 10 g 固体 $BaCl_2\cdot2H_2O$ 溶于水中并稀释至 100 mL。

(3) EDTA-Na_2 标准溶液($c_{\frac{1}{2}EDTA}=0.02$ mol/L)：配制及标定同实验 7“一、EDTA 法测定总硬度”。

(4) 氨性缓冲溶液：同实验 7“一、EDTA 法测定总硬度”。

(5) 铬黑 T 指示剂：同实验 7“一、EDTA 法测定总硬度”。

(6) 盐酸溶液(1+1)：同实验 7“一、EDTA 法测定总硬度”。

(7) 刚果红试纸。

三、操作步骤

(1) 水样体积和钡、镁混合液用量的确定：取 5 mL 水样于 10 mL 试管中，加盐酸溶液(1+1)2 滴，100 g/L 氯化钡溶液 5 滴，摇匀，观察沉淀生成的情况。根据表 2-8-1 判断水样中 SO_4^{2-} 的含量，并决定取样体积及钡、镁混合液的用量。

表 2-8-1　取水样体积及钡、镁混合液的用量

混浊情况	SO_4^{2-} 含量/(mg/L)	取水样体积/mL	钡、镁混合溶液用量/mL
数分钟后略混浊	<25	100	5
立即出现轻微混浊	25～50	50	10
立即出现混浊	50～100	25	10
生成沉淀	100～200	10	10
生成大量沉淀	>200	<10	15

(2) 根据表 2-8-1 大致确定硫酸盐含量后，准确吸取适量水样($V_{水样}$)于锥形瓶中，加水稀释至 50 mL；若取样体积大于 50 mL，则加热浓缩至 50 mL。放入一小块刚果红试纸，滴加盐酸溶液(1+1)，使刚果红试纸由红色变为蓝色，加热煮沸 2 min，以除去二氧化碳。

(3) 趁热准确加入据表 2-8-1 确定的钡、镁混合液的用量，同时不断搅拌，继续加热至沸。冷却放置 6 h 以上(最好放置过夜)，使晶体沉淀陈化。

(4) 向陈化好的水样中加缓冲溶液 2 mL，铬黑 T 指示剂 3 滴，用 EDTA-Na_2 标准溶液滴定至溶液由酒红色变为蓝色，记录消耗 EDTA-Na_2 标准溶液的体积为 V_1。

(5) 测定水样的总硬度：移取同样体积澄清的水样于 150 mL 锥形瓶中，加水稀释至 50 mL，滴加与上述步骤(2)同样体积的盐酸酸化，加热煮沸除去二氧化碳后，加入氨性缓冲溶液 2 mL，3 滴铬黑 T 指示剂，用 EDTA-Na_2 溶液滴定至溶液由紫红色变为蓝色即为滴定终点。记录消耗 EDTA-Na_2 标准溶液的体积为 V_2。

(6) 空白实验：吸取 50 mL 纯水于 150 mL 锥形瓶中，按上述步骤(2)、(3)、(4)操作，记录消耗 EDTA-Na_2 标准溶液的体积为 V_0。

四、结果与计算

$$\rho_{SO_4^{2-}}=\frac{c_{\frac{1}{2}EDTA}\times(V_0+V_2-V_1)}{V_{水样}}\times 48.03\times 1\,000 \tag{2-8-1}$$

式中：$\rho_{SO_4^{2-}}$——水样中 SO_4^{2-} 的含量(mg/L)；

$c_{\frac{1}{2}EDTA}$——EDTA-Na_2 标准溶液的浓度(mol/L)；

V_1——滴定消耗 EDTA-Na_2 标准溶液的体积(mL)；

V_2——滴定水样总硬度消耗 EDTA-Na_2 标准溶液的体积(mL)；

V_0——滴定钡镁混合液消耗 EDTA-Na_2 标准溶液的体积(mL)；

$V_{水样}$——水样的体积(mL)。

五、注释

(1) 在实际测定时，应根据水样混浊情况决定取样体积及钡、镁混合液的用量，对于混浊的判断并不易掌握，可采用以下简易方法判断：

首先配制氯化钡混合试剂：取 45 g 氯化钡($BaCl_2 \cdot 2H_2O$)、1 g 柠檬酸和 4 g葡萄糖，配成 200 mL 溶液。再用普通激光打印机打印一份 Word 文档中编辑的宋体加粗的初号黑体“÷”符号，作为判断混浊度用的符号。然后用 10 mL 比色管取水样至满刻度(10 cm 左右)，加氯化钡混合试剂 0.2 mL，振摇混合 1 min，放置 10 min，把沉淀摇起，迅速将比色管放置在所打印的字符上面，自管口垂直向下观察，若整个符号清晰可见，说明硫酸盐在水中的含量小于 10 mg/L；若看不清符号，需用吸管逐渐吸弃水样，直到整个符号刚刚清晰可见为止。用直尺量取剩余水样的高度，其与硫酸盐含量范围的关系大致如表 2-8-2 所示。

表 2-8-2　硫酸盐与水柱高度对照表

SO_4^{2-} 含量/(mg/L)	剩余水样的高度/cm
<25	8
25～50	4.5～8
50～100	2.5～4.5
100～200	1.0～2.5
>200	<1.0

将此方法进行细化，可形成硫酸盐的简易快速测定方法。

(2) 加入的钡、镁混合液的体积务必与空白实验时一致，而且必须适当过量，以维持溶液中剩余的钡离子达到一定浓度。但钡离子剩余量太多时，又易使滴定终点不明显，一般认为钡离子的用量较 SO_4^{2-} 的量过量 40%～200%较为合适。

(3) 硫酸钡沉淀陈化的条件和时间应掌握好，至少放置 6 h，最好过夜。必要时，为缩短陈化时间，可将加沉淀剂后的试样置沸水浴上保温陈化 2 h，放置完全冷却后再滴定。若沉淀量较大，影响到终点的观察时，则要过滤。滴定时为避免硫酸钡沉淀吸附部分 Ba^{2+}、Mg^{2+} 而影响结果，可在接近终点时，用力摇动 1 min，以使可能被吸附在沉淀表面的离子分散到溶液中，然后迅速滴定至终点。

(4) 海水试样的测定用铬黑 T 与甲基红复合液为指示剂，则终点敏锐，容易观察。

课外阅读

SO_4^{2-} 的测定方法

一、概述

硫酸根是水中的主要离子之一，广泛分布于各类自然水体中，且含量差别巨大。随季节变化，我国主要江河、地下水等淡水中的 SO_4^{2-} 含量从每升几毫克到数百毫克不等。一般情况下，在淡水中的含量仅次于 HCO_3^-，海水(或咸水)中仅次于 Cl^-，在海水中的含量大约占到海水盐分的 10%。

水中少量 SO_4^{2-} 对动物及人体健康无害，但当其含量超过 250 mg/L 时，往往有致泻作用，超过 400 mg/L 时，多数饮用者开始察觉有微涩苦味。干旱、半干旱地区饮水中硫酸盐含量较高，致使水有苦涩味，人们饮用后易腹泻，是“水土不服”的重要原因。

二、测定方法简介

测定水中 SO_4^{2-} 的方法很多。不同的部门根据对水的不同用途规定了各自的国家标准，如《地表水环境质量标准》(GB 3838—2002)以及《水和废水监测分析方法》(第四版)列出了硫酸盐的四种测定方法：离子色谱法、铬酸钡间接原子吸收法、重量法、铬酸钡分光光度法。《生活饮用水标准检验方法　无机非金属指标》(GB 5750.5—2006)规定离子色谱法、重量法、铬酸钡分光光度法、硫酸钡比浊法四种方法为标准方法。《食品安全国家标准　饮用天然矿泉水检验方法》(GB 8538—2016)规定的硫酸盐的测定方法为离子色谱法、铬酸钡分光光度法、硫酸钡比浊法、乙二胺四乙酸二钠($EDTA\text{-}Na_2$)滴定法。

《水质 硫酸盐的测定 重量法》(GB 11899—1989)是历来测定硫酸盐的最常用方法,也是测定硫酸盐方法中准确度较高的方法。该法是在盐酸酸性介质中,用氯化钡溶液沉淀水样中的 SO_4^{2-},然后将沉淀过滤、洗净、干燥、灼烧至恒重,根据称得重量计算硫酸盐的含量。该法准确度高,但操作繁琐、费时,也不适合于 SO_4^{2-} 含量低于 10 mg/L 的水样。由于海水含有较大量的碱金属而干扰 $BaSO_4$ 的沉淀作用,所以也不宜采用此法。

EDTA 滴定法是在酸性介质中用过量的氯化钡溶液沉淀 SO_4^{2-},然后在氨性缓冲介质中(pH≈10),以酸性铬黑 T 作指示剂,用 EDTA 滴定过量的 Ba^{2+},间接推算出 SO_4^{2-} 的含量。水中的 Ca^{2+}、Mg^{2+} 含量可事先用 EDTA 滴定进行校正。该法操作较为简单,精密度和准确度也较好,最佳测定范围为 10～150 mg/L,所需大部分试剂与测定总硬度的试剂相同,在水产养殖的科研与生产中被广泛采用。此法以前曾作为海水样品的分析,现今已很少使用。

在硫酸盐的容量测定法中,还可用氯化钡溶液直接滴定,或加入过量氯化钡,然后用硫酸盐溶液间接滴定。常用的指示剂有玫瑰红酸钠、四羟基醌(双四羟基醌钠)、茜素磺酸钠等供选择。

联苯胺法也被普遍采用以测定 SO_4^{2-} 的含量,联苯胺是一种弱碱,它同某些阴离子,例如硫酸根、草酸根等,可以形成微溶性盐。在测定 SO_4^{2-} 时,先使其与 SO_4^{2-} 生成硫酸联苯胺沉淀,然后过滤,将沉淀溶解于热水中。以酚酞作指示剂,用标准氢氧化钠溶液滴定。

测定硫酸盐的分光光度法也有许多种,其中铬酸钡间接光度法及硫酸钡比浊法较为简便、快速,但是要求操作熟练,需严格控制操作条件,且只适用于清洁的、SO_4^{2-} 含量较低的水样。其他的方法如氯冉酸钡分光光度法、甲基百里酚蓝分光光度法、钍-桑色素络合物褪色分光光度法等也各有特点。

测定硫酸盐的间接原子吸收法有测钡和测铬的方法。原子吸收法测钡是将水样中 SO_4^{2-} 用过量的氯化钡溶液沉淀,分离出过量的 Ba^{2+},可用一氧化二氮-乙炔火焰原子吸收法测定,该法特征灵敏度较高。也可用空气-乙炔火焰原子吸收法测定,但灵敏度要低得多。原子吸收法测铬是通过铬酸钡溶液与 SO_4^{2-} 交换反应,释放出等当量的 CrO_4^{2-},用原子吸收测定 CrO_4^{2-} 的含量,可间

接测定 SO_4^{2-} 的含量。该法是比较灵敏、准确的一种方法，被国家标准《水质 硫酸盐的测定 火焰原子吸收分光光度法》(GB 13196—1991)所推荐。

近年发展提出的离子色谱法快速、灵敏，可同时测定清洁水样中包括 SO_4^{2-} 在内的多种阴离子，已被证明是一较为成熟的方法，只是仪器昂贵，普及范围不够广。此方法还作为降水 SO_4^{2-} 测定的标准方法，但受污染的水样需经适当处理才能测定。

三、铬酸钡间接分光光度法测定硫酸根离子

(一) 原理

在酸性条件下，水样中的硫酸盐与加入的铬酸钡生成硫酸钡沉淀，并释放出铬酸根离子。反应式如下：

$$SO_4^{2-} + BaCrO_4 = BaSO_4 \downarrow + CrO_4^{2-}$$

然后，中和溶液使多余的铬酸钡和生成的硫酸钡仍是沉淀状体，并被过滤除去。最后，在碱性介质中，铬酸根离子呈现黄色，测定其吸光度，可计算硫酸根离子的含量。

注意

控制一定的条件，用火焰原子吸收法测定产生的铬酸根离子中的铬，可间接求算硫酸根离子的含量，这就是铬酸钡间接原子吸收法的基本原理。

或者在酸性介质中用二苯碳酰二肼作为 CrO_4^{2-} 的显色剂，间接测定 SO_4^{2-}，也是测定硫酸根离子含量的方法之一。

(二) 主要仪器与试剂

1. 仪器

分光光度计、50 mL 比色管、150 mL 锥形瓶、加热及过滤装置。

2. 试剂

(1) 铬酸钡悬浊液：称取 19. 44 g 铬酸钾(K_2CrO_4)与 24. 44 g 氯化钡($BaCl_2 \cdot 2H_2O$)，分别溶于 1 000 mL 纯水中，加热至沸腾。将两溶液倾入同一

个 3 000 mL 的烧杯内，此时生成黄色的铬酸钡沉淀。待沉淀下沉后，倾出上层清液，然后每次用约 1 000 mL 纯水洗涤沉淀，共需洗涤 5 次左右。最后加纯水至 1 000 mL，使成悬浊液，每次使用前混匀。每 5 mL 铬酸钡悬浊液可以沉淀约 48 mg SO_4^{2-}。

（2）氨水(1+1)：1 体积的氨水与 1 体积的纯水混合。

（3）盐酸溶液(2.5 mol/L)：量取 21 mL 浓盐酸用纯水稀释至 100 mL。

（4）硫酸盐标准溶液($\rho_{SO_4^{2-}}$ =1 000 mg/L)：称取 0.739 3 g 无水硫酸钠(Na_2SO_4)或 0.907 0 g 无水硫酸钾(K_2SO_4)，溶于少量纯水，置于 500 mL 容量瓶中定容。

（三）测定步骤

（1）取 6 个 150 mL 锥形瓶，分别加入 0.00 mL、1.00 mL、2.00 mL、4.00 mL、6.00 mL 和 8.00 mL 硫酸盐标准溶液，加纯水稀释至 50 mL。

（2）取 50.00 mL 水样于 150 mL 锥形瓶中。

（3）向上述锥形瓶中各加入 2.5 mol/L 的盐酸溶液 1 mL，加热煮沸 5 min。此过程是为了除去水样中的碳酸根离子。

（4）取下锥形瓶，再各加 2.5 mL 铬酸钡悬浊液，再煮沸 5 min。

（5）取下锥形瓶，稍冷后，向各瓶逐滴加入氨水(1+1)，至溶液颜色呈柠檬黄后，再多加 2 滴。

（6）待溶液冷却后，用慢速定性滤纸过滤，将滤液收集于 50 mL 比色管中(如滤液混浊，应重复过滤至透明)。用纯水洗涤锥形瓶及滤纸 3 次，将洗涤液依次收集于比色管中，然后定容至 50 mL。

（7）在 420 nm 波长处，用 1 cm 比色皿测定吸光度。

（四）结果与计算

1. 工作曲线法

以校正吸光度($A'=A-A_0$)为纵坐标，SO_4^{2-} 浓度为横坐标，在方格纸上作图，得工作曲线。

水样中由 SO_4^{2-} 引起的吸光度：

$$A_n=A_W-A_0 \tag{2-8-2}$$

由 A_n 在工作曲线上查得水样中 SO_4^{2-} 的浓度。

2. 直线方程法

采用相应软件(如 Excel),以校正吸光度 A' 和对应的 SO_4^{2-} 浓度($\rho_{SO_4^{2-}}$),求算直线回归方程:

$$A'=b\times\rho_{SO_4^{2-}} \text{ 或 } A'=a+b\times\rho_{SO_4^{2-}} \tag{2-8-3}$$

水样中 SO_4^{2-} 的浓度为

$$\rho_{SO_4^{2-}}=\frac{1}{b}A_n \text{ 或 } \rho_{SO_4^{2-}}=\frac{1}{b}(A_n-a) \tag{2-8-4}$$

式中:$\rho_{SO_4^{2-}}$——硫酸盐的浓度(mg/L);

A_n——水样的校正吸光度;

a——直线方程的截距;

b——直线方程的斜率。

第三部分

综合性实验

实验9 水中亚硝酸盐氮的测定

实验10 水中硝酸盐氮的测定

实验11 水中氨氮的测定

实验12 活性磷酸盐的测定

实验13 过硫酸钾联合消化法测定总磷、总氮

实验14 硅钼蓝法测定海水中的活性硅酸盐

实验15 底质与水中酸挥发性硫化物的测定

实验16 地下水中铁的测定

实验17 原子吸收分光光度法测定水中的铜

实验18 气相色谱法测定水中的有机磷农药

本书的综合性实验是以分光光度法测定水中营养元素为主要教学内容，每个实验都有较详细的基本原理知识和操作步骤。该类实验虽然大多都属较简单的综合性实验，但结合水样的采集与预处理等实验方法，体现了专业上的重要性和操作上的代表性；不仅要求学生掌握水质分析中常用分析仪器的使用方法，还要了解代表水环境分析前沿的先进分析仪器的使用，目的是提高学生综合运用基础知识和基本技能的能力，培养学生的科研素质和创新能力。

利用有色物质溶液颜色的深浅与溶液中有色物质的浓度的关系，通过有色物质对光的选择性吸收作用，来测定溶液中某种组分的含量的分析方法，称为比色分析法。其中通过目视进行的比色方法称为比色法，利用分光光度计测试的比色方法称为分光光度法。

分光光度法具有灵敏度高、操作简便、快速等优点，可测定水体中的多种无机和有机物，是水环境监测中最常用的重要分析方法。随着分光光度法的发展以及和其他方法的联用，其应用范围仍在进一步扩大。

实验 9 水中亚硝酸盐氮的测定

知识要点	掌握程度	学时	教学方式
磺胺和萘乙二胺试剂法	掌握	2	讲授与操作
分光光度法	掌握	1	讲授
水样的滤膜过滤处理	掌握	1	讲授与演示
亚硝酸盐氮的其他测定方法	了解	1	课外阅读
拓展实验 （1）绘制不同波长的吸光度曲线。 （2）试剂加入顺序对显色的影响。			

一、测定营养盐的水样采集与预处理

测定亚硝酸盐的水样，可与硝酸盐、铵盐、磷酸盐和硅酸盐等 4 项营养盐采用同样的预处理方法，并装于同一水样瓶中。水样瓶的容积以 500 mL 的双层盖高密度聚乙烯瓶为最佳。使用前，应用 1％的盐酸溶液浸泡 7 d，然后洗涤干净备用。

采集的水样首先要用孔径 0.45 μm 的混合纤维素酯微孔滤膜过滤。滤膜在使用前应用 1％盐酸浸泡 12 h，然后用纯水洗至中性，再浸泡于纯水中备用。处理的滤膜是否符合要求，需通过各营养盐测定的空白实验检验，空白值低于各要素的检测下限方可使用，否则应更换新批号的滤膜。

将处理好的微孔滤膜放在砂芯过滤活动装置上（该装置为一圆筒形玻璃漏斗。分上、下 2 部分。中间是一块圆形的聚四氟乙烯垫圈，圈的中心有一块起支撑滤膜作用的玻璃砂芯片，垫圈的下面嵌有“O”形硅橡胶密封圈，并配有不锈钢夹，使整个装置连接严密），用固定夹固定，装在配套的抽滤瓶上，与真空泵连接好(图 3-9-1),然后用少量水样湿润滤膜,打开真空泵即可抽滤。

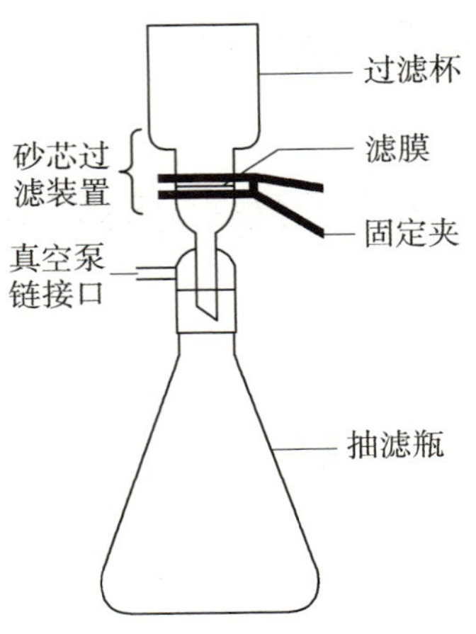

图 3-9-1 滤膜过滤器

过滤装置的组装

将需要过滤的混匀水样,倒入过滤器上面的过滤杯中抽吸过滤,使水分全部通过滤膜,然后关闭真空泵。最后将抽滤瓶中的过滤水样转入水样瓶中,以供各营养盐测定。若需要保存,应加入水样体积 0.2%的三氯甲烷,盖好瓶塞,剧烈振摇 1 min,放在冰箱或冰桶内于 4～6℃保存。

整套的滤膜过滤器,使用前必须采取和水样瓶同样的浸泡洗涤方法。

二、磺胺和萘乙二胺试剂法测定水中亚硝酸盐氮

(一) 原理

在酸性介质中(pH 约为 1.8),亚硝酸盐与对氨基苯磺酰胺(磺胺)发生重氮化反应,其产物再与萘乙二胺偶联生成红色偶氮染料,该染料颜色的深浅与亚硝酸盐氮的含量成正比关系。在 543 nm 波长处测定吸光度。

本方法适用于饮用水、地表水、地下水、生活污水和工业废水。《海洋调查规范　第 4 部分:海水化学要素调查》(GB/T 12763.4—2007)中给出海水的测定范围为 0.02～4.00 μmol/L(0.28～56.00 μg/L),而《水质　亚硝酸盐氮的测

定 分光光度法》(GB 7493—87)给出的测定浓度可高达 0.20 mg/L(取 50 mL 的最大体积试样)。

(二) 主要仪器和试剂

1. 仪器

分光光度计及配套比色皿、25 mL 具塞比色管、容量瓶、移液管等。

2. 试剂

(1) 盐酸溶液(1+6):1 体积的浓盐酸与 6 体积的纯水混匀。

(2) 磺胺溶液(10 g/L):称取 1 g 磺胺($NH_2SO_2C_6H_4NH_2$),溶于 70 mL 盐酸溶液(1+6)中,用纯水稀释至 100 mL,贮于棕色试剂瓶中,有效期为 2 个月。

(3) 盐酸萘乙二胺溶液(1 g/L):称取 0.1 g 盐酸萘乙二胺($C_{10}H_7NHCH_2$-$CH_2NH_2 \cdot 2HCl$),溶于适量水后稀释至 100 mL,贮于棕色试剂瓶中置冰箱内保存。有效期为 1 个月。

(4) 亚硝酸盐氮标准贮备溶液($\rho_{NO_2^- -N}=100.0\ \mu g/mL$):准确称取 0.246 4 g亚硝酸钠($NaNO_2$,预先经 110℃烘干),溶于少量纯水中后全部转移入 500 mL 容量瓶中,加纯水至标线定容。贮于棕色试剂瓶中,加 1 mL 三氯甲烷,并置于冰箱内保存。有效期为 2 个月。

(5) 亚硝酸盐氮标准使用溶液($\rho_{NO_2^- -N}=1.000\ \mu g/mL$):取 1.00 mL 贮备溶液于 100 mL 容量瓶中,用纯水稀释至标线,混匀。临用前配制。

(三) 操作步骤

1. 制作标准曲线

(1) 取 6 支 25 mL 具塞比色管,分别加入表 3-9-1 所示体积(V_S)的亚硝酸盐氮标准使用溶液,加纯水至标线,混匀。其对应亚硝酸盐氮的浓度为$\rho_{NO_2^- -N}$。

表 3-9-1 亚硝酸盐氮标准使用溶液加入量(V_S)

管号	1	2	3	4	5	6
V_S /mL	0.00	0.10	0.30	0.50	1.00	1.50
$\rho_{NO_2^- -N}$ /(mg/L)	0.000 0	0.004 0	0.012 0	0.020 0	0.040 0	0.060 0

(2) 每支比色管中分别加入 0.5 mL 磺胺溶液,混匀,放置 1 min。

(3) 分别加入 0.5 mL 盐酸萘乙二胺溶液,混匀,放置显色 15 min。

注意

国家标准 GB 7493—87 中，采用了酸、磺胺和盐酸萘乙二胺 3 种试剂混合后一次性加入，此种操作虽然简化了操作步骤，但也因未重氮化的亚硝酸盐与萘乙二胺的胺基反应，而使色度降低。采用本法操作则可获得最大显色。另外，显色速度和显色过程与水温有关，若水温太低（低于 10℃），可在温热水浴中反应。待颜色稳定后可保持十多个小时不变。

（4）在 543 nm 波长处，用 1 cm 比色皿，以纯水作参比溶液，测定吸光度 A_i。

（5）以上述系列标准溶液测得的吸光度（A_i）扣除试剂空白的吸光度（A_0，1 号管），得到校正吸光度（A'_i，同时要考虑比色皿吸光度校正 A_c），即 $A'_i = A_i - A_0 - A_c$，以此为纵坐标，以亚硝酸盐氮浓度（$\rho_{NO_2^- - N}$）为横坐标，绘制吸光度对亚硝酸盐氮质量浓度的标准曲线。

2. 水样测定

（1）取适量过滤水样（$V_{水样}$）于比色管中，用纯水定容到 25 mL，参照标准曲线制作过程的（2）～（4）步骤，测定该水样的吸光度（$A_{水样}$）。

（2）同时取 25 mL 纯水，代替水样重复上述操作，获得试剂空白的吸光度（同标准曲线中的 1 号比色管）。将样品吸光度（$A_{水样}$）扣除试剂空白的吸光度（同时要考虑比色皿吸光度校正 A_c），得到样品的校正吸光度（$A'_{水样}$），即 $A'_{水样} = A_{水样} - A_0 - A_c$。

注意

比色皿吸光度（A_c）的校正：

将所用 4 个比色皿注入纯水，以其中一个为参比溶液，测定其他 3 个比色皿的吸光度（A_c）。若 A_c 不等于 0，在计算结果时，应从对应的样品读数中减去 A_c 值。

(四)结果与计算

1. 标准曲线法

由 $A'_{水样}$ 在标准曲线上查得水样中亚硝酸盐氮的浓度。

2. 直线方程法

采用相应软件(如 Excel),以校正吸光度(A'_i)为纵坐标,以对应的亚硝酸盐氮浓度($\rho_{NO_2^- -N}$)为横坐标绘制标准曲线。求算直线回归方程:

$$A'_i = b \times \rho_{NO_2^- -N} \text{ 或 } A'_i = a + b \times \rho_{NO_2^- -N} \tag{3-9-1}$$

水样中亚硝酸盐氮的浓度为

$$\rho_{NO_2^- -N} = \frac{1}{b} A'_{水样} \text{ 或 } \rho_{NO_2^- -N} = \frac{1}{b}(A'_{水样} - a) \tag{3-9-2}$$

式中:$\rho_{NO_2^- -N}$——水样中亚硝酸盐氮的浓度(mg/L);

$A'_{水样}$——水样的校正吸光度;

a——直线方程的截距;

b——直线方程的斜率。

若水样经过稀释,由式(3-9-2)求得的亚硝酸盐氮含量,还应乘以相应的稀释倍数($f = \frac{25.0}{V_{水样}}$),即为水样的亚硝酸盐氮含量。

亚硝酸盐及其测定

一、亚硝酸盐及其在水环境中的意义

亚硝酸盐是无机氮化合物之一,是氨被氧化和硝酸盐被还原的中间产物,也是浮游植物新陈代谢的产物。因此,如在测定其含量的同时,一并了解水中的硝酸盐和氨的含量,则可以判断水系被含氮化合物污染的程度及自净状况。洁净的地面水中亚硝酸盐氮的含量一般不超过 0.01 mg/L,海水中亚硝酸盐氮含量的变化幅度为 0.1～30 μg/L。

水中亚硝酸盐的主要来源为生活污水中含氮有机物的分解。此外,化肥、酸洗等工业废水和农田排水,亦可将亚硝酸盐带入水系。

海洋中亚硝酸盐含量随季节的变化不同于硝酸盐，在浮游植物大量繁殖的季节之后，硝酸盐含量还很低时，亚硝酸盐含量已先回升，在硝酸盐含量达到最高峰的季节时，亚硝酸盐含量则反而下降。这种现象说明海水中氮的氧化过程的阶段性。

人体摄入一定量的亚硝酸盐可发生高铁血红蛋白症，养殖水体中的亚硝酸盐对水生动物也具有较强的毒性，作用机理主要是通过鱼类等的呼吸作用，亚硝酸盐由鳃丝进入血液，使正常的血红蛋白发生氧化，输氧功能受到影响，出现组织缺氧从而导致鱼虾缺氧，甚至窒息死亡。亚硝酸盐还可与仲胺类反应生成致癌性的亚硝胺类物质。

二、测定方法简介

自 1879 年建立了在硫酸溶液中用对氨基苯磺酸进行重氮化，并与 α-萘胺偶联生成红色染料测定亚硝酸盐的方法后，又研究改用在盐酸溶液中进行显色，所形成的对氨基苯磺酸和 α-萘胺试剂法沿用至今。该方法简便，重现性好，灵敏度高，能达到海洋调查大规模分析水样的要求。但盐度对该法的吸光度有影响，而且试剂 α-奈胺对人体有致癌作用，现逐渐被人们所淘汰。

1941 年有学者提出了用磺胺和盐酸萘乙二胺测定亚硝酸盐的方法，此法灵敏度更高，且偶联反应速度快、显色时间短、试剂较为稳定、不受盐度等组分的影响。因此，该法目前已成为国内普遍采用的测定亚硝酸盐的方法。

该法虽然也是围绕亚硝酸盐与芳香胺反应形成重氮化合物，继续再与另一芳香胺偶联生成红色偶氮染料而进行比色测定的方法。但用磺胺代替对氨基苯磺酸的优点是，磺胺可获得更高的纯度且具水溶性，在干燥状态或在溶液中比对氨基苯磺酸更稳定；盐酸萘乙二胺的优点是作为偶联试剂，和磺胺同为重氮化试剂测定亚硝酸盐，显色速率极快，不受盐度的影响，试剂也无毒副作用。

此外，亚硝酸盐的测定还有国内外普遍使用的离子色谱法和新开发的气相分子吸收法、连续流动分析法等，虽然这些方法需要使用专用仪器，但操作简便、快速，干扰较少。

三、亚硝酸盐氮的快速测定法(固体试剂法)

以重氮化偶合比色法为基础，采用固体试剂和试纸法，可以快速测定水体中亚硝酸盐氮的含量。固体试剂法的灵敏度和准确度都较高，试剂可长期贮存使用。试纸法操作更为简便，但灵敏度和准确度较差。两种方法都可为养殖生产的检测带来极大的方便。

（一）原理

在酸性溶液中，亚硝酸盐与多氨基苯磺酸作用，生成重氮化合物，再与 α-奈胺起偶合反应，生成紫红色染料，其颜色的深浅与亚硝酸盐含量成正比。

该法灵敏度为 0.002 mg/L，测定范围在 0.10 mg/L 以内。

（二）试剂

（1）固体格氏试剂：对氨基苯磺酸（10%）＋盐酸 α-奈胺（1%）＋酒石酸（89%，预先于 105℃烘干 2 h），磨细混合均匀。装瓶盖严，可久藏。

（2）亚硝酸盐氮标准使用溶液（1 μg/mL）：同本实验“二、磺胺和萘乙二胺试剂法测定水中亚硝酸盐氮”。

（三）测定步骤

1. 标准色阶的制备

取 7 支刻度和高度都相同的 10 mL 比色管，分别加入亚硝酸盐氮标准使用液 0.00 mL、0.2 mL、0.5 mL、1.0 mL、3.0 mL、5.0 mL、10.0 mL，用纯水稀释至标线。其对应浓度分别为 0.000 mg/L、0.020 mg/L、0.050 mg/L、0.100 mg/L、0.300 mg/L、0.500 mg/L、1.000 mg/L。各管分别加入固体试剂约 40 mg，摇匀，放置 10 min 后，将所呈颜色印制下来，则得标准色阶。

2. 水样测定

取水样 10 mL 于同样的比色管中，加固体试剂约 40 mg，摇匀放置 10 min，与标准色阶比色。取与标准色阶相似的浓度即为水中亚硝酸盐氮的含量。

实验 10 水中硝酸盐氮的测定

知识要点	掌握程度	学时	教学方式
锌-镉还原法	掌握	3	讲授与操作(振荡器的使用)
锌-镉还原率的测定	熟悉	2	操作
硝酸盐氮的其他测定方法	了解	3	课外阅读
拓展实验 (1) 几种硝酸盐氮测定方法的比较与评价(最少 3 种)。 (2) 比较电动振荡与手动摇荡的差异。			

一、锌-镉还原法

(一) 原理

在一定盐度条件下,用镀镉的锌片(加锌卷和氯化镉溶液于水样中即可),将水样中的硝酸盐定量地还原为亚硝酸盐,然后按重氮-偶氮法测出亚硝酸盐氮的总含量,扣除水样中原有的亚硝酸盐氮含量,即得硝酸盐氮的含量。

该法测定硝酸盐氮的范围为 0.05～16.0 μmol/L。

(二) 主要仪器和试剂

1. 仪器

分光光度计、电动振荡器、塑料镊子、30 mL 广口玻璃瓶、容量瓶、移液管等。

2. 试剂

(1) 磺胺溶液(10 g/L):同实验 9。

(2) 盐酸萘乙二胺溶液(1 g/L):同实验 9。

(3) 氯化镉溶液(20.0 g/L):称取 2.0 g 氯化镉($CdCl_2 \cdot 2.5H_2O$)溶于纯水中,稀释至 100 mL,贮于滴瓶中。

(4) 锌卷:将锌片(Zn,分析纯,纯度 99.99%,厚度 0.1 mm)截成 5.0 cm×3.0 cm的锌片,用外径 1.5 cm 的试管卷成 3 cm 高的锌卷。

(5) 氯化钠溶液(20%):称取 20 g NaCl,溶于适量纯水后定容至 100 mL。

对于海水的测定,此处应配制人工海水代替氯化钠溶液。配制盐度为 35 的人工海水配方:称取 31.0 g 氯化钠(NaCl)、10.0 g 硫酸镁($MgSO_2 \cdot 7H_2O$)、0.5 g 碳酸氢钠($NaHCO_3$)溶于水中,稀释至 1 000 mL。

(6) 硝酸盐标准贮备溶液($\rho_{NO_3^- -N}=140.0\ \mu g/mL$):称取 1.011 g KNO_3(分析纯,预先于 110℃烘干 1 h)溶于纯水中,并于 1 000 mL 容量瓶中定容,加 1 mL三氯甲烷并避光保存。有效期为半年。

(7) 硝酸盐标准使用溶液($\rho_{NO_3^- -N}=1.400\ \mu g/mL$):移取 1.00 mL 标准贮备溶液于 100 mL 容量瓶中用纯水定容、混匀,临使用前配制。

(三) 操作步骤

1. 标准曲线的制作

(1) 在 6 个 25 mL 容量瓶中(编号 1～6),分别移入硝酸盐标准使用溶液 0.00 mL、0.50 mL、1.00 mL、1.50 mL、2.50 mL、4.00 mL,用纯水稀释至标线,各加入5 mL 20%的氯化钠溶液,混匀。对于盐度大于 25 的海水水样,则用人工海水稀释至标线(不必加氯化钠溶液)。对应的硝酸盐浓度($\rho_{NO_3^- -N}$)分别为 0.000 mg/L、0.028 mg/L、0.056 mg/L、0.084 mg/L、0.140 mg/L 和 0.224 mg/L。

(2) 将上述系列标准溶液,分别全部转移到干燥的 30 mL 广口玻璃瓶中,用镊子每瓶夹入 1 个锌卷,再各加入 0.50 mL 氯化镉溶液,盖上瓶盖,立即放在振荡器上振荡 10 min。

(3) 迅速将瓶中锌卷取出,分别加入磺胺溶液 0.5 mL,混匀,放置 1 min。

(4) 分别加入盐酸萘乙二胺溶液 0.5 mL,混匀,放置 15 min。

(5) 在波长 543 nm 处,用 1 cm 比色皿,以纯水作参比溶液,测定吸光度。

(6) 以上述系列标准溶液测得的吸光度(A_i)扣除试剂空白(1 号容量瓶)的吸光度(A_0),得到校正吸光度(A'_i)。以校正吸光度(A'_i)为纵坐标,绘制吸光度对硝酸盐氮质量浓度($\rho_{NO_3^- -N}$)的校准曲线。

2. 水样测定

(1) 量取25.0 mL过滤水样(或适量,$V_{水样}$)于30 mL广口玻璃瓶中,加入20%的氯化钠溶液5 mL(若是盐度大于25的水样则不加),混匀。参照标准曲线的制作步骤(2)~(5),显色并测定该水样的吸光度($A_{水样}$)。

(2) 同时取纯水代替过滤水样,重复上述操作,获得试剂空白的吸光度(1号容量瓶)。将水样吸光度($A_{水样}$)扣除试剂空白的吸光度,得到样品的校正吸光度($A'_{水样}$),再扣除水样中亚硝酸盐氮的吸光度($A_{NO_2^- -N}$),得到水样中硝酸盐氮的吸光度($A''_{水样}$)。

注意

水样亚硝酸盐氮的吸光度($A_{NO_2^- -N}$)为扣除试剂空白后的校正值;若在水样的"硝酸盐氮测定"和"亚硝酸盐氮测定"中,所用的比色皿厚度不同,则该吸光度还应乘以校正系数(f_1):

$$f_1=\frac{测定硝酸盐氮时用的比色皿厚度}{测定亚硝酸盐氮时用的比色皿厚度}$$

(四) 结果与计算

1. 标准曲线法

由$A''_{水样}$在标准曲线上查得水样中硝酸盐氮的浓度。

2. 直线方程法

采用相应软件(如Excel),以校正吸光度(A'_i)为纵坐标,以对应的硝酸盐氮浓度($\rho_{NO_3^- -N}$)为横坐标。求算直线回归方程:

$$A'_i=b\times\rho_{NO_3^- -N}\text{ 或 }A'_i=a+b\times\rho_{NO_3^- -N} \tag{3-10-1}$$

水样中硝酸盐氮的浓度($\rho_{NO_3^- -N}$)为

$$\rho_{NO_3^- -N}=\frac{1}{b}A''_{水样}\text{ 或 }\rho_{NO_3^- -N}=\frac{1}{b}(A''_{水样}-a) \tag{3-10-2}$$

若测定的水样不是25.0 mL而是$V_{水样}$,所得结果应乘以相应的稀释倍数

后，才为水样的硝酸盐氮浓度。即

$$\rho_{NO_3^- -N}=\frac{1}{b}A''_{水样}\times\frac{25.0}{V_{水样}} \text{或} \rho_{NO_3^- -N}=\frac{1}{b}(A''_{水样}-a)\times\frac{25.0}{V_{水样}} \quad (3\text{-}10\text{-}3)$$

式中：$\rho_{NO_3^- -N}$——水样中硝酸盐氮的浓度(mg/L)；

$A''_{水样}$——水样硝酸盐氮的吸光度；

$V_{水样}$——水样的体积(mL)；

a——标准曲线的截距；

b——标准曲线的斜率。

若水样中亚硝酸盐氮的浓度已测得，则可依照上述公式，通过水样的校正吸光度($A'_{水样}$)求得水样中硝酸盐氮和亚硝酸盐氮含量的总和，其差值则是硝酸盐氮的浓度。

二、锌-镉还原率的测定

能否将硝酸盐全部定量地还原为亚硝酸盐，并防止亚硝酸盐不被进一步还原，是还原法测定水中硝酸盐的终极目标，选择合适的还原剂并找出最佳的还原条件，是水质分析工作者长期研究的课题。还原率是判断还原剂还原效率的重要指标。对于锌-镉还原率的测定，可用以下方法。

(1) 量取 25.0 mL 人工海水和 25.0 mL 含 140.0 μg/L 硝酸盐氮的人工海水分别放于 30 mL 广口玻璃瓶中，按照标准曲线绘制过程中的(2)～(5)步骤，测定其吸光度，分别记为 A_{b1} 和 $A_{NO_3^- -N}$。

(2) 量取 25.0 mL 人工海水和 25.0 mL 含 140.0 μg/L 亚硝酸盐氮的人工海水分别放于 30 mL 广口玻璃瓶中，按照标准曲线绘制过程中的(3)～(5)步骤，测定其吸光度，分别记为 A_{b2} 和 $A_{NO_2^- -N}$。

镀镉锌卷的还原率 R：

$$R=\frac{A_{NO_3^- -N}-A_{b1}}{A_{NO_2^- -N}-A_{b2}}\times 100\% \quad (3\text{-}10\text{-}4)$$

在水样的测定过程中，镀镉锌卷的还原率应大于 75%，才符合要求。

课外阅读

硝酸盐及其测定方法

一、硝酸盐在水环境中的意义

硝酸盐广泛存在于天然水中，是含氮化合物的最终氧化产物。在水中，主要以离子形式存在，而且含量相差悬殊，少至每升数十微克多至每升数十毫克，清洁的地面水中含量较低，受污染物浸入的水系以及一些深层地下水中往往含量较高。当水样中较多量的硝酸盐和其他各种含氮化合物并存时，大多表示有污染物进入水系，但水的“自净”作用尚在进行；当水体中仅含有硝酸盐而不存在其他的有机或无机的氮化合物时，则认为有机氮化合物分解完全。

硝酸盐是一种控制水体真光层初级生产过程的微量养分。它在真光层的含量受水体混合、氨的氧化和浮游生物的新陈代谢过程所控制。因此水体中硝酸盐的季节变化由浮游生物的吸收、生物体的分解、水体混合等主要因子所控制。随着农田大量氮肥的使用，以及含有大量硝酸盐氮养殖废水的排放，都能使水体中的硝酸盐大量累积。只要硝酸盐含量不是过高，一般不会对水产动物产生直接毒害，过多则水体易发生富营养化。当水体处于缺氧状况时，硝酸盐会因为反硝化作用生成有毒的亚硝酸盐。在循环利用养殖废水的情况下，水中硝酸盐可能有大量的积累，致使水质恶化，水产动物发病率升高。

二、测定方法简介

用于水中硝酸盐的测定方法较多，且各有特点，水质监测中较常采用的几种方法如下。

1. 酚二磺酸光度法

该方法的原理是硝酸盐在无水条件下与酚二磺酸反应，继之在碱性水溶液中生成黄色化合物。此方法测量浓度范围较宽，显色稳定，一旦显色后发现超过校准曲线浓度范围时，还可进一步定量稀释后再行比色，非常实用。但氯化物、亚硝酸盐、氨盐、有机物和碳酸盐可产生干扰，因此该法比较适用于饮用水、地下水、清洁地表水等淡水中硝酸盐的测定，而不适用于海水。

2. 锌-镉还原法

将硝酸盐还原为亚硝酸盐的锌-镉还原法，其还原率为70%～80%（锌粉和锌粒还原率分别为50%和36%）。将还原所得的亚硝酸盐与磺胺和盐酸萘乙二胺形成的偶氮染料进行比色测定，其灵敏度、准确度都高，而且快速。

3. 镉-铜柱还原法

将含硝酸盐的水样以一定的流速通过镉还原柱，使硝酸盐定量地还原为亚硝酸盐，然后按重氮-偶氮分光光度法测定亚硝酸盐的含量，再扣除原有亚硝酸盐的含量，即得被还原的硝酸盐的量。此法非常灵敏，准确度高，已经成为《海洋监测规范　第4部分：海水分析》（GB 17378.4—2007）和《生活饮用水标准检验方法　无机非金属指标》（GB/T 5750.5—2006）中规定的硝酸盐氮测定方法。由于该法还原率不受盐度的影响，且测定海水时的还原率大于95%，所以特别适用于硝酸盐氮浓度小于0.1 mg/L的水样。但当浓度稍高时，必须做定量的稀释，否则会增加误差。镉柱的还原效率还受较多因素的影响，如氧化剂和一些金属离子引起的干扰，需要经常校正。

4. 戴氏合金还原法

在热的碱性条件下，用戴氏合金（含50%Cu、45%Al、5%Zn）将硝酸盐还原为NH_3，然后由氨的定量而计算出硝酸盐的含量。水中原有的铵盐，可在加戴氏合金之前，于碱性介质中先行蒸出；亚硝酸盐亦可被还原为NH_3，可先在酸性条件下加入氨基磺酸，使之反应而被除去。此方法操作较繁杂，但适宜于分析硝酸盐氮浓度大于2 mg/L以及被严重污染的带有颜色的水和含有大量有机物或无机盐的废水。

5. 离子选择电极法

采用硝酸根电极为指示电极，与参比电极组成工作电池，可测定硝酸盐浓度范围较大而且含量较高的水样，在《城市污水水质检验方法标准》（CJ/T51—2004）中已经用离子选择电极来测定城市污水中的硝酸盐。但电极性能对测定结果的精密度和准确度具重要影响，氯离子和碳酸氢根离子等也有干扰。该方法简便快速，而且不受颜色污染的影响。

6. 紫外分光光度法

20 世纪 50 年代,就提出了紫外法测定水中氧化氮的报告,然而由于存在干扰因素而在实用上受到限制。经过不断的改进与总结,现利用硝酸盐在波长 220 nm 处具有紫外吸收的特征,和在 275 nm 波长处不具有紫外吸收的性质,以测定水中硝酸盐氮含量。该方法快速、操作简便,但一些有机物和无机离子有干扰。

7. 离子色谱法

离子色谱法测定硝酸盐是利用离子交换的原理进行分离,然后利用电导检测器测定。根据标准溶液中硝酸盐的保留时间以及峰面积进行定性和定量测定。离子色谱可以同时用于水中 F^-、Cl^-、SO_4^{2-}、NO_3^- 等的测定。该方法检出限低,灵敏度高,自动化程度高,可大量减少工作量。只是离子色谱仪较为贵重,一般教学实验室没有配备。

8. 气相分子吸收光谱法

水样在盐酸介质中,用还原剂三氯化钛将水中的硝酸盐快速还原分解,生成一氧化氮气体,再用空气将其载入气相分子吸收光谱仪的吸收管中,在 214.4 nm 波长处测得该气体的吸光度,以标准曲线法直接测定硝酸盐的含量。该法具有测定准确快速、自动化程度高、适合批量测定等优点,只是所用仪器较为贵重且不普及。

综上所述,可见分光光度法操作步骤冗长、繁琐耗时又耗化学试剂,不能满足批量样品的快速测定,难以对水体实时监测;离子选择电极法仪器设备简单,且能进行连续快速测定,但灵敏度较低。随着技术的进步,样品的自动处理、自动进样、快速分析,并实现在线自动监测的大型自动化的仪器分析,将成为今后的主要发展方向。

三、酚二磺酸法

(一) 原理

将水样蒸干,硝酸盐在无水条件下与酚二磺酸反应,生成黄色的硝基二磺酸酚,然后在碱性溶液中产生分子重排,生成的黄色化合物在 410 nm 波长处吸光度与硝酸盐含量呈线性关系。

本法最低检出浓度为0.02 mg/L，测定上限为2.0 mg/L。适用于饮用水、地下水和清洁的地表水，但不适用于海水。

（二）主要仪器和试剂

1. 仪器

瓷蒸发皿（75～100 mL）、水浴锅、玻璃漏斗、25 mL具塞比色管、分光光度计等。

2. 试剂

（1）酚二磺酸：称取15 g苯酚（C_6H_5OH）置于250 mL锥形瓶中，加入90 mL浓硫酸使之溶解，再加45 mL发烟硫酸，充分混和。瓶口插一小漏斗，将瓶置于沸水浴中加热2 h，得淡棕色稠液，贮于棕色瓶中，密闭保存。

注意

苯酚应为无色结晶，如苯酚色泽变深，呈现紫色或棕色，则需进行蒸馏精制：用热水浴将苯酚熔化倒入蒸馏瓶中，加热蒸馏收集182～184℃的馏出物并贮于棕色试剂瓶中。

为安全起见或无发烟硫酸时，还可用浓硫酸代替：用105 mL硫酸代替上述90 mL硫酸和45 mL发烟硫酸，并增加沸水浴中加热时间至6 h。

（2）氨水。

（3）氢氧化钠溶液（0.1 mol/L）：称取2 g NaOH溶于适量水后定容至500 mL。

（4）硝酸盐氮标准贮备溶液（$\rho_{NO_3^- -N}=100.0\ \mu g/mL$）：称取0.722 1 g硝酸钾（$KNO_3$，预先在105～110℃烘干2 h），溶于少量纯水中，移入1 000 mL容量瓶中，用纯水稀释至刻度，混匀。加入2 mL三氯甲烷作保存剂，低温保存，有效期为半年。

（5）硝酸盐氮标准使用溶液（$\rho_{NO_3^- -N}=10.0\ \mu g/mL$）：取25.0 mL硝酸盐氮标准贮备溶液，用0.1 mol/L氢氧化钠溶液调节pH至微碱性（pH≈8），置水浴上蒸发至干。加入酚二磺酸试剂1.0 mL，用玻璃棒研磨，使试剂与蒸发皿内残渣充分接触，放置片刻，再研磨一次，放置10 min，加入适量纯水，移入250 mL

容量瓶中，定容、混匀。有效期为 6 个月。

注意

该标准使用溶液也可直接用贮备溶液稀释 10 倍。但与上述配制方法的使用不同。

(6) 硫酸银溶液：称取 4.397 g 硫酸银(Ag_2SO_4)溶于水，稀释至 1 000 mL。1.00 mL 此溶液可去除 1.00 mg 氯离子(Cl^-)。

(7) 氢氧化铝混悬液：称取 125 g 硫酸铝钾[$KAl(SO_4)_2 \cdot 12H_2O$]溶于 1 000 mL水中，加热至 60℃，在不断搅拌下徐徐加入 50 mL 氨水，使生成氢氧化铝沉淀，充分搅拌后静置，弃去上清液。反复用纯水洗涤沉淀，至倾出液无氯离子和铵盐。最后加入 300 mL 水使成悬浮液。使用前振摇均匀。

(8) EDTA-Na_2 溶液：称取 50 g 乙二胺四乙酸二钠($Na_2H_2Y \cdot 2H_2O$)溶于 20 mL 水中，调成糊状，加入 60 mL 氨水充分混合，使之溶解。

(三) 操作步骤

1. 制作标准曲线

(1) 取 6 支 25 mL 比色管，分别移入表 3-10-1 所示体积(V_S)的硝酸盐氮标准使用溶液，加纯水至标线，混匀。其对应的硝酸盐氮的浓度为 $\rho_{NO_3^- -N}$。

表 3-10-1 酚二磺酸法绘制标准曲线时硝酸盐氮标准使用溶液加入量(V_S)

管号	1	2	3	4	5	6
V_S/mL	0.00	0.50	1.00	1.50	2.00	4.00
$\rho_{NO_3^- -N}$/(mg/L)	0.00	0.20	0.40	0.60	0.80	1.60

加纯水至 20 mL，加 1.5 mL 氨水使成碱性，稀释至标线，混匀。在波长 410 nm 处，用 10 mm 比色皿，以纯水作参比溶液，测定吸光度(A_i)，其中 1 号管为试剂空白吸光度(A_0)。

(2) 若直接用贮备溶液稀释 10 倍的使用溶液，则需按照以下步骤测定：① 在6 个清洁、干燥的蒸发皿内按照表 3-10-1 分别移入硝酸盐氮标准使用溶液，用氢氧化钠溶液调节 pH 至微碱性(pH≈8)，置水浴上蒸发至干。② 冷却后分别加入酚二磺酸试剂 1.0 mL，用玻璃棒研磨，使试剂与蒸发皿内残渣充分接触，放置片刻，再研磨一次，放置 10 min，加入约 5 mL 纯水。③ 在搅拌下加入 1.5 mL 氨水，使溶液呈现黄色且不再加深为止。将溶液移入 25 mL 比色管中，用纯水稀释至标线，混匀。④ 在波长 410 nm 处，用 10 mm 比色皿，以纯水作参比溶液，测定吸光度（A_i），其中 1 号管为试剂空白吸光度（A_0）。

（3）以上述系列标准溶液测得的吸光度（A_i）扣除试剂空白（1 号管）的吸光度（A_0），得到校正吸光度（A'_i），以 A'_i 为纵坐标，绘制吸光度对硝酸盐氮质量浓度（$\rho_{NO_3^- -N}$）的标准曲线。

2. 水样测定

（1）水样预处理。① 水中 Cl^- 的去除：水中的氯离子在强酸条件下与硝酸盐反应，生成 NO 或 NOCl：

$$6Cl^- + 2NO_3^- + 8H^+ \longrightarrow 3Cl_2\uparrow + 2NO\uparrow + 4H_2O$$

或

$$HNO_3 + 3HCl \longrightarrow NOCl + Cl_2\uparrow + 2H_2O$$

因而使 NO_3^- 损失，结果偏低。因此，测定前应预先用 Ag_2SO_4 溶液除去 Cl^-。首先精确测出氯化物的含量，计算加入硫酸银的用量，如果水样中的氯化物含量超过 50 mg/L 时，应直接加入硫酸银固体，以 1 mg Cl^- 需加 4.397 mg SO_4^{2-} 计算。加入 SO_4^{2-} 后充分混合，使氯化银沉淀凝聚。然后用慢速滤纸过滤，滤液备用。② 若水样混浊和带色时，按照 100 mL 水样加 2 mL 氢氧化铝混悬液的比例使之充分混合，然后过滤。③ 碱性的显色条件会使水样中的 Ca^{2+}、Mg^{2+} 产生沉淀，可预加 EDTA-Na_2 溶液加以消除。④ NH_4^+ 的存在会因在蒸干过程中发生下列反应而使结果偏低。

$$NH_4^+ + NO_3^- = N_2O + 2H_2O$$

所以，在蒸发之前，使水样呈弱碱性可避免 NH_4^+ 的干扰。

（2）测定。取一定体积经预处理的过滤水样（$V_{水样}$）于蒸发皿中，必要时用硫酸溶液或氢氧化钠溶液调节 pH 至微碱性（pH≈8），置水浴上蒸发至干。参照标准曲线绘制过程中的(2)～(4)步骤，显色并测定该水样的吸光度（$A_{水样}$）。

同时取 25 mL 纯水，代替过滤水样重复上述操作，获得试剂空白的吸光度。将样品吸光度（$A_{水样}$）扣除试剂空白的吸光度，得到样品的校正吸光度（$A'_{水样}$）。

(四) 结果与计算

1. 绘制标准曲线和求算回归方程

采用相应软件(如 Excel)处理标准曲线数据并绘图,横坐标为硝酸盐氮浓度($\rho_{NO_3^- -N}$),纵坐标为系列标准溶液的校正吸光度($A'_{水样}$),绘制的标准曲线应为通过原点的直线。或求出直线回归方程:

$$A'_i = b \times \rho_{NO_3^- -N} \tag{3-10-5}$$

2. 计算水样中硝酸盐氮的含量

(1) 直接测定水样时,硝酸盐氮含量计算:

$$\rho_{NO_3^- -N} = \frac{1}{b} A'_{水样} \times \frac{25.0}{V_{水样}} \tag{3-10-6}$$

式中:$\rho_{NO_3^- -N}$——水样中硝酸盐氮的浓度(mg/L);

$A'_{水样}$——水样硝酸盐氮的吸光度;

$V_{水样}$——水样的体积(mL);

b——标准曲线的斜率。

或在标准曲线图中,以作图法查出与水样校正吸光度($A'_{水样}$)对应的硝酸盐氮含量,乘以相应的稀释倍(f)数后即为水样的硝酸盐氮含量。

(2) 水样经除氯处理时,硝酸盐氮含量计算:

$$\rho_{NO_3^- -N} = \frac{1}{b} A'_{水样} \times \frac{25.0}{V_{水样}} \times f \tag{3-10-7}$$

式中:f——水样作除去氯离子预处理时形成的稀释倍数。

其余同式(3-10-6)。

四、镉柱还原法

(一) 原理

水样通过镉还原柱(内装镉-铜还原剂),将硝酸盐定量地还原为亚硝酸盐,然后按亚硝酸盐的重氮-偶氮分光光度法测定亚硝酸盐氮的总量,扣除水样中原有亚硝酸盐氮的含量,即得水样中硝酸盐氮的含量。

硝酸盐定量地被还原为亚硝酸盐的反应式如下:

$$NO_3^- + Cd + 2H^+ \longrightarrow NO_2^- + Cd^{2+} + H_2O$$

反应溶液过于碱性，则硝酸盐只能部分被还原；过于酸性，则导致 NO_2^- 进一步被还原：

$$HNO_2+5H^++4e^-\longrightarrow NH_3OH^++H_2O$$

$$HNO_2+7H^++6e^-\longrightarrow NH_4^++2H_2O$$

随着反应的进行，溶液的 pH 会逐渐升高，进而会在邻近金属表面处，发生如下反应：

$$Cd^{2+}+2OH^-\longrightarrow Cd(OH)_2\downarrow$$

这将严重降低镉的还原能力。

当加入氨性氯化铵缓冲溶液后，氨与 Cd^{2+} 结合成二氨络合物，从而在中性或弱碱性条件下，防止镉在 NO_3^- 还原过程中生成的 Cd^{2+} 与 OH^- 反应而生成沉淀。

$$2NH_4^+\rightleftharpoons 2NH_3+2H^+$$

$$Cd^{2+}+2NH_3\rightleftharpoons [Cd(NH_3)_2]^{2+}$$

本法的检测下限为 0.04 μmol/L，适用于含量较低的清洁水样。

（二）主要仪器和试剂

1. 仪器

分光光度计、镉还原柱、150 mL 锥形分液漏斗、支持台、蝴蝶夹、自由夹、容量瓶、比色管、移液管等。

2. 试剂

（1）镉屑：直径为 1 mm 的镉屑、镉粒或海绵镉。

（2）盐酸溶液（2 mol/L）：量取 83.5 mL 浓盐酸加纯水稀释至 500 mL。

（3）硫酸铜溶液（10 g/L）：称取 5 g 硫酸铜（$CuSO_4\cdot 5H_2O$）溶于水并稀释至 500 mL，混匀，贮于试剂瓶中。

（4）氯化铵缓冲溶液：称取 10 g NH_4Cl 溶于 1 000 mL 水中，用氨水（约 1.5 mL）调节 pH 至 8.5（用精密 pH 试纸检验）。此溶液用量较大，可适当多配。

（5）磺胺溶液（10 g/L）：同实验 9“二、磺胺和萘乙二胺试剂法测定水中亚硝酸盐氮”。

（6）盐酸萘乙二胺（1 g/L）：同实验 9“二、磺胺和萘乙二胺试剂法测定水中亚硝硫酸盐氮”。

(7) 硝酸盐氮标准贮备溶液($\rho_{NO_3^--N}$=100.0 μg/mL):同酚二磺酸法。

(8) 硝酸盐氮标准使用溶液($\rho_{NO_3^--N}$=10.00 μg/mL):移取 10.0 mL 硝酸盐氮标准贮备溶液于 100 mL 容量瓶中,加纯水稀释至标线,混匀。临用前配制。

(9) 活化溶液:移取 14 mL 硝酸盐氮标准贮备溶液于 1 000 mL 容量瓶中,加氯化铵缓冲溶液至标线,混匀,贮于试剂瓶中。

(三) 操作步骤

1. 镉柱的制备

还原柱是由玻璃管(内径 8 mm)、毛细管及活塞连接而成的成套玻璃仪器(图 3-10-1)。使用时要特别小心。

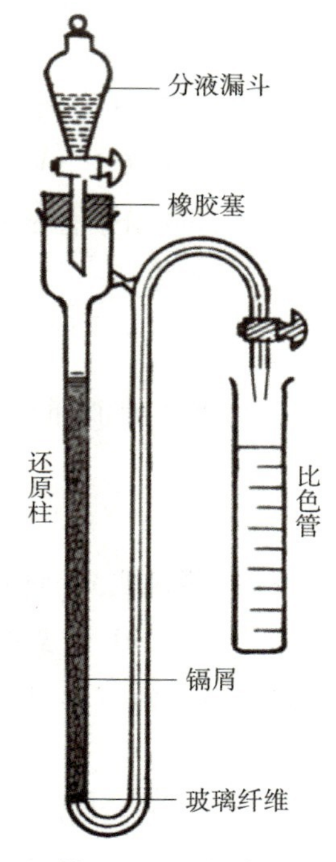

图 3-10-1 还原器

(1) 镉屑镀铜:称取 40 g 镉屑(或镉粒)于 150 mL 锥形分液漏斗中,用 2 mol/L盐酸溶液洗涤,除去表面氧化层,最后用纯水洗至中性。接着加入 100 mL硫酸铜溶液(10 g/L)于分液漏斗中,振摇 3 min。此时,镉粒表面镀上疏松铜层,弃去废液,用纯水洗至不含有胶体铜时为止(此时切不可用力摇动)。

最后注满纯水，浸泡镉屑。

（2）装柱：将少许玻璃纤维塞入还原柱底部并注满水，然后将镀铜的镉屑装入还原柱中，在还原柱的上部也塞入少许玻璃纤维覆盖。操作过程中避免已镀铜的镉屑接触空气。

（3）还原柱的活化：用 250 mL 活化溶液，以每分钟 7～10 mL 的流速通过还原柱使之活化，然后再用氯化铵缓冲溶液过柱洗涤 3 次，还原柱即可使用。

（4）还原柱的保存：还原柱每次用完后，需用氯化铵缓冲溶液洗涤 2 次，然后注入氯化铵溶液保存。如长期不用，可注满氯化铵溶液后密封保存。

（5）镉柱还原率的测定：配制浓度均为 100 μg/L 的硝酸盐氮和亚硝酸盐氮溶液。硝酸盐氮按下述标准曲线制作过程中的（2）～（6）步骤，测定其吸光度，分别记为 A_{b1} 和 $A_{NO_3^- -N}$。亚硝酸盐氮的测定除了不通过还原柱外，其余各步骤均按硝酸盐氮的测定步骤进行，得其吸光度分别记为 A_{b2} 和 $A_{NO_2^- -N}$。按式（3-10-8）计算镉柱还原率（R）：

$$R=\frac{A_{NO_3^- -N}-A_{b1}}{A_{NO_2^- -N}-A_{b2}}\times 100\% \qquad (3\text{-}10\text{-}8)$$

当 $R<95\%$ 时，还原柱需重新进行活化或重新装柱。

2. 制作标准曲线

（1）取 6 个 100 mL 容量瓶，分别加入表 3-10-2 所示体积（V_S）的硝酸盐氮标准使用溶液，加纯水至标线，混匀。其对应的硝酸盐氮的浓度为 $\rho_{NO_3^- -N}$。

表 3-10-2　镉柱还原法绘制标准曲线时硝酸盐氮标准使用溶液加入量（V_S）

瓶号	1	2	3	4	5	6
V_S /mL	0.00	0.25	0.50	1.00	1.50	2.00
$\rho_{NO_3^- -N}$ /(mg/L)	0.00	0.025	0.050	0.100	0.150	0.200

（2）分别量取 50.0 mL 上述各溶液于相应的 125 mL 具塞锥形瓶中，再各加 50.0 mL 氯化铵缓冲溶液混匀。

（3）将混合后的溶液逐个倒入还原柱中约 30 mL，以每分钟 6～8 mL 的流速通过还原柱，直至溶液接近镉屑上部界面，弃去流出液。然后重复上述操作，接取 25.0 mL 流出液于 50 mL 带刻度的具塞比色管中，用纯水稀释至50.0 mL，混匀。

（4）各加入 1.0 mL 磺胺溶液（10 g/L），混匀，放置 1 min。

(5) 各加入 1.0 mL 盐酸萘乙二胺溶液(1 g/L),混匀,放置 15 min。

(6) 在波长 543 nm 处,用 10 mm 比色皿,以纯水作参比溶液,测定吸光度 A_i,其中 1 号容量瓶为试剂空白吸光度(A_0)。

(7) 以上述系列标准溶液测得的吸光度(A_i)扣除试剂空白(1 号容量瓶)的吸光度(A_0),得到校正吸光度(A'_i),并以此为纵坐标,绘制吸光度对硝酸盐氮质量浓度($\rho_{NO_3^- -N}$)的标准曲线。

3. 水样测定

(1) 移取 50.0 mL 过滤水样(或适量,$V_{水样}$)于 125 mL 具塞锥形瓶内,加入 50.0 mL 氯化铵缓冲溶液,混匀。参照标准曲线绘制过程中的步骤(3)~(6),显色并测定该水样的吸光度($A_{水样}$)。

(2) 同时取 50 mL 纯水代替过滤水样,加入到 125 mL 具塞锥形瓶中,重复上述操作,获得试剂空白的吸光度(即 1 号容量瓶)。将水样吸光度($A_{水样}$)扣除试剂空白得到样品的校正吸光度($A'_{水样}$)。

(四) 结果与计算

1. 绘制标准曲线和求算回归方程

采用相应软件(如 Excel)处理标准曲线数据并绘图,横坐标为硝酸氮浓度($\rho_{NO_3^- -N}$),纵坐标为系列标准溶液的校正吸光度($A'_{水样}$)。绘制的标准曲线应为通过原点的直线,同时可求得直线回归方程:

$$A'_i = b \times \rho_{NO_3^- -N} \tag{3-10-9}$$

式中:$\rho_{NO_3^- -N}$——水样中硝酸盐氮的浓度(mg/L);

A'_i——水样硝酸盐的吸光度;

b——标准曲线的斜率。

2. 计算水样中的含量

查标准曲线或用线性回归方程,按式(3-10-10)计算得到硝酸盐氮和亚硝酸盐氮的总浓度。

$$\rho_{(NO_3^- -N)+(NO_2^- -N)} = \frac{A'_{水样}}{b} \times \frac{50.0}{V_{水样}} \tag{3-10-10}$$

式中：$\rho_{(NO_3^- -N)+(NO_2^- -N)}$——硝酸盐氮和亚硝酸盐氮的总浓度(mg/L)；

$A'_{水样}$——水样硝酸盐的吸光度；

$V_{水样}$——水样的体积(mL)；

b——标准曲线的斜率。

水样中硝酸盐氮含量($\rho_{NO_3^- -N}$)计算公式：

$$\rho_{NO_3^- -N}=\rho_{(NO_3^- -N)+(NO_2^- -N)}-\rho_{NO_2^- -N} \tag{3-10-11}$$

五、硝酸盐氮快速测定法

(一) 原理

用锌粉将硝酸盐还原成亚硝酸盐，再经重氮与偶合反应，生成偶氮染料。该法灵敏度为 0.5 mg/L，检测范围在 3 mg/L 以内。

(二) 试剂

(1) 还原剂：将锌粉(Zn)和葡萄糖按 1∶39 的比例混合研磨混匀。

(2) 固体格氏试剂：同实验 9 课外阅读“三、亚硝酸盐氮的快速测定法”。

(3) 硝酸钾标准溶液($\rho_{NO_3^- -N}$=10.00 μg/mL)：同本实验课外阅读“三、酚二磺酸法”。

(三) 测定方法

1. 标准色阶

取 7 支 10 mL 比色管，分别加硝酸钾标准溶液 0.00 mL、0.5 mL、1.0 mL、1.5 mL、2.0 mL、2.5 mL、3.0 mL，加纯水至标线。加还原剂 1 小勺(约 40 mg)，震荡 0.5 min，放置 1 min，加固体格氏试剂 1 小勺(约 30 mg)，震荡 0.5 min，静置 15 min 后将所呈颜色制成标准色阶。硝酸盐氮的浓度分别为 0.0 mg/L、0.5 mg/L、1.0 mg/L、1.5 mg/L、2.0 mg/L、2.5 mg/L、3.0 mg/L。

2. 水样测定

取水样 10 mL 于比色管中，按与上述操作步骤相同的条件，进行操作，静置 15 min 后与标准色阶比色。与标准色阶颜色一致或相近的对应浓度，即是水样硝酸盐氮的浓度。

实验11 水中氨氮的测定

知识要点	掌握程度	学时	教学方式
次溴酸钠氧化法	掌握	3	讲授与操作
氨氮蒸馏分离	熟悉	1	操作
氨氮的其他测定方法	了解	3	课外阅读
拓展实验 (1) 设计次溴酸钠法测定氨氮与亚硝酸盐氮测定的综合性实验步骤。 (2) 几种氨氮测定方法的比较和评价。			

一、次溴酸钠氧化法测定水中的铵氮

(一) 原理

在强碱性条件下，水体中的铵盐被次溴酸钠氧化为亚硝酸盐：

$$NH_4^+ + OH^- = NH_3 + H_2O$$

$$3BrO^- + NH_3 + OH^- = NO_2^- + 3Br^- + 2H_2O$$

生成的亚硝酸盐，在酸性溶液中与磺胺进行重氮化反应，反应的产物与盐酸萘乙二胺作用形成深红色偶氮染料。于 543 nm 波长处进行吸光度测定，扣除水体中原有的亚硝酸盐，即为所测水体的铵盐的含量。

少许过量的次溴酸钠经酸化后，所生成的溴即与过量磺胺作用生成二溴磺胺，起到还原剂的作用。

$$BrO^- + Br^- + 2H^+ = Br_2 + H_2O$$

$$NH_2C_6H_4SO_2NH_2 + 2Br_2 = NH_2C_6H_2Br_2SO_2NH_2 + 2HBr$$

本方法的测定范围为 0.03～8.00 μmol/L，适用于清洁的淡水、半咸水及海水等各种水体，但不适用于污染较重及含有机物较多的养殖水体。

(二) 主要仪器与试剂

1. 仪器

分光光度计及其配套物品、25 mL 比色管、移液管、容量瓶等。

2. 试剂

所用纯水全部为无铵纯水。

(1) 40%氢氧化钠溶液：称取 200 g NaOH 溶于 1 000 mL 纯水，加热蒸煮至 500 mL，冷却后贮存于聚乙烯瓶中。

(2) 盐酸溶液(1+1)：1 体积浓盐酸与 1 体积纯水混匀。

(3) 次溴酸钠氧化剂：① 溴酸钾-溴化钾贮备溶液：称取 0.28 g $KBrO_3$ 和 2.0 g KBr溶于 100 mL 纯水，低温保存于棕色试剂瓶中。② 次溴酸钠使用溶液：移取 1.0 mL 溴酸钾-溴化钾贮备溶液于 250 mL 聚乙烯瓶中，加入 49 mL 纯水和 3.0 mL 盐酸(1+1)，混匀，放暗处 5 min。然后加入 50 mL 40%氢氧化钠溶液，混匀。现用现配，在 35℃以下，可稳定存放 8 h。

$$BrO_3^- + 5Br^- + 6H^+ = 3Br_2 + 3H_2O$$

$$Br_2 + 2NaOH = NaBrO + NaBr + H_2O$$

(4) 磺胺溶液(2 g/L)：称取 1.0 g 磺胺($NH_2SO_2C_6H_4NH_2$)溶于 500 mL 盐酸溶液(1+1)，贮存于棕色试剂瓶中，有效期为 2 个月。

(5) 盐酸萘乙二胺溶液(1 g/L)：同实验 9。

(6) 氨氮标准贮备溶液($\rho_{TNH_3-N}=100.0\ \mu g/mL$)：称取 0.472 0 g 硫酸铵[$(NH_4)_2SO_4$，预先于 110℃干燥 1 h]或 0.382 1 g 氯化铵(NH_4Cl，预先于 100～105℃干燥 2 h)，溶于水中，移入 1 000 mL 容量瓶中，用纯水稀释至标线。加入 2 mL 三氯甲烷，混匀，储于冰箱中备用。

(7) 氨氮标准使用溶液($\rho_{TNH_3-N}=1.00\ \mu g/mL$)：移取 1.00 mL 氨氮标准贮备溶液于 100 mL 容量瓶中，稀释至标线。临用前配制。

(三) 操作步骤

1. 标准曲线的制作

(1) 取 6 支 25 mL 具塞比色管，分别加入表 3-11-1 所示体积(V_S)的氨氮标准使用溶液，加无铵纯水至标线，混匀。其对应的氨氮的浓度为 ρ_{TNH_3-N}。

表 3-11-1　次溴酸钠氧化法绘制标准曲线时氨氮标准使用溶液加入量(V_S)

管号	1	2	3	4	5	6
V_S /mL	0.00	0.50	1.00	1.50	2.00	2.50
ρ_{TNH_3-N} /(mg/L)	0.000	0.020	0.040	0.060	0.080	1.00

(2) 各管分别加入次溴酸钠使用溶液 2.5 mL，混匀，氧化 30 min。

(3) 各管分别加入 2.5 mL 磺胺溶液，混匀，5 min 后加 0.5 mL 盐酸萘乙二胺溶液(1 g/L)，显色 15 min。

(4) 在波长 543 nm 处，用 10 mm 比色皿，以无铵纯水作参比，测定吸光度(A_i)。

(5) 以上述系列标准溶液测得的吸光度(A_i)扣除试剂空白(1 号管)的吸光度(A_0)，得到校正吸光度(A'_i)。

2. 水样测定

取 25.0 mL 处理后的澄清水样(或适量稀释至标线，$V_{水样}$)于比色管中，参照标准曲线绘制过程中的步骤(2)～(4)，显色并测定该水样的吸光度($A_{水样}$)。

同时取 25 mL 无铵纯水，代替水样重复上述操作，获得试剂空白(1 号比色管)的吸光度(A_0)。将样品吸光度($A_{水样}$)扣除 A_0，得到样品的校正吸光度($A'_{水样}$)。

(四) 结果与计算

绘制标准曲线、求算回归方程：以校正吸光度(A'_i)为纵坐标，绘制吸光度对氨氮浓度(ρ_{TNH_3-N})的标准曲线。所得标准曲线的回归方程：

$$A'_i = b \times \rho_{TNH_3-N} \text{ 或 } A'_i = a + b \times \rho_{TNH_3-N} \tag{3-11-1}$$

查标准曲线或用线性回归方程，按式(3-11-2)计算得到氨氮和亚硝酸盐氮的总浓度。

$$\rho_{(TNH_3-N)+(NO_2^--N)} = \frac{A'_{水样}}{b} \times \frac{25.0}{V_{水样}} \tag{3-11-2}$$

式中：$\rho_{(TNN_3-N)+(NO_2^--N)}$——氨氮和亚硝酸盐氮的总浓度(mg/L)；

$V_{水样}$——水样的体积(mL)；

$A'_{水样}$——样品的校正吸光度；

a——标准曲线的截距；

b——标准曲线的斜率。

水样中氨氮含量(ρ_{TNN_3-N})计算：

$$\rho_{TNN_3-N}=\rho_{(TNN_3-N)+(NO_2^--N)}-\rho_{NO_2^--N} \tag{3-11-3}$$

二、无铵纯水的制备与废水中氨氮的蒸馏分离

(一) 无铵纯水的制备

新制得的纯水、去离子水或超纯水含铵量一般都极微，可视为无铵水。但在实验室贮存一段时间后，含铵量增加，必要时应进一步纯制。纯制方法较多，在此列出部分方法供选择使用。

1. 离子交换法

① 纯水通过强酸型阳离子交换树脂(H 型)柱，将流出水收集在配有密封磨口塞的玻璃瓶中。② 每 4 L 纯水中加入 10 g 强酸型阳离子交换树脂(H 型)，振摇数分钟，即可除氨。

2. 蒸煮法

在 1 000 mL 纯水中加入 1 mL 碱性混合液(15 g NaOH 和 15 g Na_2CO_3 溶于 100 mL 水中)，在烧杯中煮沸蒸发至原来体积的一半，用少许浓盐酸中和。

3. 蒸馏法

① 每升纯水中加入 2 mL 浓硫酸和少量 $KMnO_4$，在全玻璃装置中再蒸馏。弃去最先蒸出的 50 mL 馏出水，然后将馏出水收集在配有密封磨口塞的玻璃瓶中。② 每升纯水中加入 15 mL 0.5 mol/L 氢氧化钠溶液和 2.0 g 过硫酸钾($K_2S_2O_8$)，放入纯水器中，先敞口煮沸 10 min，然后接好冷凝器，收集馏出液于聚乙烯瓶中，直至蒸馏器中的水剩余 150 mL 左右为止。收集的纯水即为无铵纯水，盖紧瓶塞待用。

新制备的无铵纯水中每升加入 10 g 强酸型阳离子交换树脂以利于保存。

(二) 废水中氨氮的蒸馏分离

对于污染严重的水或工业废水，其氨氮的测定一般需用蒸馏法消除干扰。

调节水样的 pH 至 6.0～7.4，加入适量氧化镁(MgO)使呈弱碱性(或加入 pH=9.5 的硼酸钠-氢氧化钠缓冲溶液使呈弱碱性)，加热蒸馏释放出的氨被吸

收于硫酸溶液（适用于水杨酸-次氯酸盐分光光度法测定）或硼酸溶液中（适用于酸滴定法以及纳氏试剂比色法）。

1. 仪器

带定氮球的定氮蒸馏装置、500 mL 蒸馏烧瓶（或凯氏烧瓶）、直形冷凝管和导管，组装如图 3-11-1 所示。

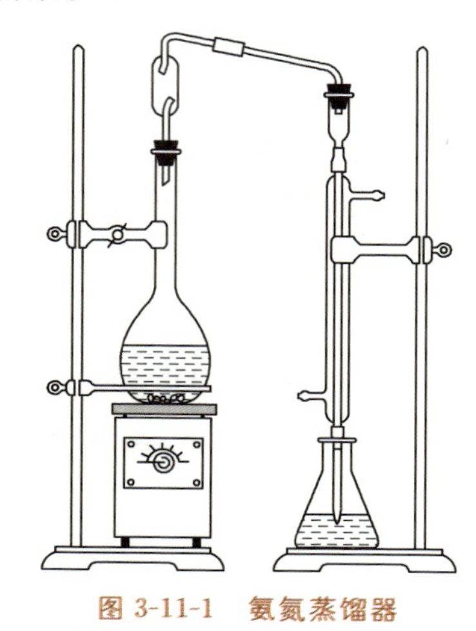

图 3-11-1 氨氮蒸馏器

2. 试剂

(1) 无铵纯水。

(2) 氢氧化钠溶液（1 mol/L）。

(3) 盐酸溶液（1 mol/L）。

(4) 轻质氧化镁（500℃下加热，以除去碳酸盐）。

(5) 0.05%溴百里酚蓝指示液（pH=6.0～7.6）。

(6) 吸收液：有 2 种可选。① 硼酸溶液：称取 20 g 硼酸（H_3BO_3）溶于水，稀释至 1 000 mL。② 硫酸溶液（0.01 mol/L）。

3. 步骤

(1) 蒸馏器清洗：向蒸馏烧瓶中加入 250 mL 水样，加 0.25 g 轻质氧化镁（MgO）和几粒防暴沸颗粒，装好仪器，蒸馏到至少收集 100 mL 水时，将馏出液及瓶内残留液弃去。

(2) 吸取 50 mL 吸收液（硼酸溶液或硫酸溶液）于接收瓶内，确保冷凝管出口在吸收液的液面之下。

(3) 量取 250 mL 水样(或适量稀释至 250 mL,使氨氮量不超过 2.5 mg)移入蒸馏烧瓶中,加几滴溴百里酚蓝指示液,用氢氧化钠溶液(1 mol/L)或盐酸溶液(1 mol/L)调节 pH 至 6.0(指示剂呈黄色)~7.4(指示剂呈蓝色),向蒸馏烧瓶中加入0.25 g轻质氧化镁,立即连接定氮球和冷凝管。加热蒸馏,使馏出速率约为10 mL/min,至蒸馏液接近 200 mL 时,停止蒸馏,定容至 250 mL。

氨氮及其测定方法

一、氨氮在水环境中的意义

所谓水溶液中的氨氮是以游离氨(或称非离子氨,NH_3)或离子氨(铵盐,NH_4^+)的形态存在的氮,两者之和一般称为总氨。水溶液中 NH_3 的浓度随 pH 和温度的升高而增大,而且还会随离子强度的增大而降低。对于大多数天然淡水,溶解的固体物质即使浓度大于 200~300 mg/L,对 NH_3 浓度的影响也可以忽略不计。但对于含盐量高的水或很硬的水,对非离子氨的百分比很明显地会产生影响。

人们对水中最关注的几种形态的氮是硝酸盐氮、亚硝酸盐氮、氨氮和有机氮。通过生物化学作用,它们是可以互相转化的。

在地面水和废水中天然地含有氨。氨以氮肥等形式施入耕地中,随地表径流进入地面水。但在地下水中它的浓度很低,因为它被吸附到土壤颗粒和黏土上,并且不容易从土壤中沥滤出来。含氮有机物的分解所产生的蛋白质和氨基酸,其转化过程需要酶的作用,转化速率比磷的再生过程要慢,但也是水体中氨氮的主要来源。

水中的铵盐不但会被颗粒物质吸附带到水底,而且水底(泥水混合界面)也是硝酸盐和亚硝酸盐被还原为铵的环境。水中细菌除了氧化 NH_4^+ 为 NO_2^- 和 NO_3^- 外,还把 NO_3^- 和 NO_2^- 还原为 NH_4^+。生物残体分解和动物的排泄物所产生的可溶性有机化合物和颗粒氮化合物在细菌的作用下会被分解为 NH_3;动物能直接排泄出氨;江河向海洋不断输送 NH_4^+ 和 NO_3^-。

水生生物,特别是浮游植物的生长活动直接影响着氨氮含量的变化,其特点是不但变化很大，而且变化速度也快。浮游植物同化过程中，首先利用铵合成蛋白质。如果水中氨氮含量过高，会引起藻类的大量繁殖。

一般认为，氨对水生生物等的毒性是由溶解的非离子氨造成的，而离子氨则基本无毒。过高含量的 NH_3 会损害水生生物的重要器官，抑制其生长发育，甚至造成死亡。因此，水产养殖以及海区营养盐的分布调查，对科学地掌握和预报鱼类生长繁殖及其洄游规律是十分必要的。

氨氮是标志水质污染程度和水体富营养化的重要环境因子，是我国水体环境监测的主要指标，是各级监测机构的必测项目，也是对排污企业监控的判断依据。因此，准确快速地测定氨氮含量具有重要的意义。

二、测定方法简介

用来测定水中铵盐的方法有容量分析法、电极法、分光光度法、仪器分析法等。其测定方法的选择要考虑两个主要因素，即氨的浓度和存在的干扰物。

1. 纳氏试剂法

自从 1856 年 Nessler 利用氨与碱性$[HgI_4]^{2-}$生成黄色化合物，提出氨的比色测定法。针对各种干扰因子的分离与掩蔽进行了不断的完善，形成了至今仍在使用的纳氏试剂比色法，如《水和废水监测分析方法》《水质　氨氮的测定　纳氏试剂分光光度法》(HJ 535—2009)等。此法对较清洁的水样，可以直接取样测定，具有操作简单、灵敏度高、分析速度快等特点。但对于生活污水、工业废水、氨氮含量较高的地表水等，有很多因素影响该方法的测定结果，如水样的浊度、色度、悬浮物等。因此测定之前，需要经过絮凝、蒸馏等预处理，由此带来了分析时间长、步骤繁琐、无法满足同时处理大批水样的需求。该法还对显色剂要求较高，且纳氏试剂具有一定的毒性，实验后的废液会引起一些环境问题。

2. 靛酚蓝分光光度法

靛酚蓝法测定水中的铵盐，由 Berthelot 于 1859 年提出。该法的原理是将水中的氨与酚和次氯酸盐反应，形成蓝色的靛酚进行比色测定。后经许多学者研究改进，使用亚硝基铁氰化钠作为催化剂的靛酚蓝法才得到满意的结果。若显色液中加入适量的 EDTA-Na_2 溶液，可以有效掩蔽金属离子的干扰，对测定各类污水中的氨氮，会得到理想的结果。该法重现性好，空白值低，有机氮化物不被测定，但反应慢，灵敏度略低。对于测定淡水中的氨氮效果较好，应用于测定海水时反应速度过慢，反应时间长，灵敏度不够高。

3. 水杨酸-次氯酸盐分光光度法

水杨酸-次氯酸盐分光光度法测定水中氨氮，是在碱性介质中及亚硝基氰化钠存在的条件下，水中的氨氮与水杨酸盐和次氯酸离子生成蓝色化合物，然后用分光光度计进行比色。该方法一般应用于饮用水、生活污水中氨氮含量的测定，也可用于测定部分工业废水中的氨氮含量。此法的特点是灵敏度高，稳定性好，但对试剂要求较高，流程繁琐，且要求对水样进行蒸馏预处理，因此测定时间较长。

4. 氧化法

将氨氧化为亚硝酸盐，然后再与芳香胺形成偶氮染料进行测定的方法，称为氧化法。使用的氧化剂有次氯酸钠和次溴酸钠。次氯酸钠氧化法测定海水中的氨，虽然灵敏度高，但重现性差，氧化时间较长。次溴酸钠氧化法测定水中的氨，操作简便，氧化率高达 98%，反应快速，温度在 10～25℃时，氧化30 min达到平衡，精密度及准确度较好，而且没有盐误差，但部分氨基酸也被测定，对于水产养殖水体，常常因为受到还原性物质的干扰而使测定数据不稳定、误差较大。氧化法仅限于测定清洁的饮用水、天然水和高度净化过的废水等铵盐含量及其色度很低的水样，否则就必须将水样经过预处理，才能选用氧化法进行测定。

5. 滴定法

滴定法仅适用于已进行蒸馏预处理的水样，特别是铵盐浓度较高或者带有颜色污染、混浊度较大的废水水样。其原理是先调节试样的 pH 到 6.0～7.4，加入氧化镁(MgO)使溶液成微碱性。然后将试样进行蒸馏，蒸馏出的氨用硼酸吸收，以甲基红-亚甲蓝为指示剂，用盐酸标准溶液滴定馏出液中的铵，根据消耗盐酸的体积计算水样中氨氮的含量。此法的特点是所用试剂少，蒸馏时间长，测定结果准确度低。

6. 气相分子吸收光谱法

气相分子吸收光谱法是将水样中的氨和铵盐氧化成亚硝酸盐来测定氨氮的，水样中原有的亚硝酸盐需从计算结果中予以扣除。该法自动化程度高，几乎无需前处理，水样的色度、浊度对分析无影响，人为因素影响小、重复性好、稳定性高，具有可以同时检测大批量水样的优势。但水样中的有机胺等也会被氧化成亚硝酸盐而产生干扰。

综上所述，分光光度法在氨氮的测定中，具有理想的选择性和灵敏性，是目前环境监测最常用的一类方法。仪器分析也已广泛应用于各种样品中氨的测定，除上述气相分子吸收光谱法外，应用离子色谱法也成功地分析了各种水样中的氨和大气样品中的氨；高压液相色谱分析技术，也可用于水和尿液中氨的测定；连续流动注射分析仪在测定水中的营养盐（包括铵盐）时，体现了自动、快速、批量测定的特点。电化学分析方面，电极法具有测量范围宽以及不需对水样进行预处理的特点，用于废水中氨氮的测定，其准确度及精密度良好，但在相同条件下，相对于高浓度的样品，低浓度样品的准确度和精密度要低一些，重复性和稳定性差一些。

总之，不同的测定方法具有不同的特点，要根据水体的性质，选用适宜的测定方法。当然，便于操作的人性化操作流程，自动化设计和联用技术的简单化仪器是今后发展的主导方向。

三、纳氏试剂法测定氨氮

（一）原理

纳氏试剂是碘化汞钾（K_2HgI_4）的强碱性溶液，它能与氨反应生成难溶的淡红棕色络合物，在溶液中形成稳定的分散液，其色度与氨氮含量成正比。反应式如下：

$$2[HgI_4]^{2-}+NH_3+3OH^- \rightleftharpoons NH_2Hg_2IO\downarrow(\text{棕色})+7I^-+2H_2O$$

水样中的 Ca^{2+}、Mg^{2+} 和 Fe^{3+} 能与试剂中的强碱作用产生沉淀，对测定有干扰，预先往水样中加酒石酸钾钠可以避免沉淀的生成。

本法的最低检出浓度为 0.025 mg/L，测定上限为 2 mg/L。适用于地表水、地下水、工业废水和生活污水中的氨氮测定。

（二）主要仪器和试剂

1. 仪器

分光光度计、比色皿、25 mL 具塞比色管、容量瓶、移液管等。

2. 试剂

以下试剂均使用分析纯试剂及无铵纯水配制。

(1) 纳氏试剂：① 称取 16 g 氢氧化钠(NaOH)，溶于 50 mL 水中，冷却至室温；② 称取 10 g 碘化汞(HgI_2)和 7 g 碘化钾(KI)，溶于水中，然后将此溶液在搅拌下，缓慢地注入到上述氢氧化钠溶液中，并稀释至 100 mL。贮于棕色瓶内，用橡皮塞塞紧。于暗处存放，有效期可达 1 年。

注意

汞盐剧毒，氢氧化钠具强腐蚀性，使用时注意安全。使用后的废液必须回收。

(2) 酒石酸钾钠溶液(500 g/L)：称取 50 g 酒石酸钾钠($KNaC_4H_4O_6 \cdot 4H_2O$)溶于 120 mL 水中，加热煮沸，蒸发浓缩至 100 mL，以去除氨，充分冷却后保存。

(3) 氨氮标准贮备溶液(ρ_{TNH_3-N}=1.00 mg/mL)：称取 3.820 7 g 氯化铵(NH_4Cl，预先于 100～105℃干燥 2 h)溶于水中，移入 1 000 mL 容量瓶中，稀释至标线，加入 2 mL 氯仿，储于冰箱中备用。

(4) 氨氮标准使用溶液(ρ_{TNH_3-N}=0.010 mg/mL)：移取 1.00 mL 氨氮标准贮备溶液于 100 mL 容量瓶中，稀释至标线。临用前配制。

(三) 操作步骤

1. 标准曲线的制作

(1) 取 6 支 25 mL 具塞比色管，分别加入表 3-11-2 所示体积(V_S)的氨氮标准使用溶液，用无铵纯水稀释至标线，混匀。对应的氨氮的浓度为 ρ_{TNH_3-N}。

表 3-11-2　纳氏试剂法绘制标准曲线时氨氮标准使用溶液加入量(V_S)

管号	1	2	3	4	5	6
V_S/mL	0.00	0.50	1.00	2.00	3.50	5.00
ρ_{TNH_3-N}/(mg/L)	0.00	0.20	0.40	0.80	1.40	2.00

(2) 分别加入酒石酸钾钠溶液(500 g/L)0.5 mL，混匀。

(3) 分别加入 0.5 mL 纳氏试剂,混匀,显色 10 min。

(4) 在波长 420 nm 处,用 10 mm 比色皿,以无铵纯水作参比,测定吸光度(A_i)。

(5) 以上述系列标准溶液测得的吸光度(A_i)扣除试剂空白(1 号管)的吸光度(A_0),得到校正吸光度(A'_i)。以 A'_i 为纵坐标,绘制吸光度对氨氮浓度(ρ_{TNN_3-N})的标准曲线。

2. 水样测定

取适量处理后的澄清水样($V_{水样}$)于比色管中,定容至 25 mL,参照标准曲线制作过程中的步骤(2)~(4),显色并测定该水样的吸光度($A_{水样}$)。

同时取 25 mL 无铵纯水,代替水样重复上述操作,获得试剂空白(1 号管)的吸光度(A_0)。将样品吸光度($A_{水样}$)扣除 A_0,得到样品的校正吸光度($A'_{水样}$)。

测定海水样品时,由于 Ca^{2+}、Mg^{2+} 含量较高,需要增加酒石酸钾钠用量(增加 0.5~1 mL),这时还需加 1.0 mL 氢氧化钠溶液(250 g/L),每加一种试剂后均需摇匀。静置 2 min 后加纳氏试剂。这样显色溶液一般不混浊。如仍有沉淀产生,可适当调整酒石酸钾钠和氢氧化钠溶液的用量。

酒石酸钾钠与 Ca^{2+}、Mg^{2+} 和 Fe^{3+} 等反应生成溶于水的无色络合物,不再与纳氏试剂反应。

(四) 结果与计算

1. 绘制标准曲线、求算回归方程

采用相应软件(如 Excel)处理标准曲线数据并绘图,以氨氮浓度(ρ_{TNN_3-N})为横坐标,系列标准溶液的校正吸光度(A'_i)为纵坐标,绘制的标准曲线应为通过原点的直线。或求得直线回归方程:

$$A'_i = b\times\rho_{TNN_3-N} \text{ 或 } A'_i = a + b\times\rho_{TNN_3-N} \tag{3-11-4}$$

2. 水样中氨氮浓度的计算

可按式(3-11-5)计算:

$$\rho_{TNN_3-N} = \frac{A'_{水样}}{b}\times\frac{25.0}{V_{水样}} \text{ 或 } \rho_{TNN_3-N} = \frac{(A'_{水样}-a)}{b}\times\frac{25.0}{V_{水样}} \tag{3-11-5}$$

式中:ρ_{TNN_3-N}——水样中氨氮的浓度(mg/L);

$V_{水样}$——水样的体积(mL);

$A'_{水样}$——样品的校正吸光度;

a——标准曲线的截距；

b——标准曲线的斜率。

或在标准曲线图中，以作图法查出与水样校正吸光度（$A'_{水样}$）对应的氨氮含量，乘以相应的稀释倍数，即为水样的氨氮含量。

知识链接

纳氏试剂的其他配制方法

有关纳氏试剂的配制方法有多种，各有特点，其灵敏度、稳定性等亦有所不同。较为流行的还有下列两种配法。

方法1：称取5 g KI，溶于5 mL无铵水中，分次加入少量二氯化汞溶液[2.5 g $HgCl_2$ 溶于10 mL热的无铵水中（加热可增加氯化汞的溶解度）]，不断搅拌，直至有朱红色沉淀为止。冷却后，加入氢氧化钾溶液（15 g KOH溶于30 mL无铵纯水），充分冷却，加水稀释至100 mL。静置1 d，取上清液贮于棕色瓶内，盖紧橡胶塞于低温处保存。有效期为1个月。

方法2：溶解35 g KI和12.5 g $HgCl_2$ 于700 mL水中，在不断搅拌下，逐渐加入饱和的氯化汞溶液，直至出现微量红色沉淀为止（需40～50 mL氯化汞溶液）。然后，加入到150 mL含有120 g NaOH的冷溶液中，冷却后，稀释至1 000 mL。加入1 mL饱和氯化汞溶液，摇匀。盖紧橡皮塞于暗处保存。取上清液使用。

无论哪种方法，在配制纳氏试剂时都应注意：① HgI_2 ∶ KI＝1.37∶1.00（重量比），若KI过量则可引起灵敏度降低；② 配制碱液时，可因产生溶解热而使溶液温度升高，两液混合时，会产生汞离子沉淀，因此，碱液应充分冷却；③ 纳氏试剂会随着时间的延长而产生沉淀，影响试剂的灵敏度和比色的再现性，使用时仅取上清液，不要振摇和搅拌沉淀。

四、靛酚蓝法

(一) 原理

在弱碱性介质中，水中的铵离子转变为氨，以亚硝基铁氰化钠为催化剂，氨与苯酚和次氯酸盐反应生成靛酚蓝，颜色的深浅与氨氮浓度成正比，在 640 nm 波长处测定吸光度。

该法测定范围为 1～50 μmol/L。

(二) 主要仪器和试剂

1. 仪器

分光光度计及配套比色皿、25 mL 具塞比色管等。

2. 试剂

(1) 氢氧化钠溶液(0.50 mol/L)：称取 10.0 g NaOH，溶于 1 000 mL 纯水中，加热蒸发至 500 mL，贮于聚乙烯瓶中。

(2) 柠檬酸钠溶液(480 g/L)：称取 120 g 柠檬酸钠($Na_3C_6H_5O_7 \cdot 2H_2O$)，溶于 250 mL 纯水中，加入 10 mL 氢氧化钠溶液，加入数粒沸石防止暴沸，煮沸除氨直至溶液体积小于 250 mL。冷却后用无铵纯水稀释至 250 mL。贮于聚乙烯瓶中，可长期保存。

(3) 苯酚溶液：称取 7.6 g 苯酚(C_6H_5OH)和 0.080 g 亚硝基铁氰化钠[$Na_2Fe(CN)_5NO \cdot 2H_2O$]，溶于少量纯水中，稀释至 200 mL，混匀。贮于棕色试剂瓶中，冰箱内保存，此溶液可稳定保存数月。

苯酚为无色结晶状，若发现苯酚出现粉红色则必须精制。精制步骤：取适量苯酚置蒸馏瓶中，徐徐加热，用空气冷凝管冷却，收集 182～184℃馏分即可。

(4) 氨氮标准贮备溶液($\rho_{TNH_3-N}=100.0$ mg/L)：同本实验“一、次溴酸钠氧化法测定水中的铵氮”。

(5) 氨氮标准使用溶液($\rho_{TNH_3-N}=10.00$ mg/L)：移取 10.0 mL 标准贮备溶液于 100 mL 容量瓶中，加纯水至标线，混匀，临用时配制。

(6) 硫代硫酸钠溶液(0.10 mol/L)：称取 25.0 g 硫代硫酸钠($Na_2S_2O_3 \cdot 5H_2O$)，溶于少量纯水中，稀释至 1 000 mL，加入 1 g 碳酸钠(Na_2CO_3)混匀，转入棕色试剂瓶中保存。

(7) 淀粉溶液(5 g/L):同实验 3“一、碘量法测定溶解氧”。

(8) 硫酸溶液(0.5 mol/L):移取 14 mL 硫酸缓慢地倾入纯水中,并稀释至 500 mL,混匀。

(9) 次氯酸钠贮备溶液:有效氯含量不少于 5.2%的市售品,并用下法进行标定。

移取 50 mL 硫酸溶液至 100 mL 锥形瓶中,加入约 0.5 g KI,混匀。用移液管加入 1.00 mL 次氯酸钠溶液,用硫代硫酸钠溶液滴定至淡黄色,加入 1 mL 淀粉溶液,继续滴定至蓝色消失。记录硫代硫酸钠溶液的体积,按照 1.00 mL 硫代硫酸钠溶液相当于 3.54 mg 有效氯计算贮备溶液的有效氯浓度。

(10) 次氯酸钠使用溶液(1.50 mg/mL 有效氯):取一定量的次氯酸钠贮备溶液,用氢氧化钠溶液稀释至 200 mL,使其 1.00 mL 含有 1.50 mg 有效氯。贮于聚乙烯瓶中,置于冰箱内保存。

(三) 操作步骤

1. 标准曲线的制作

(1) 取 6 个 25 mL 比色管,分别按表 3-11-3 所示加入氨氮标准使用液,加无铵纯水至标线,混匀。

表 3-11-3 靛酚蓝法绘制标准曲线时氨氮标准使用溶液加入量(V_S)

管号	1	2	3	4	5	6
V_S /mL	0.00	0.20	0.40	0.80	1.20	1.60
ρ_{TNH_3-N} /(mg/L)	0.00	0.08	0.16	0.32	0.48	0.64

(2) 分别加入 0.75 mL 柠檬酸钠溶液(480 g/L),混匀。

(3) 分别加入 0.75 mL 苯酚溶液,混匀。

(4) 分别加入 0.50 mL 次氯酸钠使用液,混匀。放置 3 h 以上让溶液充分显色。

(5) 在 640 nm 波长处,用 10 mm 比色皿,以无铵纯水作参比,测定吸光度(A_i)。

(6) 以上述系列标准溶液测得的吸光度(A_i)扣除试剂空白(1 号管)的吸光度(A_0),得到校正吸光度(A'_i)。

2. 水样测定

(1) 取适量处理好的澄清水样($V_{水样}$)于比色管中，用无铵纯水稀释至 25 mL，参照标准曲线制作过程中的步骤(2)～(5)，淡水样品显色 3 h 以上，海水样品显色 6 h 以上。显色后测定该水样的吸光度($A_{水样}$)。

(2) 同时取 25 mL 无铵纯水，代替水样重复上述操作，获得试剂空白的吸光度(A_0)。将样品吸光度($A_{水样}$)扣除试剂空白的吸光度，得到样品的校正吸光度($A'_{水样}$)。

若测定的水样为海水，标准曲线的制作以及水样的稀释最好用同盐度的无铵海水进行测定，计算结果时就不必考虑盐误差校正问题。

(四) 结果与计算

1. 绘制标准曲线和求算回归方程

采用相应软件(如 Excel)处理标准曲线数据并绘图，横坐标为氨氮浓度(ρ_{TNH_3-N})，纵坐标为系列标准溶液的校正吸光度(A'_i)，绘制的标准曲线应为通过原点的直线。或求得直线回归方程：

$$A'_i = b \times \rho_{TNH_3-N} \text{或} A'_i = a + b \times \rho_{TNH_3-N} \qquad (3\text{-}11\text{-}6)$$

2. 水样中氨氮浓度的计算

可按式 3-11-7 计算：

$$\rho_{TNN_3-N} = \frac{A'_{水样}}{b} \times \frac{25.0}{V_{水样}} \text{或} \rho_{TNN_3-N} = \frac{(A'_{水样} - a)}{b} \times \frac{25.0}{V_{水样}} \qquad (3\text{-}11\text{-}7)$$

式中：ρ_{TNN_3-N}——水样中氨氮的浓度(mg/L)；

$V_{水样}$——水样的体积(mL)；

$A'_{水样}$——样品的校正吸光度；

a——标准曲线的截距；

b——标准曲线的斜率。

或在标准曲线图中，以作图法查出与水样校正吸光度($A'_{水样}$)对应的氨氮含量，乘以相应的稀释倍数，即为水样的氨氮含量。

对于海水或河口区水样，若用无铵纯水制作标准曲线，则应以水样校正吸光度($A'_{水样}$)与盐误差校正系数(f，表 3-11-4)的乘积，计算水样中氨氮的浓度。

海水水样经过蒸馏法处理后，不存在盐误差，不需要作盐误差校正。

表 3-11-4　盐误差校正系数

盐度	0～8	11	14	17	20	23	27	30	33	36
f	1.00	1.01	1.02	1.03	1.04	1.05	1.06	1.07	1.08	1.09

五、快速测定法

（一）原理

同纳氏试剂法。

该法灵敏度为 0.02 mg/L，检测范围在 1 mg/L 以内。

（二）试剂

（1）氢氧化钠颗粒。

（2）酒石酸钾钠粉末。

（3）无铵纯水。

（4）碘化汞钾固体试剂：有 5 种配方。① 称取 23 g HgI_2 和 18 g KI，溶于 20 mL 无铵纯水中，放在瓷盘或蒸发皿内，用小火加热浓缩至黏稠，在 100℃下烘干，于干燥器中冷却，取出后迅速与酒石酸钾钠粉末等量研细混匀，密封防潮保存。② 称取100 g KI 和 43 g $HgCl_2$ 于 1 000 mL 烧杯中，分次加入总量约 500 mL 的无铵纯水，充分搅拌溶解，静置过夜，取上清液或滤液，小火加热至黏稠，放入 100℃烘箱中烤干，于干燥器中冷却，取出后迅速与酒石酸钾钠粉末等量研细混匀，密封防潮保存。③ 称取 15.0 g KI、11.4 g I_2、9.3 g Hg 于碘量瓶中，分次加入无铵纯水，加塞用力振摇，直至汞全部消失（溶液呈绿色）为止。过滤，取滤液小火加热至黏稠，后绪步骤同②处理。④ 称取 0.73 g KI、1.0 g HgI_2、5 g 酒石酸钾钠（$KNaC_4H_4O_6 \cdot 4H_2O$）、50 g NaCl，研细混匀，密闭保存。⑤ 称取 5 g KI、2.04 g $HgCl_2$、5 g 酒石酸钾钠（$KNaC_4H_4O_6 \cdot 4H_2O$），研细混匀，密闭防潮保存。

上述 5 种配方可根据实际需要及实验条件任选一种。其中②、③配方与①配方的测定效果相同，并且③配方稍优于其他 4 种，但制法稍繁；④、⑤配方配制简单，测定时不需另加酒石酸钾钠，但灵敏度较差，反应过程易出现红色沉淀。

(5) 氨氮标准溶液(ρ_{TNH_3-N}=0.001 0 mg/mL):将纳氏试剂法中的铵标准贮备溶液准确稀释1 000倍。

(三) 测定方法

1. 标准色阶

取7支10 mL比色管,分别加氨氮标准使用液0.00 mL、0.2 mL、0.5 mL、1.0 mL、3.0 mL、5.0 mL、10.0 mL,加纯水稀释至标线。加酒石酸钾钠粉末1小勺(约40 mg)摇匀,1 min后加氢氧化钠颗粒1粒,振摇溶解,加碘化汞钾固体1小勺(约40 mg),振摇溶解,放置10 min。将所呈颜色制成标准色阶,则得氨氮浓度分别为0.00 mg/L、0.02 mg/L、0.05 mg/L、0.10 mg/L、0.30 mg/L、0.50 mg/L、1.00 mg/L的标准色阶。

2. 水样测定

取水样10 mL于比色管中,按标准色阶相同方法,加入各种试剂,放置10 min后,与标准色阶比色,颜色一致或相近的对应浓度,即是水样中氨氮的浓度。

实验 12 活性磷酸盐的测定

知识要点	掌握程度	学时	教学方式
磷钼蓝法	掌握	3	讲授与操作(3～4 人/组,选用氯化亚锡及钼-锑-抗还原法分别测定,并就两种方法进行初步评价)
活性磷酸盐的其他测定方法	了解	2	课外阅读
拓展实验 (1) 设计氯化亚锡还原法测定磷酸盐时盐误差系数的操作方案(课外作业:设计实验为 3 学时,必作项目)。 (2) 从灵敏度、颜色稳定性、回收率、吸收曲线等方面,对钼蓝法测定磷酸盐的两种方法进行详细比较和评价。			

一、钼-锑-抗还原法测定可溶性活性磷酸盐

(一) 原理

钼-锑-抗还原法(磷钼蓝法)测定活性磷是利用酸性介质中的钼酸铵与水样中的磷酸盐反应,生成磷钼黄杂多酸,在酒石酸锑钾的催化下,磷钼黄杂多酸经抗坏血酸还原为蓝色的物质(俗称磷钼蓝),于 882 nm 波长处测定吸光度。

在《水和废水监测分析方法》(第四版)中,该法适用于地表水、生活污水及工业废水中磷酸盐的测定,最低检出浓度为 0.01 mg/L(吸光度 $A=0.01$ 时所对应的浓度),测定上限为 0.6 mg/L。而《海洋调查规范　第 4 部分:海水化学要素调查》(GB/T 12763.4—2007)中,该法海水中活性磷酸盐的测定范围为 0.02～4.80 μmol/L(0.62～150 μg/L)。

(二) 主要仪器和试剂

1. 仪器

分光光度计、比色皿、25 mL 比色管、移液管、吸量管等。

2. 试剂

(1) 硫酸溶液(1+1):同实验 3"一、碘量法测定溶解氧"。

(2) 抗坏血酸溶液:溶解 10 g 抗坏血酸($C_6H_8O_6$)于 100 mL 水中,盛于棕色试剂瓶或聚乙烯瓶。在 4℃避光保存,有效期为 1 个月。如颜色变黄,则应重配。

(3) 钼酸盐混合溶液:① 称取 14 g 钼酸铵[$(NH_4)_6Mo_7O_{24}\cdot 4H_2O$]溶于 100 mL 纯水中;② 称取 0.35 g 酒石酸锑钾($KSbO\cdot C_4H_4O_6\cdot \frac{1}{2}H_2O$)溶于 100 mL 纯水中;③ 在不断搅拌下将上述 100 mL 钼酸铵溶液缓缓加到300 mL 的硫酸溶液(1+1)中,再加入 100 mL 的酒石酸锑钾溶液,混匀,贮于棕色玻璃(或聚乙烯)瓶中,在 4℃避光保存,有效期为 2 个月。溶液变混浊时应重配。

(4) 磷酸盐标准贮备溶液(ρ_{PO_4-P}=0.300 0 mg/L):称取 0.263 6 g 磷酸二氢钾(KH_2PO_4,预先于 110～115℃烘干 1～2 h。)溶于少量纯水,加入 1 mL 硫酸溶液(1+1),定量转移至 200 mL 容量瓶,加纯水至标线,混匀,加 1 mL 三氯甲烷保存。若置于冰箱冷藏,有效期为半年。

(5) 磷酸盐标准使用溶液(ρ_{PO_4-P}=3.00 μg/L):准确移取 1.00 mL 磷酸盐标准贮备溶液至 100 mL 容量瓶中,加纯水到标线,混匀。使用时当天配制。

(三) 操作步骤

1. 标准曲线的制作

(1) 取 6 支 25 mL 比色管,分别按表 3-12-1 所示体积(V_S)加入磷酸盐标准使用液,用纯水定容至 25.0 mL,摇匀。

表 3-12-1　磷钼蓝法绘制标准曲线时磷酸盐标准系列溶液加入量(V_S)

管号	1	2	3	4	5	6
V_S /mL	0.00	0.25	0.50	1.00	1.50	2.00
ρ_{PO_4-P} /(mg/L)	0.000	0.030	0.060	0.120	0.180	0.240

(2) 向上述比色管中各加入 0.5 mL 钼酸盐混合溶液和 0.5 mL 抗坏血酸

溶液，混匀。

(3) 显色 5 min 后，以纯水作参比，于 882 nm 波长处测定吸光度(A_i)。

(4) 以上述系列标准溶液测得的吸光度(A_i)扣除试剂空白(1 号管)的吸光度(A_0)，得到校正吸光度(A'_i)。

2. 水样测定

取适量处理后的澄清水样($V_{水样}$)于比色管中，定容至 25 mL，参照标准曲线制作过程中的步骤，显色并测定该水样的吸光度($A_{水样}$)。

同时取 25 mL 纯水，代替水样重复上述操作，获得试剂空白(1 号管)的吸光度(A_0)。将样品吸光度($A_{水样}$)扣除试剂空白的吸光度，得到样品的校正吸光度($A'_{水样}$)。

(四) 结果与计算

1. 绘制标准曲线和求算回归方程

用计算机及相应软件(例如 Excel)处理标准曲线数据并且绘图。以校正吸光度(A'_i)为纵坐标，磷酸盐浓度(ρ_{PO_4-P})为横坐标绘图。绘制的标准曲线理论上应该是通过原点的直线，或求算直线回归方程：

$$A'_i = b \times \rho_{PO_4-P} \text{ 或 } A'_i = a + b \times \rho_{PO_4-P} \tag{3-12-1}$$

2. 水样磷含量(ρ_{PO_4-P})的计算

$$\rho_{PO_4-P} = \frac{A'_{水样}}{b} \text{ 或 } \rho_{PO_4-P} = \frac{1}{b}(A'_{水样} - a) \tag{3-12-2}$$

式中，a 和 b 分别为标准曲线直线回归方程的截距和斜率。

若测定的水样不是 25.0 mL 而是 $V_{水样}$，所得结果应乘以相应的稀释倍数后，才为水样的活性磷酸盐含量。即

$$\rho_{PO_4-P} = \frac{1}{b}A'_{水样} \times \frac{25.0}{V_{水样}} \text{ 或 } \rho_{PO_4-P} = \frac{1}{b}(A'_{水样} - a) \times \frac{25.0}{V_{水样}} \tag{3-12-3}$$

或者在标准曲线图中，用作图法查出与水样吸光度对应的磷含量，校正稀释倍数后，即为水样的活性磷含量。

注意

活性磷的吸收曲线上有两个吸收峰，一个在 710 nm 附近，一个在 882 nm附近。由图 3-12-1 可见，最大吸收峰在 882 nm 处，对于没有紫外分光光度计的实验室，可选用 710 nm 作为工作波长。

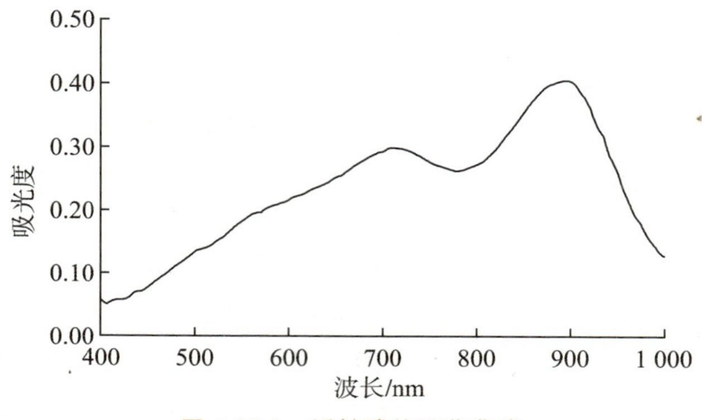

图 3-12-1 活性磷的吸收曲线

二、氯化亚锡法测定水中的活性磷酸盐

(一) 原理

水样中的活性磷酸盐在酸性条件下与钼酸铵形成磷钼黄：

$$HPO_4^{2-} + 3NH_4^+ + 12MoO_4^{2-} + 23H^+ = (NH_4)_3PO_4 \cdot 12MoO_3 + 12H_2O$$

其中的磷钼酸铵为淡黄色，发色能力很弱，浓度低时则显不出黄色。再加氯化亚锡溶液，磷钼黄被还原为磷钼蓝：

$$(NH_4)_3PO_4 \cdot 12MoO_3 \xrightarrow{SnCl_2 + H_2SO_4} (NH_4)_3PO_4 \cdot (12-n)MoO_3 \cdot nMoO_2\text{(磷钼蓝)}$$

用分光光度计在 690 nm 波长处测定溶液的吸光度，即可求得活性磷酸盐磷的浓度。

本法最低检出浓度为 0.3 μmol/L，测定上限为 10 μmol/L，适用于测定地表水、地下水等较为清洁的水体。该法由于水样中的含盐量对磷钼蓝的显色有抑制作用，因此测定海水等含有一定盐度的样品，要加以盐度校正。

(二) 主要仪器和试剂

1. 仪器

分光光度计、比色皿、25 mL 具塞比色管、容量瓶、移液管等。

2. 试剂

(1) 钼酸铵溶液(10%)：称取 5 g 钼酸铵[$(NH_4)_6Mo_7O_{24} \cdot 4H_2O$]，溶解后

稀释至 50 mL，若溶液混浊应取其澄清液贮于聚乙烯瓶中。

（2）硫酸溶液（1+1）：同实验 3“一、碘量法测定溶解氧”。

（3）钼酸铵-硫酸混合试剂：1 体积钼酸铵溶液与 3 体积硫酸溶液混合，混匀后贮于聚乙烯瓶中，此溶液避光保存可稳定数日，如发现变蓝须弃之重新配制。

（4）氯化亚锡甘油溶液（2.5%）：称取 2.5 g 二氯化锡固体（$SnCl_2 \cdot 2H_2O$）溶于 100 mL 甘油中，水浴温热搅拌促其溶解，此溶液贮于棕色试剂瓶中，可长期使用。

（5）磷酸盐标准贮备溶液（ρ_{PO_4-P}=0.300 0 mg/L）：同本实验“磷钼蓝法”。

（6）磷酸盐标准使用溶液（ρ_{PO_4-P}=3.00 μg/L）：同本实验“磷钼蓝法”。

（三）操作步骤

1. 标准曲线的制作

（1）取 6 支 25 mL 比色管，分别按表 3-12-2 所示体积（V_S）加入磷酸盐标准使用溶液，用纯水定容至 25.0 mL，摇匀。

表 3-12-2　氯化亚锡法绘制标准曲线时磷酸盐标准使用溶液加入量（V_S）

管号	1	2	3	4	5	6
V_S /mL	0.00	0.25	0.50	1.00	1.50	2.00
ρ_{PO_4-P} /(mg/L)	0.000	0.030	0.060	0.120	0.180	0.240

（2）分别加入 0.5 mL 钼酸铵-硫酸混合试剂，混匀后放置 3 min；再分别加入氯化亚锡甘油溶液 1 滴，混匀后显色 10 min。

（3）用分光光度计在 690 nm 波长处，于 10 mm 比色皿中对照纯水测定上述溶液的吸光度（A_i）。以上述系列标准溶液测得的吸光度（A_i）扣除试剂空白（1 号管）的吸光度（A_0），得到校正吸光度（A'_i）。以校正吸光度（A'_i）为纵坐标，绘制吸光度对磷酸盐浓度（ρ_{PO_4-P}）的标准曲线。

2. 水样的测定

（1）量取适量澄清水样（双样）于 25 mL 比色管中，定容至 25 mL，参照标准曲线绘制过程中的步骤，显色并测定该水样的吸光度（$A_{水样}$）。

同时取 25 mL 纯水，代替水样重复上述操作，获得试剂空白（1 号管）的吸光度（A_0）。将样品吸光度（$A_{水样}$）扣除试剂空白的吸光度，得到样品的校正吸光度($A'_{水样}$)。

(2) 对于没有过滤的原始水样,需要测定水样的混浊引起的吸光度。方法如下:取 25 mL 原始水样,加 0.5 mL 硫酸溶液(1+1)后混匀(严格来说,需要加入和制作标准曲线同体积、同量的酸以保证体积和酸度相同)。参照上述标准曲线制定过程的步骤测定由水样混浊引起的吸光度($A_{混浊}$)。

(四) 结果与计算

(1) 对于过滤澄清的水样,其绘制标准曲线和计算水样中的活性磷酸盐含量的方法,与上述钼-锑-抗还原法测定可溶性活性磷酸盐相同。

(2) 对于没过滤的原始水样,水样中由活性磷酸盐引起的吸光度应为

$$A''_{水样} = A_{水样} - A_0 - A_{混浊} \quad (3\text{-}12\text{-}4)$$

水样的磷含量(ρ_{PO_4-P})应按式(3-12-5)计算:

$$\rho_{PO_4-P} = \frac{A''_{水样}}{b} \text{或} \rho_{PO_4-P} = \frac{1}{b}(A''_{水样} - a) \quad (3\text{-}12\text{-}5)$$

式中,a 和 b 分别为标准曲线直线回归方程的截距和斜率。

若测定的水样不是 25.0 mL 而是 $V_{水样}$,所得结果应乘以相应的稀释倍数后,才为水样的活性磷酸盐含量。即

$$\rho_{PO_4-P} = \frac{1}{b}A''_{水样} \times \frac{25.0}{V_{水样}} \text{或} \rho_{PO_4-P} = \frac{1}{b}(A''_{水样} - a) \times \frac{25.0}{V_{水样}} \quad (3\text{-}12\text{-}6)$$

或者在标准曲线图中,用作图法查出与水样吸光度对应的磷含量,校正稀释倍数后,即为水样的活性磷含量。

三、盐误差校正系数的测定(设计实验)

同量的磷酸盐在海水中显色比在纯水中颜色强度的减弱称为“盐误差”。盐误差的大小主要取决于溶液盐度,其次还与试剂的浓度、溶液的反应温度、比色方法的操作步骤及所用仪器有关。由于盐误差的存在,以至于用纯水制作的标准曲线计算结果时,会形成一定的误差,因此,必须对样品的分析结果进行校正。

若用纯水和浓度为 25%的氯化钠溶液进行盐度调节,请设计不同的盐度梯度,并利用氯化亚锡还原测定法,求出不同盐度下相应的盐误差校正系数。(提示:以自然海水的盐度和淡水的离子含量作为盐度调节考虑的上、下限范围进行设计。)

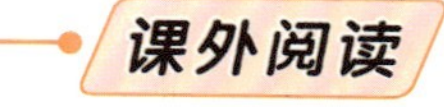

水中磷酸盐及其测定

一、磷酸盐在水环境中的意义

磷在自然界中分布很广，在自然界中磷因与氧化合能力较强而没有单质磷的形式存在，在地壳中它以磷酸盐形式存在于矿物中；在天然水和废水中，磷以各种磷酸盐的形式存在于溶液和悬浮物中。这些形式的磷酸盐有其各自不同的来源，如高效洗涤剂中的缩合磷酸盐，农业中的磷肥、农药中的正磷酸盐和有机磷以及生活污水，还有生物生长代谢过程中形成的有机磷酸盐等。

人类活动和自然因素导致磷素进入湖泊、水库、河流以及海洋，随着水体中的磷逐渐富集，伴随着藻类异常增殖，造成水体富营养化，引发水华或赤潮。在这个过程中，水体由于藻类大量增殖和腐烂分解，消耗水中的溶解氧，严重危害到鱼类等水生动物的生长，甚至使水质恶化，降低了水资源在饮用、游览和养殖等方面的利用价值。

但磷又是水生生物必须的营养要素，它在水中的浓度对水生植物生长和繁殖有直接的影响。由于磷在自然界存在的丰度较低，其化合物溶解性及移动性比含氮化合物低得多、补给速度也慢得多，造成水体缺磷现象往往比缺氮现象更普遍，位于黄壤、红壤发达的酸性土壤区的水体尤其如此，所以磷对初级生产力的限制作用比氮更强。

水中的磷酸盐很容易被水生植物吸收，一般情况下，春季从浮游植物开始繁殖时起，磷酸盐含量开始下降。夏季是浮游植物大量繁殖时期，磷酸盐含量降到最低值，秋季开始回升。冬季末期则由于下层富磷水上升，使表层磷酸盐含量重新提到最高值。为避免磷的大量积累而引起水生植物过度繁殖，造成水体营养化，对水体中磷含量的检测是非常必要的。

二、磷酸盐测定方法简介

磷酸盐的测定方法有很多种，包括经典的分光光度法、离子色谱法、流动注射法等。

水样中的磷在酸性条件下与钼酸铵反应，并可被定量分析的磷化合物称为活性磷酸盐，包括溶解态的无机正磷酸盐，部分溶解的有机磷、无机多聚磷酸盐和部分可溶于酸的颗粒态磷酸盐。

1. 磷钼蓝法

活性磷酸盐与酸性钼酸铵反应，形成黄色磷钼酸络合物，借此进行分光光度计测定的方法称为磷钼黄法。该法具有试剂稳定，络合物颜色稳定，再现性强等优点，但灵敏度不高，不适合于含磷量低微的水样分析。

为提高磷钼黄法的灵敏度，将上述黄色络合物通过还原剂还原为磷钼蓝的方法，称为磷钼蓝法。该法自 1887 年创立以来，并经许多学者对此法的反应条件（如溶液的酸度、试剂的浓度、反应的温度及盐度，特别是对还原剂的选择等）进行详细的研究和改进，形成了目前在水质监测中被广泛采用的以氯化亚锡和抗坏血酸还原剂作为代表的磷钼蓝法。

（1）氯化亚锡还原钼蓝法：以氯化亚锡为还原剂的磷钼蓝法，显色反应速度较快，极为灵敏，试剂用量少，操作简单。同时该法也存在试剂显色后溶液颜色强度稳定时间短、反应速度受温度影响较大和显著的盐误差等不足之处。

（2）钼锑抗分光光度法（抗坏血酸分光光度法）：用抗坏血酸为还原剂的磷钼蓝法，所生成的络合物稳定时间要较氯化亚锡为还原剂的络合物稳定，再现性较好。同时配用适量酒石酸锑钾试剂作催化剂（简称钼-锑-抗法），大大加快了磷钼蓝化合物的显色速度，且没有盐误差，是目前水质监测普遍采用的一种方法（GB 11893—1989，GB12763. 4—2007）。但对于含磷量低的海水水样，其灵敏度不及二氯化锡高。该法测定的线性范围广，操作比较简便、快捷、实用。

2. 孔雀绿-磷钼杂多酸分光光度法（孔雀绿分光光度法）

孔雀绿-磷钼杂多酸分光光度法的原理是在酸性条件下，碱性染料孔雀绿与磷钼杂多酸生成绿色离子缔合物，同时以聚乙烯醇稳定显色液，直接用分光光度计测定。它的测定线性范围在 0～0.3 mg/L，适合测定环境水样的微量磷。该法的灵敏度和准确度都相对较高，离子络合物的稳定时间也比钼锑抗分光光度法要长，操作方法也比钼锑抗分光光度法更加简单。但该法只有在聚乙烯醇存在的特定条件下，显色剂钼锑抗-孔雀绿才能够与磷酸盐结合生成绿色络合物。

磷钼杂多酸还能与结晶紫、甲基紫、罗丹明等碱性染料生成高灵敏度的多元络合物，从而衍生了罗丹明 6G 荧光光度法、结晶紫-磷锑钼酸反向参比流动注射法等高灵敏度和高选择性、可实现痕量磷测定的方法。

3. 钒钼黄法

活性磷酸盐与酸性钼酸铵反应的同时，在含有钒酸铵时，能生成黄色磷钼钒多元杂多酸络合物，借此进行分光光度测定。该法称为钒钼黄法，所形成的磷钒钼络合物稳定，再现性强，受其他离子的干扰较少，受试剂浓度的影响也较小，测定的浓度范围较宽，但灵敏度远不及磷钼蓝法。海水中的含磷量极为低微，灵敏度不高的磷钒钼酸法不能达到要求，故未被广泛应用。但在土壤、底质、废水等含磷量较高的样品分析中，仍被采用。

4. 离子色谱法

离子色谱法检出限低，灵敏度高，自动化程度高，可大量减少工作量。只是离子色谱仪较为贵重，使其应用受到限制。

三、样品的采集、保存及预处理技术

为了获得准确的分析结果，做好样品的采集和贮存是很有必要的。由于磷酸盐可能会吸附于塑料瓶壁上，最好选用硬质玻璃瓶或高密度聚乙烯瓶，并且所有容器都要用稀的热盐酸冲洗，再用纯水冲洗数次才能使用。

含磷的水样不稳定，最好采集后立即测定，若采样后 2 h 内不能测定完，则须把样品贮存。样品的贮存有如下两种方法。

(1) 冷冻法：样品盛在硬质玻璃瓶或高密度聚乙烯瓶中(如水样需要过滤，则尽快过滤)，采用快速冷冻操作，约 20 min 内，样品要完全冷冻到－20℃。样品过滤后可冷冻贮存 10 d。

(2) 试剂法：水样若需要贮存 2 h 以上，则要先将水样过滤，后加入 0.7%(体积比)氯仿固定剂，保存一个月不致引起磷酸盐浓度改变。或每升水样加 40 mg 氯化高汞($HgCl_2$)或者 1 mL 浓硫酸进行防腐，再贮于棕色玻璃瓶里放置于冰箱内。

对混浊水样需用滤膜进行过滤。多数情况下，测定未过滤样品并对浊度进行校正就能符合测定要求。对于比较清洁的、悬浮物很少的水样，过滤引起的误差比吸附物溶解所产生的误差还要大。

实验 13 过硫酸钾联合消化法测定总磷、总氮

知识要点	掌握程度	学时	教学方式
总磷、总氮联合消化	掌握	4	讲授与操作(2 人一组,同时消解、分别测定总氮和总磷)
总氮、总磷的测定方法	了解	3	课外阅读

一、原理

过硫酸钾溶液在 60℃以上的水溶液中,发生如下反应:

$$K_2S_2O_8 + H_2O \longrightarrow 2KHSO_4 + \frac{1}{2}O_2$$

$$KHSO_4 \longrightarrow K^+ + HSO_4^-$$

$$HSO_4^- \longrightarrow H^+ + HSO_4^{2-}$$

加入适当比例的 NaOH 溶液用以中和 H^+,使过硫酸钾分解完全。

消化的前期反应在碱性条件下(pH9.2～9.7,120～124℃)进行,所产生的氧气将水中不同形态的氮化合物氧化成硝酸盐。同时,所产生的 H^+ 不断被加入的 OH^- 中和,使溶液由碱性逐渐变成中性,后期达到酸性(pH2.3～2.8)。此时,过硫酸钾继续分解产生的氧气又会将水中的含磷化合物通过高温氧化成正磷酸盐。消化完成后,采用硝酸盐和磷酸盐的测定方法完成测定。

该方法的关键是碱度合适的过硫酸钾溶液。

该方法总磷校准曲线直线范围:淡水、海水均为 0～4 mg/L,最低检出限为 0.017 mg/L。总氮校准曲线直线范围:淡水为 0～4 mg/L,海水为 0～8 mg/L,最低检出限为 0.029 mg/L。

二、主要仪器和试剂

1. 仪器

紫外可见分光光度计、高压灭菌锅、比色管、消煮管、容量瓶、移液管等。

2. 试剂

（1）消化液：称取 7.5 g 过硫酸钾（$K_2S_2O_8$）、4.5 g 硼酸（H_3BO_3）和2.1 g 氢氧化钠（NaOH），依次分别溶于 500 mL、300 mL、200 mL 纯水中，然后将 3 份溶液混合均匀，低温保存。

（2）磷酸盐标准贮备溶液（$\rho_{TP-P}=100.0\ \mu g/mL$）：称取 0.439 4 g 磷酸二氢钾（$KH_2PO_4$，预先于 105～110℃干燥 2 h），用纯水溶解后加入 1 mL 硫酸溶液（1＋1），定容到1 000 mL。使用时需稀释 10 倍。

（3）氮标准贮备溶液（$\rho_{TN-N}=100.0\ \mu g/mL$）。① 用硫酸铵配制：称取 0.236 0 g硫酸铵[$(NH_4)_2SO_4$，预先于 110℃烘干 1 h]，用纯水溶解后在 500 mL 容量瓶中定容。然后加 1 mL 三氯甲烷，贮存于棕色试剂瓶中，于冰箱保存。此溶液含氨态氮 100.0 μg/mL。使用时需稀释 10 倍。② 用 EDTA-Na_2 配制：称取 0.664 7 g 乙二胺四乙酸二钠（$C_{10}H_{14}N_2O_8Na_2\cdot 2H_2O$，预先于 80℃烘干 1 h），溶于纯水，在容量瓶中定容到 500 mL。贮存于棕色试剂瓶内，于冰箱保存。此溶液含有机氮 100.0 μg/mL。使用时需稀释 10 倍。

以上 2 种方法任选 1 种即可。

（4）硫酸-钼酸铵-锑贮备溶液。① 量取 194.6 mL 浓硫酸，缓缓加入到 405 mL 纯水中，冷却。② 称取 20 g 钼酸铵[$(NH_4)_6Mo_7O_{24}\cdot 4H_2O$]溶于300 mL纯水中。③ 酒石酸锑钾溶液（5 g/L）：称取 0.5 g 酒石酸锑钾（$KSbO\cdot C_4H_4O_6\cdot \frac{1}{2}H_2O$），溶于 100 mL 纯水中。④ 将①冷却后的硫酸溶液缓缓加入到②钼酸铵溶液中，再加入 100 mL 的③酒石酸锑钾溶液（5 g/L），混匀，贮于棕色瓶中保存。

（5）磷酸盐显色剂：量取硫酸-钼酸铵-锑贮备液 100 mL，加入 1.5 g 抗坏血酸（$C_6H_8O_6$），溶解后即为磷酸盐显色剂。此溶液不稳定，宜在临近使用前配制。

（6）低氮磷海水：取外海表层清洁的海水，经曝晒数日后，用孔径为 0.45 μm 的滤膜抽滤备用。

三、操作步骤

1. 工作曲线的制作

(1) 配制混合标准溶液：取 6 支 25 mL 比色管(或容量瓶)，分别加入表 3-13-1 所示体积(V_S)的磷标准使用溶液和氮标准使用溶液(浓度均为 10.00 μg/mL)，用纯水定容到25 mL，摇匀。对应的磷浓度为 ρ_{TP-P}，氮浓度为 ρ_{TN-N}。

表 3-13-1　制作总氮/总磷工作曲线时氮/磷标准使用溶液加入量(V_S)

管号(瓶号)	1	2	3	4	5	6
V_S /mL	0.00	2.00	4.00	6.00	8.00	10.00
ρ_{TP-P} /(mg/L)	0.00	0.80	1.60	2.40	3.20	4.00
ρ_{TN-N} /(mg/L)	0.00	0.80	1.60	2.40	3.20	4.00

(2) 联合消化：吸取上述系列溶液各 10.00 mL 于 6 支 25 mL 消煮管(使用带螺旋盖的消化瓶效果更好，如聚四氟乙烯瓶或聚丙烯瓶)中，分别加入消化液 10.0 mL，摇匀。旋紧瓶盖，放入立式压力蒸汽灭菌器或高压灭菌锅中加压消化，先将锅中的空气排出后再关闭排气阀升压，达到 120℃以上时开始计时，维持 120～124℃消化 30 min(要严格按照高压灭菌锅的使用规程操作)。冷却后，打开放气阀，小心开启灭菌器盖，取出样品，用纯水定容到 25 mL，摇匀。

(3) 总磷工作曲线：① 取消化后溶液 10.0 mL 于 10 mL 具塞比色管中，准确加入磷酸盐显色剂 1.0 mL，摇匀后置于 20～40℃环境中还原 30 min；② 用分光光度计在 880 nm 波长处，以纯水作参比，测定各比色管的吸光度(A_i)，其中 1 号比色管为试剂空白(A_0)；③ 以 $A'_i = A_i - A_0$ 为纵坐标，以总磷浓度(ρ_{TP-P})为横坐标作图，得到一条通过原点的直线，即为总磷工作曲线。

(4) 总氮工作曲线：用紫外分光光度计、1 cm 石英比色皿在波长 220 nm 与 275 nm 处，以纯水作参比，分别测定各消化标准溶液的吸光度，分别得到 $A_{i\text{-}220}$ 及 $A_{i\text{-}275}$。令 $A_i = A_{i\text{-}220} - 2A_{i\text{-}275}$，则 $A_0 = A_{空白\text{-}220} - 2A_{空白\text{-}275}$。以 $A'_i = A_i - A_0$ 为纵坐标，以对应的总氮浓度(ρ_{TN-N})为横坐标作图，得到一条通过原点的直线，即总氮工作曲线。

2. 水样的测定

吸取摇匀水样 10.0 mL(或适量水样用纯水定容至 10.0 mL)代替混合标准溶液,按工作曲线制作步骤(2)同步进行消化,然后按照总磷工作曲线的操作步骤(3)测定水样中总磷的吸光度($A_{水样\text{-}P}$),按照总氮工作曲线制作步骤(4),分别测定总氮在波长 220 nm 和 275 nm 处的吸光度 $A_{水样\text{-}220}$ 和 $A_{水样\text{-}275}$。

四、结果与计算

1. 工作曲线法

水样中总磷吸光度($A_{水样\text{-}P}$)扣除磷显色剂的空白吸光度(A_0),即校正吸光度($A'_{水样\text{-}P}$),由校正吸光度在总磷工作曲线上查得水样中总磷的浓度。

由水样总氮的校正吸光度($A'_{水样\text{-}N}$)在总氮工作曲线上可查得总氮的浓度。

其中 $A'_{水样\text{-}N}=(A_{水样\text{-}220}-2A_{水样\text{-}275})-(A_{空白\text{-}220}-2A_{空白\text{-}275})$。

2. 水样总磷的计算

采用相应软件(如 Excel),按照通过原点的直线,求得回归方程:

$$A'_i=b\times\rho_{TP-P} \tag{3-13-1}$$

水样中的总磷浓度计算:

$$\rho_{TP-P}=\frac{A'_{水样\text{-}P}}{b}\times\frac{10.0}{V_{水样}} \tag{3-13-2}$$

式中:ρ_{TP-P}——水样中总磷的浓度(mg/L);

$V_{水样}$——消化时所取摇匀水样的体积(mL);

b——总磷工作曲线回归方程的斜率。

3. 水样总氮的计算

采用相应软件(如 Excel),按照通过原点的直线,求得回归方程:

$$A'_i=b\times\rho_{TN-N} \tag{3-13-3}$$

水样中的总氮浓度可按式(3-13-4)计算:

$$\rho_{TN-N}=\frac{A'_{水样\text{-}N}}{b}\times\frac{10.0}{V_{水样}} \tag{3-13-4}$$

式中:ρ_{TN-N}——水样中总氮的浓度(mg/L);

$V_{水样}$——消化时所取摇匀水样的体积(mL);

b——总氮工作曲线回归方程的斜率。

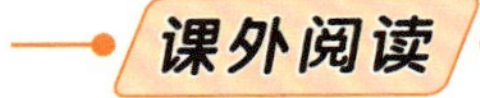

水中总氮、总磷的测定

近年来，我国不断加大生态环境保护的力度，水环境保护作为污染防治的重要手段而备受关注。其中的总氮、总磷作为水环境质量的重要指标，受到了越来越多的重视。当水体中出现过量的含氮、含磷化合物时，会造成水中生物和微生物的大量繁殖，导致水体富营养化。因此，准确、快速地测定水体中总氮、总磷的含量对环境监测具有重大意义。

一、总氮的测定方法

总氮是水体中有机氮和各种无机氮化物的总称。无机氮化物主要是氨氮、亚硝酸盐氮和硝酸盐氮，有机氮包括各种颗粒态和溶解态的有机氮化合物。一般把能通过孔径 0.45 μm 微孔滤膜的有机氮称为溶解有机氮，包括氨基酸、多肽、蛋白质中非取代氨基的氮，以及动物排泄的可溶性含氮产物和碎屑溶解产生的含氮化合物；把不能通过滤膜的有机氮称为颗粒态有机氮，包括活的微生物的肌体组织和碎屑物质。有机氮化合物和无机氮化合物与水中生物体之间进行着复杂的循环。

1. 紫外分光光度法

碱性过硫酸钾消解紫外分光光度法测定的原理是在高温的碱性介质中，过硫酸钾可充分分解产生具有强氧化性的硫酸根自由基，该自由基能将水中的含氮化合物氧化为硝酸盐，而后用紫外分光光度法测定硝酸盐的吸光度，进而计算出总氮含量。紫外分光光度法是传统的水中总氮测定方法，操作简单，程序简便，使用试剂也比较少，但对实验环境条件，如试剂、用水、比色皿、高压锅等，要求相对比较严格，否则会导致空白值偏高，测定结果偏低。该法还有不能满足样品批量测试的缺陷。

2. 离子色谱法

采用离子色谱法测定水中总氮，通常是先将样品中的含氮类化合物氧化成硝酸盐，然后用离子色谱法检测出硝酸盐浓度，进而计算得到总氮浓度。目前选用的氧化剂大体有碱性过硫酸钾氧化液和紫外-臭氧联合氧化的方法。

(1) 碱性过硫酸钾氧化法：使用过硫酸钾氧化水样中的总氮，在将水样中含氮类化合物氧化成硝酸盐的同时，会产生大量的硫酸盐，这对使用离子色谱法测定硝酸盐有一定的干扰。

采用COD快速消解器的碱性过硫酸钾法消解水样，操作简便，缩短了消解时间，节约了试剂，只是容易出现空白值过高而影响测定结果。

选择碱度合适的过硫酸钾溶液消解，可同时测定水中总氮和总磷，满足多样化测定的要求。但其对样品洁净度有一定要求，不适合浓度较高的废水样品测定。

(2) 紫外-臭氧氧化法：紫外-臭氧氧化是利用紫外线和臭氧联合作用与水样发生光学反应，产生具有强氧化能力的羟基自由基将水体中的有机氮和无机氮化合物氧化成硝酸盐，然后再用离子色谱法最终测得总氮含量。利用该法氧化后，水样中含有大量的臭氧，对离子色谱分离柱有一定的损伤。

3. 气相分子吸收光谱法

气相分子吸收光谱法是用过硫酸钾做氧化剂，将氮类化合物氧化成硝酸盐，后被三氯化钛还原成一氧化氮，使待测成分变成气态分子，再经载气载入测量系统，测定其对特征光谱吸收的方法。该法操作简便，近年来发展迅速，现已实现消解测定一体化。但对复杂样品的测定研究，还需加以完善。

4. 连续流动分析法

连续流动分析法测定水中总氮的化学反应原理：首先利用氧化剂将氮类化合物氧化成硝酸盐，后经镉柱还原为亚硝酸盐，再采用亚硝酸盐氮的测定方法测定，从而测得水中总氮含量。该法测试速度快，可以满足批量样品的分析，也可用于在线环境监测。但需注意对镉柱要进行周期性效能检定，并减少镉溶出对环境的污染。

5. 高温氧化-化学发光检测法

高温氧化-化学发光检测法是基于总氮浓度与化学发光强度呈良好的线性关系，通过检测化学发光强度，可测得样品中总氮浓度。样品经过自动进样器进入总氮测定仪当中，反应过程在950℃的高温之下，样品可以被完全气化、氧化裂解，含氮类化合物被定量转为激发态二氧化氮(NO_2^*)，NO_2^* 向基态跃迁发射出光子，光子强度可以用光电倍增管根据特定的波长检测，其强度与样品中的氮含量成正比。该法不需消解样品，操作简便，物料消耗少，是一种较为环保的监测手段；可以通过调节仪器参数，调试测定范围，不需稀释，能够满足较高浓度样品的测定。但需定期更换催化剂。

6. 同位素稀释的气相色谱-质谱联用法

采用同位素稀释的气相色谱-质谱联用法测定水中总氮，是目前开发的测定低浓度样品的精确测定方法。首先使用碱性过硫酸钾消解样品，之后加入 $^{15}NO_3^-$ 的同位素内标物，使样品与三乙氧基四氟硼酸盐反应，将硝酸盐转化为易挥发的 $EtONO_2$，该衍生物可以通过顶空进样气相色谱-质谱定量检测，从而测得样品的总氮含量。

水中总氮的分析测定方法，除高温氧化-化学发光法外，其他测定方法都是先通过不同的消解方法将总氮全部氧化为硝酸盐，再采用多种分析手段测定硝酸盐的含量，进而得到总氮含量。因此，探究简便、准确、满足不同检测需求的消解方法和分析手段，是总氮测定方法向高灵敏度、在线自动化、绿色环保发展的方向。

二、总磷的测定方法

水体中的总磷是指水中各种形态磷含量的总和，是反映水体富营养化水平和污染程度的重要水中参数。水的总磷包括溶解态与颗粒态的磷。溶解态磷包括溶解正磷酸盐、多聚磷酸盐、偏磷酸盐、有机态磷酸酯等；颗粒态磷包括不溶解无机磷与有机磷。关于磷的各形态的划分可参考本书的实验 22。

目前，水中总磷的测定方法较多，主要有钼锑抗分光光度法、等离子发射光谱(ICP-AES)法和流动注射分析(FIA)法等。其中钼锑抗分光光度法是最常用的方法，该法是将酸化的样品放在密闭的氧化瓶内，用过硫酸盐热压处理 30 min，把各种形态的磷转变为溶解态正磷酸盐。冷却后，采用磷钼蓝的方法在分光光度计上测定溶液吸光度。由于此法的样品需要经过高压锅消解后进行比色测定，操作步骤较为繁琐，样品测定时间长，手工操作误差较大，速度较慢。因此，能准确、快速、安全进行总磷测定的 ICP-AES 法与 FIA 法越来越受到广泛的应用。

流动注射分析法(FIA):将一定体积的试样溶液注入到无空气间隔的适当载流溶液中,经过受控制的分散过程,形成高度重现的试样带,并输送至流通式检测器,检测其连续变化的物理或化学信号,从而根据响应关系得出相应浓度。本法用于总磷测定是采用在线过硫酸盐-紫外消解的方法,将不同形态的磷(有机磷、聚合磷酸盐等)转化为正磷酸盐;在酸性介质及锑盐存在下,正磷酸盐与钼酸铵反应,生成磷钼杂多酸后,立即被抗坏血酸还原为蓝色的络合物,于880 nm波长处比色定量。该法在我国已经运用多年,在取样、消解、比色、数据处理上都是全自动控制,避免了繁琐的预处理,在测量精度上也比较准确。

等离子发射光谱法(ICP-AES):利用氩等离子体产生的高温使试样完全分解形成激发态的原子和离子,由于激发态的原子和离子不稳定,外层电子会从激发态向低的能级跃迁,因此发射出特征的谱线。通过光栅等分光后,利用检测器检测特定波长(总磷为213.618 nm)的强度,光的强度与待测元素浓度成正比。ICP-AES法应用于水中总磷的测定,具有较宽的可测范围以及较高的灵敏度,操作流程简单。测定过程中所受外界因素的干扰较少,尤其是测定色度、混浊度、总磷含量较高的污水,测定结果的准确率要高于分光光度法;如果测定含磷浓度低的比较干净的水也能满足需要。

拓展知识

总磷测定的新方法

一、总磷测定的数码成像比色法

数码成像是基于电荷藕合器件(charge-coupled device,CCD)记录影像,利用红绿蓝(RGB)三基色原理来表达任何一种颜色。因而,在保持背景颜色基本一致的条件下,体系颜色深浅随样品浓度成比例变化的趋势可在同一张数码相片中得到充分体现。为了获得代表不同颜色的RGB值,须把数码相片的JPEG图像格式转化为灰度格式。再用Scion image sof tware软件读数。从数码相片中可以看出,析出溶液的颜色随着磷酸二氢钾浓度的增加而逐渐加深，且呈现一定的颜色梯度，与吸光度的变化趋势一致。因背景颜色基本一致，其数码成像的 RGB 值也与样品的浓度成比例地变化。用 Origin7.0 和 Scion image sof tware 软件处理的数码成像比色曲线，不同颜色梯度的 RGB 值与磷酸二氢钾的浓度之间具有很好的线性关系。这说明，数字图像相关法（digital image correlation，DIC）可以很便捷地反映出磷酸二氢钾与钼酸盐溶液及抗坏血酸溶液间的作用。该方法操作便捷、快速且适于现场分析。

二、总磷测定的紫外光催化氧化-分光光度法

紫外光催化氧化法是以催化剂作为紫外光的吸收剂，纳米二氧化钛（TiO_2）化学性质、光化学性质稳定，将水样和等量的碱性 TiO_2 溶液在泵推动下充分混合并进入光反应管，在紫外光辐射下纳米 TiO_2 能够产生中间体——OH，自由基的氧化电位达 2.8V，高于过硫酸盐的 2.0V，因而具有很强的氧化降解能力，可将水中化合物含的磷转化为正磷酸盐。混合液由反应管流出，离心分离出纳米 TiO_2 后，加入显色剂，用分光光度计在 700 nm 下测定吸光度。该法可以在常压和较低的温度下进行，减轻了分解容器的耐热性和耐压性负荷，降低了测定成本，不产生二次污染。但该方法所用仪器设备应用起来还有一定困难，且磷酸盐的加标回收率不高。

三、过硫酸钾氧化法测定总磷

（一）原理

在酸性条件下，用过硫酸钾氧化未经过滤的水样，将水样中的含磷化合物全部转化为正磷酸盐，然后与钼酸铵反应生成磷钼杂多酸，在酒石酸锑钾存在下，该化合物被抗坏血酸还原为磷钼蓝，于 882 nm 波长处采用分光光度法测定。

本方法对海水的测定范围为 0.09～6.4 μmol/L（3～200 μg/L）。

(二)主要仪器和试剂

1. 仪器

分光光度计、压力蒸汽灭菌器或高压灭菌锅、消化瓶(带螺旋盖或具螺口塞)、容量瓶、移液管等。

2. 试剂

(1) 硫酸溶液(1+5):将 60 mL 浓硫酸缓慢加入到 300 mL 水中。

(2) 钼酸铵溶液(30.0 g/L):称取 3.0 g 钼酸铵[$(NH_4)_6Mo_7O_{24} \cdot 4H_2O$]溶于水中并稀释至 100 mL,贮存于聚乙烯瓶中,避光保存。

(3) 酒石酸锑钾溶液(1.4 g/L):称取 0.14 g 酒石酸($KSbO \cdot C_4H_4O_6 \cdot \frac{1}{2}H_2O$)溶于水中并稀释至 100 mL,贮存于聚乙烯瓶中,有效期为 6 个月。

(4) 硫酸-钼酸铵-酒石酸锑钾混合溶液:依次取上述硫酸溶液 100 mL,钼酸铵溶液 40 mL,酒石酸锑钾溶液 20 mL,混合均匀。现用现配。

(5) 过硫酸钾溶液(50 g/L):称取 5.0 g 过硫酸钾($K_2S_2O_8$)溶于水中,并用水稀释至 100 mL。此溶液室温避光可保存 10 d,避光冷藏可保存 30 d。

(6) 抗坏血酸溶液(54.0 g/L):称取 5.40 g 抗坏血酸($C_6H_8O_6$)溶于水中并稀释至100 mL,贮存于聚乙烯瓶中,避光保存。此溶液室温避光可保存 7 d,避光冷藏可保存 30 d。

(7) 磷酸盐标准贮备溶液($\rho_{PO_4-P}=0.3000$ mg/mL):同实验 12“一、钼-锑-抗还原法测定可溶性活性磷酸盐”。

(8) 磷酸盐标准使用溶液($\rho_{PO_4-P}=3.00$ μg/mL):同实验 12“一、钼-锑-抗还原法测定可溶性活性磷酸盐”。

(三)操作步骤

1. 工作曲线的制作

(1) 取 6 个 100 mL 容量瓶,分别移入磷酸盐标准使用液 0.00 mL、0.50 mL、1.00 mL、2.00 mL、4.00 mL、8.00 mL,用纯水定容至标线,摇匀。此系列溶液中磷的浓度(ρ_{PO_4-P})分别为 0.00 μg/L、0.03 μg/L、0.06 μg/L、0.12 μg/L、0.18 μg/L、0.24 μg/L。

(2) 依次移取上述系列溶液各 25.0 mL,分别置于 6 个消化瓶中,各加入过硫酸钾溶液 2.5 mL，摇匀，旋紧瓶盖（实际工作中，一般做两组平行实验）。

(3) 将消化瓶放入压力蒸汽灭菌器或高压灭菌锅中加热消煮，待压力升至 1.1 kPa、120℃时，开始计时并保持 30 min（控制温度在 120～124℃）。然后，停止加热，自然冷却至压力为“0”时，方可打开灭菌器盖，取出消化瓶。

(4) 消解后的样品冷却至室温，加入抗坏血酸溶液 0.5 mL 和硫酸-钼酸铵-酒石酸锑钾混合溶液 2.0 mL，摇匀，显色 10 min 后，在分光光度计上，以纯水作参比，于 882 nm 波长处测定溶液吸光度（A_i），其中，空白吸光度为（A_0）。

(5) 以扣除空白吸光度（A_0）后的吸光度（A'_i）为纵坐标，磷酸盐系列溶液浓度（ρ_{PO_4-P}）为横坐标[即总磷浓度（ρ_{TP-P}）]，绘制工作曲线，并用线性回归法求出工作曲线的截距（a）和斜率（b）。

2. 水样的测定

移取 25.0 mL 水样（双样）于消化瓶中，加入过硫酸钾溶液（50 g/L）2.5 mL，摇匀，旋紧瓶盖。按工作曲线制作步骤(3)～(4)，测定水样吸光度（$A_{水样}$）。

该步骤与工作曲线的制作同时进行。

（四）结果与计算

水样中总磷引起的吸光度为 $A'_{水样}=A_{水样}-A_0$，以 $A'_{水样}$ 直接查工作曲线可得总磷浓度（ρ_{TP-P}），也可以按式(3-13-5)计算：

$$\rho_{TP-P}=\frac{A'_{水样}}{b} \text{或} \rho_{TP-P}=\frac{A'_{水样}-a}{b} \tag{3-13-5}$$

式中：ρ_{TP-P}——水样总磷的浓度(mg/L)；

$A'_{水样}$——水样中总磷的校正吸光度；

a——标准工作曲线的截距；

b——标准工作曲线的斜率。

四、碱性过硫酸钾紫外分光光度法测定总氮

（一）原理

在碱性条件下，用过硫酸钾作氧化剂，可将水样中的有机氮化合物氧化为硝酸盐，同时，水样中的氨氮和亚硝酸盐也定量地被氧化为硝酸盐。用双波长紫外分光光度法，分别测定波长 220 nm 和 275 nm 处的吸光度 A_{220} 和 A_{275}，按

照 $A=A_{220}-2A_{275}$ 计算硝酸盐氮的校正吸光度，从而计算总氮的含量。

对于海水样品，氧化为硝酸盐后，一般选用锌-镉还原法或铜-镉还原法测定。

双波长紫外分光光度法，适用于湖泊、江河等淡水中总氮的测定。测定范围为 0.05～4 mg/L。

（二）主要仪器和试剂

1. 仪器

紫外分光光度计、高压灭菌锅、消化瓶（带螺旋盖或具螺口塞）、容量瓶、比色管、移液管、吸量管等

2. 试剂

（1）碱性过硫酸钾消化液：称取 20 g 过硫酸钾（$K_2S_2O_8$）溶于 300 mL 纯水；称取7.5 g氢氧化钠（NaOH）溶于 150 mL 纯水。将两个溶液混合均匀后定容至 500 mL，存放于聚乙烯瓶中，可保存 1 周。

（2）盐酸溶液（1＋9）：10 mL 浓盐酸与 90 mL 的纯水混合。

（3）硝酸盐氮标准贮备溶液（$\rho_{NO_3^--N}=100.0\ \mu g/mL$）：同实验 10 课外阅读“三、酚二磺酸法”。

（4）硝酸盐氮标准使用溶液（$\rho_{NO_3^--N}=10.0\ \mu g/mL$）：同实验 10 课外阅读“四、镉柱还原法”。

（三）操作步骤

1. 工作曲线的制作

（1）标准系列：取 6 支 25 mL 比色管（或容量瓶），分别加入氮标准使用液 0.00 mL、2.00 mL、4.00 mL、6.00 mL、8.00 mL 和 10.00 mL，用纯水定容到 25.00 mL，摇匀。各管硝酸盐氮浓度（$\rho_{NO_3^--N}$）分别为 0.00 mg/L、0.80 mg/L、1.60 mg/L、2.40 mg/L、3.20 mg/L、4.00 mg/L。

（2）消化：吸取上述标准溶液各 10.00 mL 于 6 个消化瓶中，分别加入碱性过硫酸钾消化液 5.0 mL，摇匀，旋紧瓶盖，放入压力蒸汽灭菌器或高压灭菌锅中加热消煮，温度达到 120℃ 时开始计时，保持温度在 120～124℃，消化 30 min。冷却后打开放气阀，小心开启灭菌器盖，取出样品，每个样品分别加入

1.0 mL 盐酸溶液(1+9),用纯水定容到 25 mL,摇匀。

(3) 总氮工作曲线:用紫外分光光度计、1 cm 石英比色皿,以纯水作参比,分别在波长 220 nm 与 275 nm 处测定吸光度,分别得到 $A_{i\text{-}220}$ 及 $A_{i\text{-}275}$。令 $A_i = A_{i\text{-}220} - 2A_{i\text{-}275}$,则 $A_0 = A_{空白\text{-}220} - 2A_{空白\text{-}275}$。以 $A'_i = A_i - A_0$ 为纵坐标,以对应的总氮浓度(ρ_{TN-N})为横坐标作图,得到一条通过原点的直线,即总氮工作曲线。

2. 水样的测定

吸取摇匀水样 10.00 mL(或适量水样用纯水定容至 10.00 mL)代替氮标准使用溶液,按工作曲线制作步骤(2)消化,按步骤(3)测定总氮在波长 220 nm 和 275 nm 处的吸光度 $A_{水样\text{-}220}$ 和 $A_{水样\text{-}275}$。

水样与工作曲线的消化、测定同步进行。

(四) 结果与计算

1. 工作曲线法

由水样总氮的校正吸光度($A'_{水样\text{-}N}$)在总氮工作曲线上可查得总氮的浓度。其中 $A'_{水样\text{-}N} = (A_{水样\text{-}220} - 2A_{水样\text{-}275}) - (A_{空白\text{-}220} - 2A_{空白\text{-}275})$。

2. 水样总氮的计算

采用相应软件(如 Excel),按照通过原点的直线,求得回归方程。由于实验的偶然误差,如果不按照通过原点的方程形式回归,则得到的回归方程会有一个很小的截距(a)。

$$A'_i = b \times \rho_{TN-N} \text{ 或 } A'_i = a + b \times \rho_{TN-N} \tag{3-13-6}$$

水样中的总氮可按式(3-13-7)计算:

$$\rho_{TN-N} = \frac{A'_{水样\text{-}N}}{b} \times \frac{10.0}{V_{水样}} \text{ 或 } \rho_{TN-N} = \frac{A'_{水样\text{-}N} - a}{b} \times \frac{10.0}{V_{水样}} \tag{3-13-7}$$

式中:ρ_{TN-N}——水样中总氮的浓度(mg/L);

$V_{水样}$——消化时所取摇匀水样的体积(mL);

a——总氮工作曲线回归方程的截距;

b——总氮工作曲线回归方程的斜率。

实验 14

硅钼蓝法测定海水中的活性硅酸盐

知识要点	掌握程度	学时	教学方式
硅钼蓝法	掌握	2	讲授与操作
硅酸盐的其他测定方法	了解	1	课外阅读
拓展实验 (1) 不同酸度对活性硅酸盐测定结果的影响。 (2) 比较钼蓝法测定活性硅酸盐和活性磷酸盐的异同点。			

一、原理

水样中活性硅酸盐在酸性介质中与钼酸铵反应，生成黄色的硅钼黄络合物，当加入草酸（消除磷和砷的干扰）和米吐尔-亚硫酸钠还原剂后，硅钼黄络合物被还原为硅钼蓝络合物，用分光光度计在 812 nm 波长处测定其吸光度。

本法测定硅酸盐硅的范围为 0.10～25.0 μmol/L(0.003～0.70 mg/L)，适用于硅酸盐含量较低的海水。对于硅酸盐含量较高的海水，可选用硅钼黄法测定。

二、主要仪器与试剂

1. 仪器

分光光度计、比色管、容量瓶、移液管等。

2. 试剂

(1) 酸性钼酸铵溶液：称取 2.0 g 钼酸铵[$(NH_4)_6MO_7O_{24} \cdot 4H_2O$]溶于

70 mL水，加 6 mL 盐酸，用纯水稀释至 100 mL(如混浊应过滤)，贮于聚乙烯瓶中。

(2) 还原剂。① 米吐尔-亚硫酸钠溶液：称取 5 g 米吐尔[$(CH_3 \cdot NH \cdot C_6H_4OH)_2 \cdot H_2SO_4$]溶于 240 mL 水，加 3 g 亚硫酸钠($Na_2SO_3$)，溶解后稀释至 250 mL，贮于棕色试剂瓶中，并密封保存于冰箱中，此溶液可稳定 30 d。② 10%草酸溶液：称取 10 g 草酸($C_2H_2O_4 \cdot 2H_2O$)溶于水，并稀释至 100 mL，贮于聚乙烯瓶中。③ 硫酸溶液(1+3)：在搅拌下，将 100 mL H_2SO_4 缓慢地加入到 300 mL 纯水中，冷却后盛于聚乙烯瓶中。

将 100 mL 米吐尔-亚硫酸钠溶液、60 mL 10%草酸溶液混合，再加入 120 mL 硫酸溶液(1+3)，搅匀，冷却后稀释至 300 mL，贮于聚乙烯瓶中，此溶液临用时配制。

(3) 人工海水：2 种盐度。① 盐度 28：称取 25 g 氯化钠(NaCl)和 8 g 硫酸镁($MgSO_4 \cdot 7H_2O$)溶于水，稀释至1 L。② 盐度 35：称取 31 g 氯化钠(NaCl)和 10 g 硫酸镁($MgSO_2 \cdot 7H_2O$)溶于水，稀释至 1 L。

其他盐度的人工海水可按上述比例配制，贮于聚乙烯瓶中。

(4) 硅标准贮备溶液($\rho_{SiO_3^{2-}-Si}=300.0\ \mu g/mL$)：称取 2.008 7 g 氟硅酸钠($Na_2SiF_6$，预先于 105℃烘 1 h)置于塑料烧杯中，加入约 600 mL 水。用磁力搅拌器搅拌至完全溶解(需 0.5 h)，移入 1 000 mL 容量瓶中，加水并稀释至标线，摇匀。贮于塑料瓶中，有效期为 1 年。

(5) 硅标准使用溶液($\rho_{SiO_3^{2-}-Si}=15.0\ \mu g/mL$)：移取 5.00 mL 硅标准贮备溶液于 100 mL 容量瓶中，用水稀释至标线，摇匀。转盛于聚乙烯瓶中，有效期为 1 d。

三、操作步骤

1. 标准曲线的制作

(1) 分别移取 0.00 mL、1.00 mL、2.00 mL、3.00 mL、4.00 mL、5.00 mL 硅标准使用液于 6 个 100 mL 容量瓶中，用接近于水样盐度的人工海水稀释至标线，摇匀。即得一系列硅标准溶液。

(2) 向 6 支 25 mL 具塞比色管中各加入 1.5 mL 酸性钼酸铵溶液，再分别移入 10.00 mL 上述系列硅标准溶液，每次加标准溶液后，需立即混匀，放置

10 min，加入 7.5 mL 还原剂溶液，加接近于水样盐度的人工海水稀释至 25 mL，混匀。各管中硅的浓度分别为 0.000 mg/L、0.060 mg/L、0.120 mg/L、0.180 mg/L、0.240 mg/L、0.300 mg/L。

(3) 3 h 后，用 5 cm 比色皿，以人工海水为参比，于 812 nm 波长处测定吸光度 A_i 和 A_0。

(4) 以吸光度($A'_i = A_i - A_0$)为纵坐标，相应硅浓度($\rho_{SiO_3^{2-}-Si}$)为横坐标绘制标准曲线。或求线性回归方程。

2. 水样测定

(1) 移取 1.5 mL 钼酸铵溶液至 25 mL 具塞比色管中，加入 10.00 mL 过滤澄清的水样与之混匀。放置 10 min，加 7.5 mL 还原剂溶液，用与水样盐度相近的人工海水稀释至 25 mL，摇匀(最佳反应温度为 18～25℃，当水样温度较低时，可用水浴)。

(2) 3 h 后，用 5 cm 比色皿，以人工海水为参比，于 812 nm 波长处测定吸光度($A_{水样}$)。

四、结果计算

由校正吸光度($A'_{水样}$，$A'_{水样} = A_{水样} - A_0$)，在活性硅酸盐标准曲线上可查得硅酸盐的浓度。

也可用线性回归方程计算得水样中活性硅酸盐的浓度：

$$\rho_{SiO_3^{2-}-Si} = \frac{1}{b}A'_{水样} \times \frac{10.00}{V_{水样}} \text{或} \rho_{SiO_3^{2-}-Si} = \frac{1}{b}(A'_{水样} - a) \times \frac{10.00}{V_{水样}} \quad (3\text{-}14\text{-}1)$$

式中：$\rho_{SiO_3^{2-}-Si}$——水样中活性硅酸盐的浓度(mg/L)；

$V_{水样}$——水样的体积(mL)；

$A'_{水样}$——水样硅酸盐的校正吸光度；

a——标准曲线的截距；

b——标准曲线的斜率。

课外阅读

硅酸盐及其测定

一、硅酸盐在水环境中的意义

硅酸盐是水中浮游植物所必需的营养要素之一，尤其是对硅藻类浮游植物的生长和繁殖具有重要作用，也是构成放射虫等生物机体不可缺少的组分。在浮游植物繁盛季节，硅酸盐被消耗可降到最低值。生活在水上层的浮游生物死亡后的尸体逐渐下沉和腐解，其体内的硅酸盐重新溶解，使得水体中的硅含量随深度增加逐渐增加。

硅在天然水中的存在形式有可溶性硅酸盐和悬浮状硅化合物两种形式。可溶性硅大多以正硅酸及其盐类存在，采用与钼酸铵反应形成硅钼酸络合物的方法测定其含量。测定过程中能与钼酸铵试剂反应的，被测出的硅化合物称为"活性硅酸盐"。

二、活性硅酸盐测定方法

最早硅酸盐的测定是用重量法，由于准确度达不到要求，不久便被目视比色法和分光光度法所取代。把水样中的活性硅酸盐和钼酸盐形成黄色络合物进行测定的方法称为"硅钼黄法"。继而将黄色络合物再还原为蓝色化合物进行测定的方法称为"硅钼蓝法"，到目前为止，这类方法仍被广泛应用于水中硅酸盐的测定。

硅钼黄法于 1898 年就已创立，后经许多学者就形成硅钼黄络合物时溶液的 pH、温度及其反应速度和颜色强度等因素的影响进行调整，形成了至今较为完善的硅钼黄法。该法黄色络合物颜色稳定，操作简易，快速，但测定海水活性硅酸盐，会产生盐误差，且对于硅酸盐含量较低的水体，其准确度和灵敏度都不高。

硅钼蓝法于 1924 年创立，是在硅钼黄法的基础上，选用合适的还原剂，将硅钼黄络合物还原为硅钼蓝。为此研究了多种还原剂，最终以 $SnCl_2$、米吐尔和抗坏血酸 3 种最为常用。$SnCl_2$ 极为灵敏，其灵敏度比硅钼黄法大 16 倍，但还原产物的颜色稳定时间短，必须在短时间内完成测定，否则影响测定结果。米吐尔与 $SnCl_2$ 有同样的灵敏度，还原产物稳定时间长，方法稳定，但显色时间较长，一般需还原显色 3 h 以上，颜色强度才能达到最大值。用抗坏血酸为还原剂，除了具有与米吐尔-亚硫酸盐还原剂类似的特点外，无须像米吐尔还原剂那样需要加酸，另外，抗坏血酸加入水样后，蓝色硅钼酸络合物在 30 min 内已稳定，有效期为 2 d，这给测定带来极大的方便。硅钼蓝法有较高的灵敏度和准确度，适于测定含硅量低的海水样品。

无论选用哪种方法测定，采集水样时必须盛于聚乙烯瓶中。采样后若不能立即测定，则采集后应立即在现场用孔径为 0.45 μm 的滤膜过滤，滤液冷冻到 −20℃以下贮存，或每升水样加 2 mL 氯仿保存。

测定活性硅酸盐水样时，尽量不过滤，因为任何外加操作都有增加沾污或损失被测物的可能。多数情况下，测定未过滤样品所得吸光度再扣除可能有的混浊吸光度就可以。对于近岸较混浊的水样，建议加入固定剂后静置，然后倾出上层清液测定。

在测定过程中，无论用哪种还原剂，必须让黄色的硅钼络合物充分形成后，再加入还原剂，才能得到可靠结果。

三、硅钼黄法测定海水中的活性硅酸盐

（一）原理

水样中活性硅酸盐与钼酸铵-硫酸混合溶液反应，生成黄色的硅钼黄络合物，黄颜色的深浅与硅的含量成正比，于 380 nm 波长处测定吸光度。

本法测定硅酸盐硅的范围为 0.45～160.0 μmol/L(0.013～4.5 mg/L)，适用于硅酸盐含量较高的海水。

（二）主要仪器与试剂

1. 仪器

分光光度计、比色管、容量瓶、移液管等。

2. 试剂

(1) 酸性钼酸铵显色剂。① 硫酸溶液(1+4)：在搅拌下，将 50 mL 浓硫酸缓慢地加入到 200 mL 纯水中，冷却后盛于聚乙烯瓶中。② 钼酸铵溶液：称取 20.0 g钼酸铵[$(NH_4)_6Mo_7O_{24}\cdot 4H_2O$]溶于纯水，并稀释至 200 mL，如混浊应过滤。③ 酸性钼酸铵溶液：取 100 mL 硫酸溶液(1+4)和 200 mL 钼酸铵溶液

混匀，贮于聚乙烯瓶中。

（2）硅标准贮备溶液（$\rho_{SiO_3^{2-}-Si}$=300.0 μg/mL）：配制方法同硅钼蓝法。

（3）硅标准使用溶液（$\rho_{SiO_3^{2-}-Si}$=15.0 μg/mL）：稀释方法同硅钼蓝法。

（4）人工海水：配制方法同硅钼蓝法。

（三）操作步骤

1. 标准曲线的制作

（1）分别移取 0.00 mL、1.00 mL、2.00 mL、3.00 mL、4.00 mL、5.00 mL 硅标准使用溶液于 6 支 25 mL 比色管中，用纯水稀释至标线，摇匀。系列各点硅的浓度分别为 0.00 mg/L、0.60 mg/L、1.20 mg/L、1.80 mg/L、2.40 mg/L、3.00 mg/L。

（2）分别加入 1.5 mL 酸性钼酸铵显色剂，在 5～10℃时，显色 20～30 min；在 10～20℃时，显色 15 min；20℃以上时，显色 10 min。

（3）显色稳定后，以纯水作参比，于 380 nm 处测定吸光度 A_i 和 A_0（空白吸光度）。

（4）以吸光度（$A'_i=A_i-A_0$）为纵坐标，相应硅的浓度（$\rho_{SiO_3^{2-}-Si}$）为横坐标绘制标准曲线。

2. 水样测定

取 25.0 mL 水样[或适量（$V_{水样}$），稀释至 25 mL]于 25 mL 比色管中，按上述标准曲线绘制的步骤（2）～（3），测定水样吸光度（$A_{水样}$）。

（四）结果计算

由水样的校正吸光度[$A'_{水样}$，水样吸光度（$A_{水样}$）扣除试剂空白吸光度（A_0）]，在硅酸盐硅标准曲线上可查得硅的浓度。

也可通过直线的回归方程：

$$A'_i=b\times\rho_{SiO_3^{2-}-Si} \text{ 或 } A'_i=a+b\times\rho_{SiO_3^{2-}-Si} \quad (3\text{-}14\text{-}2)$$

按式（3-14-3）求算水样中硅酸盐硅的含量（$\rho_{SiO_3^{2-}-Si}$）：

$$\rho_{SiO_3^{2-}-Si}=\frac{1}{b}A'_{水样} \text{ 或 } \rho_{SiO_3^{2-}-Si}=\frac{1}{b}(A'_{水样}-a) \quad (3\text{-}14\text{-}3)$$

式中：$\rho_{SiO_3^{2-}-Si}$——用纯水配制标准溶液测得的硅酸盐硅浓度（mg/L）；

$A'_{水样}$——水样硅酸盐硅的校正吸光度；

a——标准曲线的截距；

b——标准曲线的斜率。

对于不同盐度的水样，通过用纯水绘制的标准曲线所求得的硅酸盐硅浓度，需进行盐度校正。若用与盐度相近的人工海水制作标准曲线，则不需盐度校正。另外，若所取水样的体积不是 25.0 mL，则还需要进行体积校正。

盐度校正系数(f)可由表 3-14-1 查出，体积校正系数为$\frac{25.0}{V_{水样}}$。

表 3-14-1　盐度校正系数表

盐度	1～5	5～10	10～15	15～20	20～25	25～28	28～34
f	1.10	1.15	1.20	1.22	1.23	1.24	1.25

也可参考如下盐度误差校正公式计算不同盐度水样的硅酸盐硅的浓度：

当 $S>7$ 时：

$$\rho_{SiO_3^{2-}-Si}=\frac{A'_{水样}\times(1.05+0.001S)-a}{b} \tag{3-14-4}$$

当 $S\leqslant 7$ 时：

$$\rho_{SiO_3^{2-}-Si}=\frac{A'_{水样}\times(1.00+0.008S)-a}{b} \tag{3-14-5}$$

式中：$\rho_{SiO_3^{2-}-Si}$——水样中活性硅酸盐硅的浓度(mg/L)；

$A'_{水样}$——水样的校正吸光值；

S——水样的盐度；

a——标准曲线的截距；

b——标准曲线的斜率。

拓展知识

流动注射分析

流动注射分析(flou injection analysis，FIA)是由丹麦科学家于 1975 年首先提出来的。它是在间歇分析(也称自动分析)和连续流动分析的基础上，吸收了高效液相色谱的某些特点发展而来的。由于它具有仪器设备简单、测定速度快、试样需要量少、自动化程度高，并可与多种检测器联用等特点，现已得到迅速发展。

流动注射分析系统主要由载流驱动系统(蠕动泵)、进样系统(采样注入阀)、混合反应系统(反应盘管)和检测系统(检测器和记录仪)组成。

流动注射分析在水环境分析中的应用已非常广泛。该法可测定水中的多种金属,如镉、汞、镍、铜、锌、铬、铅、钙、镁等;也可测定多种无机物,如氯离子、氟离子、氨氮、亚硝酸盐氮、硝酸盐氮、总氮、磷酸盐、总磷等;还可测定某些有机物,如酚、化学需氧量、阴离子表面活性剂等。

流动注射分析(FIA)与离子选择电极(ISE)、分光光度法、原子吸收光谱法(AAS)、原子发射光谱法(AES)、电感耦合等离子体法(ICP)等两种分析仪器的联用,在水质分析中已有较广泛的应用。多种仪器的联用分析,可以进行有效分离、浓缩,使分析结果的灵敏度和准确度大大提高,而且更易于实现自动化,已引起世界各国分析工作者的高度重视。

多种分析方法的联用,可对多种有机和无机污染物进行定性和定量分析。如 FIA-ISE 联用技术测定溶液的总碱度,流动注射-固相萃取-分光光度联用技术测定水中痕量硅酸盐,流动注射-火焰原子吸收法测定水的化学需氧量等。

电感耦合等离子体质谱法(ICP-MS),可以实现对水中的痕量和超痕量元素的高灵敏、多元素的快速测定,是近年来发展最快的无机痕量元素分析方法之一,应引起高度重视。

实验15

底质与水中酸挥发性硫化物的测定

知识要点	掌握程度	学时	教学方式
亚甲蓝法测定水中硫化物	掌握	3	讲授与操作
硫化氢气体的收集	熟悉	1	讲授与演示
硫化物的测定方法	了解	1	课外阅读
拓展实验 （1）利用通用玻璃仪器（如平底烧瓶、锥形瓶、漏斗、定氮装置等），组装测定硫化物的吹气装置。 （2）查阅底质样品的采集、预处理以及分解与浸提方法。			

本节所指“底质”指江、河、湖、库、海等水体底部表层的沉积物质。底质及水中的含硫有机物，在无氧分解过程中，会生成无机硫化物，硫酸盐在还原态条件下，亦可受微生物作用而生成硫化物。酸挥发性硫化物则是指能被 1 mol/L 的冷盐酸所提取的硫化物（通常以硫含量表达），是总硫中活性最高的部分。本实验选用对氨基二甲基苯胺分光光度法，即亚甲蓝法测定底质及水中的酸挥发性硫化物。

一、原理

在有高铁离子存在的酸性条件下，试样中的硫化物与对氨基二甲基苯胺生成蓝色化合物——亚甲蓝，颜色的深浅与水中的硫离子浓度成正比，在 660 nm 波长处测定其吸光度。

该方法适用于地面水、地下水、生活污水和工业废水中硫化物的测定。

二、仪器与试剂

1. 仪器

硫化氢曝气装置(图 3-15-1)、分光光度计、恒温水浴、50 mL 包氏吸收管、比色管、滴定装置、碘量瓶、移液管等。

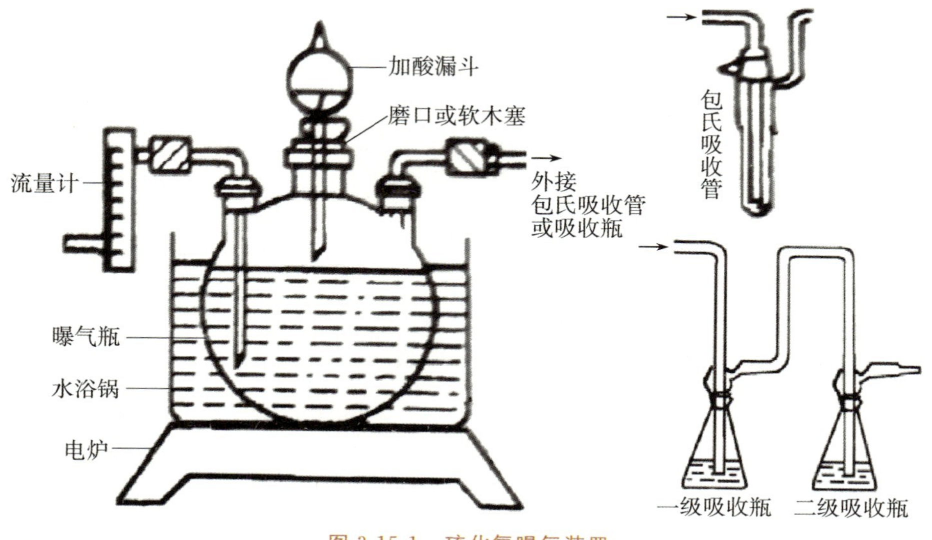

图 3-15-1　硫化氢曝气装置

2. 试剂

(1) 无二氧化碳除氧水：将纯水煮沸 15 min 后，加盖迅速冷却到室温；或通入纯氮气至饱和，于密闭容器中保存。

(2) 乙酸锌溶液(10%)：称取 10 g 乙酸锌[$Zn(CH_3COO)_2 \cdot 2H_2O$]溶于水并稀释至 100 mL，如混浊，应过滤后使用。

(3) 盐酸溶液(1+2)：1 体积的浓盐酸与 2 体积的纯水混合。

(4) 氮气(纯度不低于 99.99%)。

注意

严格按照氮气瓶的使用操作方法使用。

(5) 对氨基二甲基苯胺二盐酸盐溶液(1 g/L)：称取 1 g 对氨基二甲基苯胺二盐酸[$NH_2C_6H_4N(CH_3)_2 \cdot 2HCl$]溶于 700 mL 水中，在不断搅拌下，缓缓地加入 200 mL 浓硫酸，冷却后，加纯水至 1 000 mL，混匀，盛于棕色试剂瓶中，置于冰箱中保存。

(6) 硫酸铁铵溶液：称取 25 g 硫酸铁铵[$Fe(NH_4)(SO_4)_2 \cdot 12H_2O$]于 250 mL烧杯中，加纯水约 100 mL、浓硫酸 5 mL，溶解后用纯水稀释至 200 mL，混匀。如混浊则应过滤。

(7) 碘溶液($c_{\frac{1}{2}I_2}$=0.1 mol/L)：称取 20 g 碘化钾(KI)溶于 50 mL 纯水中，加入6.345 g 碘(I_2)，溶解后，定量转入 500 mL 容量瓶中，加纯水至标线，混匀。贮存于棕色磨口试剂瓶中，于阴凉处保存。

(8) 硫酸溶液(1+3)：同实验 4。

(9) 硫代硫酸钠标准溶液($c_{Na_2S_2O_3}$=0.1 mol/L)：称取 12.5 g 硫代硫酸钠($Na_2S_2O_3 \cdot 5H_2O$)，用新煮沸并冷却的纯水溶解，加入 0.1 g 碳酸钠(Na_2CO_3)，溶解后转入棕色试剂瓶中，加纯水至 500 mL，混匀。标定方法见实验 3。

(10) 1%淀粉。

(11) 硫化钠标准贮备溶液：称取 7.5 g 结晶状硫化钠($Na_2S \cdot 9H_2O$)溶于 1 000 mL无二氧化碳除氧水中，盛于棕色瓶内冷藏保存，此溶液 1 mL 大约含 1 mg 硫。临用前用碘量法标定，方法如下：

于 250 mL 碘量瓶中，加入 10 mL 10%乙酸锌溶液，准确加入 10.00 mL 待标定的硫化钠标准贮备溶液，加入 20.00 mL 碘溶液，用无二氧化碳除氧水稀释至60 mL，再加入 2.5 mL 硫酸溶液(1+3)，立即密塞摇匀，于暗处放置5 min，用0.1 mol/L硫代硫酸钠标准溶液滴定至溶液呈浅黄色时，加入 1 mL 1%淀粉溶液，继续滴定至蓝色刚刚消失，记录硫代硫酸钠标准溶液的用量(V_1)。同时用 10 mL 纯水代替硫化钠标准贮备溶液作空白滴定。其耗用硫代硫酸钠标准溶液的体积为 V_2。

$$\rho_S = \frac{c_{Na_2S_2O_3} \times (V_2 - V_1) \times 16.04 \times 1\,000}{V} \tag{3-15-1}$$

式中：ρ_S——硫的浓度(μg/L)；

$c_{Na_2S_2O_3}$——硫代硫酸钠标准溶液的浓度(mol/L)，此处需标定的准确浓度；

V_2——空白滴定时耗用的硫代硫酸钠标准溶液的平均体积(mL)；

V_1——滴定硫化物标准贮备溶液时耗用的硫代硫酸钠标准溶液的体积(mL)；

V——硫化钠标准贮备溶液的体积(mL)，此处为 10.00 mL。

(12) 硫化钠标准使用溶液(ρ_S=5.00 μg/mL)：两种配制方法可供选择使用。

① 吸取一定量刚标定过的硫化钠标准贮备溶液，用除氧纯水稀释成 1.00 mL含 5.00 μg 硫化物(S^{2-})的标准使用溶液，此标准溶液保存时间很短，临用时现配。

② 在 500 mL 容量瓶中，加入 1 mL 的乙酸锌溶液和 400 mL 纯水，再吸取一定量刚标定过的硫化钠标准贮备溶液，加纯水至标线，充分混匀，使成均匀的含硫 5.00 μg/mL 的悬浊液，在 20℃ 条件下，可保存 1～2 周。只是在使用时，应充分振摇均匀。

三、测定步骤

1. 标准曲线的制作

(1) 取 6 支 25 mL 具塞比色管，分别加 2.5 mL 乙酸锌溶液，再按表 3-15-1 的用量(V_S)加入充分混匀的硫化钠标准使用液，混匀，加纯水至标线。

表 3-15-1　硫化钠标准系列溶液的配制

管号	1	2	3	4	5	6
V_S /mL	0.00	0.50	1.00	1.50	2.00	2.50
ρ_S /(mg/L)	0.00	0.10	0.20	0.30	0.40	0.50

(2) 各加入对氨基二甲基苯胺二盐酸盐溶液(1 g/L)1.5 mL，密塞，颠倒一次混匀，再各加硫酸铁铵溶液 0.5 mL，混匀，静置 10 min。

(3) 在波长 665 nm 处，用 10 mm 比色皿，以纯水参比，测定吸光度(A_i)。

(4) 以上述系列标准溶液测得的吸光度(A_i)扣除试剂空白(1 号管)的吸光度(A_0)，得到校正吸光度(A'_i)。以系列标准溶液的校正吸光度(A'_i)为纵坐标，硫的浓度(ρ_S)为横坐标，可得通过原点的直线，即标准曲线。

2. 试样的测定

(1) 吸取乙酸锌 2.5 mL 于包氏吸收管中，用水稀释至 10 mL。

(2) 测定底质试样时，准确称取 2～5 g 混匀的湿样于 50 mL 烧杯中，加 5 mL纯水和 2～3 mL 乙酸锌溶液(10%)，用玻璃棒搅至稀糊状，转入曝气瓶中，用 30 mL 水分 4 次洗净烧杯，洗液依次转入曝气瓶中。

若测定水样时，取 200 mL 现场固定并混匀的水样于曝气瓶中(海水等硫化物含量较低的样品可加大取样量)。

将装入试样的曝气瓶放入恒温水浴内，连接好导气管、加酸漏斗和包氏吸收管，组装好硫化氢曝气装置。

(3) 以 400 mL/min 的流速连续吹氮气 5 min，驱除装置内的空气，并检查各部位的气密性。然后停止吹气。

(4) 量取 30 mL 盐酸溶液(1+2)于加酸漏斗内，当水浴温度控制在 60～70℃时，一次性加完漏斗中的盐酸，及时关闭漏斗的活塞，以免空气进入曝气瓶中。以 75～100 mL/min 的流速吹气 20 min，以 300 mL/min 的流速吹气 10 min，最后以 400 mL/min 的流速吹气 5 min，赶尽所有留在装置中的硫化氢气体。关闭电源，停止吹气，取下吸收管。将吸收液全部移入 25 mL 具塞比色管中，用纯水稀释至标线。

对于清洁的水样可直接量取 25 mL[或适量($V_{水样}$)，稀释至 25 mL]于具塞比色管中进行下一步测定。

(5) 按照标准曲线的制作步骤(2)、(3)，测定吸收液的吸光度($A_{水样}$)。

四、结果计算

1. 标准曲线法

吸收液的吸光度($A_{吸收液}$)扣除试剂空白吸光度(A_0)，得到吸收液的校正吸光度($A'_{吸收液}$)，由 $A'_{吸收液}$ 在标准曲线上查得吸收液(即水样)中硫化物的浓度(ρ_S)。

2. 求算回归方程

采用相应软件(如 Excel)处理标准曲线数据，可求得直线回归方程：

$$A'_i = b \times \rho_S \text{ 或 } A'_i = a + b \times \rho_S \quad (3\text{-}15\text{-}2)$$

① 水样中酸挥发性硫化物的浓度(ρ_S)计算：

$$\rho_S = \frac{1}{b} A'_{水样} \times \frac{25.0}{V_{水样}} 或 \rho_S = \frac{1}{b} (A'_{水样} - a) \times \frac{25.0}{V_{水样}} \qquad (3\text{-}15\text{-}3)$$

式中：ρ_S——水样中硫化物的浓度(mg/L)；

$A'_{水样}$——水样硫化物的校正吸光度；

$V_{水样}$——水样的体积(mL)；

a——工作曲线的截距；

b——工作曲线的斜率。

② 底质干样中酸挥发性硫化物的含量(W_s)按下式计算：

$$W_s = \frac{\rho_S \times V_{吸收液}}{m \times (1 - \omega_{H_2O})} \qquad (3\text{-}15\text{-}4)$$

式中：W_s——底质干样中硫化物的质量分数(μg/g)；

ρ_S——吸收液中硫的浓度(μg/mL)；

$V_{吸收液}$——吸收液定容的体积(mL)；

m——底质试样的称取量(g)；

ω_{H_2O}——底质湿样的含水率(%)。

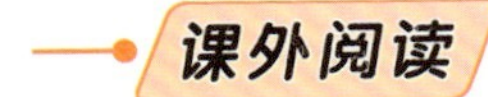

水环境中的硫化物

一、水中的硫化物

天然水中不常含有硫化物，只有地下水(特别是温泉水)、生活污水中常含硫化物。当大量生活污水排入天然水体后，在厌氧条件下，由于细菌的作用使硫酸盐还原以及由含硫有机物的分解而产生硫化物。含硫化物工业废水的直接排放，更是自然水体硫化物超标的直接原因。

水中的硫化物主要有溶解性的 H_2S、HS^-、S^{2-}，另外还有存在于悬浮物中的可溶性硫化物、酸可溶性金属硫化物以及未电离的有机及无机类硫化物。通常所指的水中硫化物系 H_2S、HS^-、S^{2-} 三者的总和，或者包括酸溶性金属硫化物。

硫化氢易挥发，具较大毒性，其含量取决于水的 pH、水温和溶解氧。pH 下降，未离解的 H_2S 浓度增大；在氧化能力较好的自然水体，足以氧化硫化氢，因此很少发现硫化氢的存在。但在贫氧条件下，如池塘底部，养殖生物的残饵、粪便等聚集的区域，就可能有大量硫化物的存在。当水底部形成的硫化氢向空气中逸散达到一定浓度时（大约在 0.035 μg/L），人就会有感官上的觉察，同时也会消耗水中溶解氧，并致水生生物死亡。因此，硫化物作为判断水体受污染程度的一项重要指标，其值越高，说明该水体受污染越严重。

二、监测分析方法简介

目前，我国测定水中硫化物的方法主要有容量分析法、分光光度法、离子选择电极法、间接原子吸收法、气相分子吸收光谱法以及最新的流动注射-亚甲基蓝分光光度法。

在容量滴定法中，除用碘作氧化剂外，还可采用碘酸盐、次氯酸盐、高锰酸盐等氧化剂。实验证实，以次氯酸盐为氧化剂，可使灵敏度增高，但得不到理想的回收率；以高锰酸盐为氧化剂，则精密度高而准确度不高。比较之下，以碘量法最为理想，该法测定步骤简便，准确度也合乎要求，特别是当硫化物含量大于 1 mg/L 时。

在各种可见分光光度法、比浊法和荧光分光光度法中，应用比较广泛的是亚甲基蓝分光光度法，该法灵敏度高、选择性好。

还有使用仪器测定的方法，诸如离子色谱法、原子吸收分光光度法、库仑滴定法、离子选择电极法、极谱法、电位滴定法、冷原子荧光法、离子交换高压液相色谱法、阳极溶出伏安法等。这些方法往往因硫化氢的易挥发性以及硫化物的不稳定性等诸多因素的影响，而得不到理想的结果。

在水样中直接加入定量且过剩的重金属离子或重金属络离子，使硫离子生成重金属的硫化物沉淀，然后利用间接分光光度法、间接原子吸收法、间接荧光分光光度法等测定溶液中剩余的重金属离子，从而达到间接测定硫化物的目的。

比较普遍采用的是碘量法和亚甲蓝分光光度法，一般当样品浓度较低（$<$1.00 mg/L）时选用亚甲蓝分光光度法，在样品浓度大于 1.00 mg/L 的情况下采用碘量法。但在 0.90～1.10，mg/L 范围内，两种方法的检测结果均符合要求。

流动注射-亚甲基蓝分光光度法是近年来新发展的测定硫化物的新方法。

该法采用全自动分析手段，完全消除了人为误差，使得每一个样品的反应温度、时间、试剂量等条件一致，完全解决了亚甲蓝法前期对水样吹气分离预处理时间长、操作繁琐、易造成硫化物损失、分析结果波动性大的不足，大大提高了方法的准确度。且试剂使用量小，分析速度快，能满足大批量样品的快速检测。

三、水样的预处理

硫化物测定中样品的预处理，其目的是提高检测能力和消除干扰。但在不能立即测定的情况下，需要按照一定的程序和方法，对水样进行采集与保存。

1. 水样的采集与保存

由于水中硫化物的不稳定，易被氧化，还易于从水中逸出。因此，在水样采集时，应防止曝气，在不能立即测定的情况下，需要加入固定剂保存。

采样时，按照“水样＋乙酸锌＋氢氧化钠＝100 mL＋0.3 mL＋0.6 mL”的大致比例，先在采样瓶中加入适量 1 mol/L 的乙酸锌，再加入所需量的水样，最后滴加 1 mol/L 的氢氧化钠溶液，使 pH 为 10～12。遇碱性水样时，应先小心用乙酸溶液(1＋1)调至中性，再按上述操作取样。硫化物含量高时，可酌情多加固定剂，直至沉淀完全。然后充分混匀，固定硫化物。注意水样瓶应充满，不能留有气泡，然后避光保存于 4℃的冰箱中。

2. 水样的预处理方法

根据地表水和废水中常见的干扰物质种类，常用的消除干扰的方法有沉淀法、酸化-吹气法、沉淀过滤-酸化-吹气分离法和离子交换法等。

(1) 沉淀法：当水样中含干扰物质时，可在采集水样过程中，及时加入碱性乙酸锌溶液，使硫化物以硫化锌(ZnS)形式沉淀，然后密封。经过滤后与溶液中的干扰物质分离。沉淀分离法比较成熟、稳定。

(2) 吹气法：当水样中存在悬浮物或混浊度较高、色度较深时，可将现场采集固定后的水样加酸酸化(一般加磷酸)，使水样中的硫化锌转变为硫化氢气体，利用载气(一般使用氮气或二氧化碳)将硫化氢吹出，用乙酸锌-乙酸钠溶液或 2%氢氧化钠溶液吸收，再行测定。但使用该法时，要获得良好的回收率，应注意载气的纯度、流速、吹气时间、吸收液的选择、吸收装置的密封等因素的影响。

(3) 沉淀-酸化-吹气分离法：即用锌盐或镉盐使生成的硫化物沉淀后，过滤或离心分离，再在酸性介质中吹气，使硫化氢被吸收液吸收，也可先行吹气，然后沉淀分离。这一方法，也是上述两法的联合。

(4) 离子交换法：水样以 30～100 mL/min 流速通过经预处理的强碱性阴离子交换树脂柱，然后用 10 mL 4 mol/L 氢氧化钠溶液作淋洗液，以 1 mL/min 的流速淋洗，洗脱液以亚甲蓝比色法测定。

四、硫化物标准溶液的制备与保存

目前硫化物标准溶液都是用硫化钠($Na_2S \cdot 9H_2O$)配制。硫化钠是强还原剂，本身在存放过程中也容易被空气中的氧气氧化，生成 S、SO_3^{2-}、$S_2O_3^{2-}$ 及 SO_4^{2-} 等多种含硫化合物，而且用碘量法标定硫化钠溶液时，这些 SO_3^{2-} 和 $S_2O_3^{2-}$ 也能与碘(I_2)反应。配制成溶液后，被氧化的速度会更快，即使密闭保存在棕色瓶中，也不可避免，从而导致浓度降低，这给实际工作带来不便。因此，配制硫化物标准溶液时，首先使用的试剂应去除杂质，所用的纯水应除尽溶解的二氧化碳和氧气。在配制好的溶液中加入 EDTA-Na_2，能提高 S^{2-} 的稳定性。加入抗坏血酸，能增强溶液的抗氧化能力。

另外，以稀薄的硫化锌胶体溶液作为硫化物标准溶液，比较透明，几乎没有聚沉物。在 10～20℃室温下放于暗处保存时，胶体比较稳定；而在低于 5℃，或者静止存放几个月后，略有聚沉现象发生，但经摇匀后仍为均一透明状胶体溶液，不影响测定结果，硫的含量不会发生变化。

五、碘量法

(一) 原理

在酸性溶液中，底质样品或水样中的硫化物与硫化氢均变为游离硫化氢。通入氮气(或二氧化碳)，将游离硫化氢赶出(也可同水蒸气一起蒸出)，导入醋酸锌吸收液内，使生成白色硫化锌沉淀。

$$Zn(A_C)_2 + H_2S \longrightarrow ZnS\downarrow + 2HA_C$$

在醋酸锌吸收液中加入酸和定量并过量的碘标准溶液，使硫化锌在酸性条件下溶解并与碘反应，用硫代硫酸钠溶液滴定过量碘，计算求得水中硫化物的含量。

$$ZnS + 2HCl \longrightarrow ZnCl_2 + H_2S$$

$$H_2S + I_2 \longrightarrow 2HI + S\downarrow$$

$$I_2 + 2Na_2S_2O_3 \longrightarrow 2NaI + Na_2S_4O_6$$

从以上反应式可知：

$$Na_2S_2O_3 \approx \frac{1}{2}H_2S$$

(二) 主要仪器和试剂

1. 仪器

(1) 酸化-吹气-吸收装置：将图 3-15-1 中的吸收瓶与曝气瓶等连接，并采用一、二级吸收。

(2) 氮气或二氧化碳钢瓶。

(3) 恒温水浴锅。

(4) 滴定装置。

2. 试剂

(1) 乙酸锌吸收液(1 mol/L)：称取 220 g 乙酸锌[$Zn(CH_3COO)_2 \cdot 2H_2O$]溶于纯水稀释至 1 L。

(2) 硫代硫酸钠溶液($c_{Na_2S_2O_3}$ =0.01 mol/L)：将亚甲蓝法中的硫代硫酸钠溶液准确稀释 10 倍即可。贮于棕色瓶中，使用前标定。

(3) 碘溶液($c_{\frac{1}{2}I_2}$ =0.01 mol/L)：将亚甲蓝法中的碘标准溶液准确稀释 10 倍即可，现用现配。

其余试剂同亚甲蓝法。

(三) 测定步骤

(1) 量取 2.5 mL 乙酸锌吸收液(1 mol/L)于两个吸收瓶中，用水稀释至 50 mL。两个吸收瓶串联，形成一、二级吸收。

(2) 测定底质试样时，准确称取 2～5 g 混匀的湿样于 50 mL 烧杯中，加 5 mL纯水和 2～3 mL 乙酸锌溶液(10%)，用玻璃棒搅至稀糊状，转入曝气瓶中，用 30 mL 水分 4 次洗净烧杯，洗液依次转入曝气瓶中。

若测定水样时，取 200 mL 现场固定并混匀的水样于曝气瓶中(海水等硫化物含量较低的样品可加大取样量)，

将装入试样的曝气瓶放入恒温水浴内，连接好导气管、加酸漏斗和吸收瓶，

组装好硫化氢曝气装置。

(3) 以 400 mL/min 的流速连续吹氮气 5 min，驱除装置内的空气，并检查各部位的气密性。然后停止吹气。

(4) 量取 30 mL 盐酸溶液(1＋2)于加酸漏斗内，当水浴温度控制在 60～70℃时，一次性加完漏斗中的盐酸，及时关闭漏斗的活塞，以免空气进入曝气瓶中。以 75～100 mL/min 的流速吹气 20 min，以 300 mL/min 的流速吹气 10 min，最后以 400 mL/min 的流速吹气 5 min，赶尽所有留在装置中的硫化氢气体。关闭电源，停止吹气，取下吸收瓶。

(5) 于上述两个吸收瓶中，分别加入 10.00 mL 0.01 mol/L 的碘标准溶液，加 5 mL 盐酸溶液(1＋1)，密塞混匀，在暗处放置 5 min，然后用 0.01 mol/L 硫代硫酸钠标准溶液滴定至淡黄色，加入 1 mL 淀粉指示剂，继续滴定至蓝色消失至无色。记录消耗的硫代硫酸钠标准溶液的总体积(V_1)。

(6) 空白试验：以纯水代替水样，加入与测定水样时相同体积的试剂，按前述步骤测定。记录消耗硫代硫酸钠标准溶液的体积(V_0)。

(四) 结果计算

$$\rho_S=\frac{c_{Na_2S_2O_3}\times(V_0-V_1)}{V_{水样}}\times16.04\times1\ 000 \tag{3-15-5}$$

或

$$W_s=\frac{c_{Na_2S_2O_3}\times(V_0-V_1)}{m\times(1-\omega_{H_2O})}\times16.04\times1\ 000 \tag{3-15-6}$$

式中：ρ_S——水样中硫化物的浓度(mg/L)；

$c_{Na_2S_2O_3}$——硫代硫酸钠标准溶液的浓度(mol/L)，参照实验 3“硫代硫酸钠溶液的标定”方法准确标定；

$V_{水样}$——水样的体积(mL)；

V_1——滴定水样消耗硫代硫酸钠标准溶液的总体积(mL)；

V_0——空白试验时消耗硫代硫酸钠标准溶液体积(mL)；

W_s——底质干样中硫化物的质量分数(mg/g)；

m——底质试样的称取量(g)；

ω_{H_2O}——底质湿样的含水率(%)。

实验16 地下水中铁的测定

知识要点	掌握程度	学时	教学方式
邻菲啰啉分光光度法	掌握	2	讲授与操作
地下水样品的采集和预处理	了解	0.5	讲授
铁的其他测定方法	了解	2	课外阅读
拓展实验 将不同波长的光依次射入被测溶液，测出相应的吸光度，以波长为横坐标，对应的吸光度为纵坐标作图，所得曲线称为吸收光谱曲线（或吸收光谱）。绘制铁的吸收光谱曲线。			

一、邻菲啰啉分光光度法

（一）原理

亚铁离子（Fe^{2+}）在 pH 为 3～9 的水溶液中，与邻菲啰啉生成极稳定的橙红色络合物，该络合物的最大吸收波长为 508 nm。

若在水样中先加入盐酸羟胺将 Fe^{3+} 离子还原成 Fe^{2+} 离子，再加入邻菲啰啉反应后进行比色，被测定的是水中的 Fe^{3+}、Fe^{2+} 及在该 pH 条件下能参与反应的胶态铁和配位铁离子，即总铁。

本法适用于地表水、地下水及废水中铁的测定，最低检出限为 0.03 mg/L，线性浓度范围为 0～5 mg/L。铁离子浓度＜1.0 mg/L 时，用 5 cm 比色皿，其最低检出浓度可达 0.01 mg/L。对铁离子＞5.00 mg/L 的水样，可适当稀释后再测定。

（二）主要仪器和试剂

1. 仪器

分光光度计、比色皿、比色管、容量瓶、移液管等。

2. 试剂

（1）邻菲啰啉溶液：称取 0.1 g 邻菲啰啉（$C_{12}H_8N_2 \cdot H_2O$）溶于 100 mL 纯水，必要时加热至 80～90℃或加几滴浓盐酸促进溶解。

（2）盐酸羟胺溶液：称取 10 g 盐酸羟胺（$NH_2OH \cdot HCl$）溶于 100 mL 纯水中。此溶液不稳定，冷藏下至多可保存约 1 周，最好现配现用。

（3）乙酸钠溶液（1 mol/L）：称取 83 g 乙酸钠（NaAc）溶于 1 000 mL 纯水中。

（4）硫酸亚铁铵标准贮备溶液（$\rho_{Fe^{2+}}=100\ \mu g/mL$）：称取 0.351 1 g 硫酸亚铁铵[$FeSO_4 \cdot (NH_4)_2SO_4 \cdot 6H_2O$]溶于约 30 mL 纯水中，再加 10 mL 浓硫酸，定量转移至 500 mL 容量瓶中，用纯水定容。

（5）硫酸亚铁铵标准使用溶液（$\rho_{Fe^{2+}}=10.0\ \mu g/mL$）：将标准贮备溶液准确稀释 10 倍，配制成含铁 10.0 μg/mL 的标准使用溶液。

（三）操作步骤

1. 标准曲线的制作

（1）取 6 支 25 mL 比色管，分别按表 3-16-1 所示体积（V_S）加入硫酸亚铁铵标准使用溶液，用纯水定容到 25.0 mL，摇匀。

表 3-16-1　制作标准曲线时硫酸亚铁铵标准使用溶液加入量（V_S）

管号	1	2	3	4	5	6
V_S /mL	0.00	0.50	1.00	1.50	2.00	2.50
$\rho_{Fe^{2+}}$ /(mg/L)	0.000	0.200	0.400	0.600	0.800	1.000

（2）各加入盐酸羟胺溶液 0.5 mL，混匀，静置 2 min。

（3）分别加乙酸钠溶液（1 mol/L）2.5 mL 及邻菲啰啉溶液 1.5 mL，再摇匀。静置15 min。

（4）于 508 nm 波长处，用纯水作参比，测定各管显色溶液的吸光度（A_i），其中 1 号管即为试剂空白吸光度（A_0）。以校正吸光度（$A'_i=A_i-A_0$）为纵坐标，以总铁浓度（ρ_{TFe}）为横坐标，可得通过原点的直线，即标准曲线。

2. 水样测定

分别移取 25.0 mL 水样[或适量水样($V_{水样}$),用纯水稀释至 25.0 mL]于 2 支 25 mL 比色管中(可按上表编号为 7 号、8 号)。在 7 号比色管中加入盐酸羟胺溶液 0.5 mL,在 8 号比色管中加入 0.5 mL 纯水,摇匀。经2 min后分别加 2.5 mL乙酸钠溶液(1 mol/L)及 1.5 mL 邻菲啰啉溶液,再摇匀。静置 15 min 后,按照标准曲线的比色方法测定水样的吸光度,7 号管为总铁的吸光度(A_{TFe}),8 号管为水样Fe^{2+}的吸光度($A_{Fe^{2+}}$)。

(四) 结果与计算

1. 标准曲线法

由校正吸光度[$A'_{TFe}=(A_{TFe}-A_0)$、$A'_{Fe^{2+}}=(A_{Fe^{2+}}-A_0)$]在标准曲线上查得水样中总铁和亚铁离子的浓度。

2. 直线方程法

用计算机及相应软件(例如 Excel)求直线回归方程。总铁回归方程的一般形式为

$$A'_i=b\times\rho_{TFe} \text{ 或 } A'_i=a+b\times\rho_{TFe} \tag{3-16-1}$$

水样的总铁浓度(ρ_{TFe})计算:

$$\rho_{TFe}=\frac{1}{b}A'_{TFe}\times\frac{25.0}{V_{水样}} \text{ 或 } \rho_{TFe}=\frac{1}{b}(A'_{TFe}-a)\times\frac{25.0}{V_{水样}} \tag{3-16-2}$$

水样的亚铁离子浓度($\rho_{Fe^{2+}}$)计算:

$$\rho_{Fe^{2+}}=\frac{1}{b}A'_{Fe^{2+}}\times\frac{25.0}{V_{水样}} \text{ 或 } \rho_{Fe^{2+}}=\frac{1}{b}(A'_{Fe^{2+}}-a)\times\frac{25.0}{V_{水样}} \tag{3-16-3}$$

水样的铁离子浓度($\rho_{Fe^{3+}}$)计算:

$$\rho_{Fe^{3+}}=\rho_{TFe}-\rho_{Fe^{2+}} \tag{3-16-4}$$

式中:ρ_{TFe}——水样中总铁的浓度(mg/L);

$\rho_{Fe^{2+}}$——水样中亚铁离子的浓度(mg/L);

$\rho_{Fe^{3+}}$——水样中铁离子的浓度(mg/L);

A'_{TFe}——水样总铁的校正吸光度;

$A'_{Fe^{2+}}$——水样中亚铁离子的校正吸光度;

$V_{水样}$——水样的体积(mL);

a——工作曲线的截距；

b——工作曲线的斜率。

二、水样的采集、保存和预处理

实际水样中铁的存在形态是多种多样的，可以在溶液中以简单的水合离子和复杂的无机、有机络合物形式存在，也可以存在于胶体、悬浮物和颗粒物中。其存在价态可能是二价，也可能是三价。当水样暴露于空气中时，二价铁易被迅速氧化为三价铁；当样品 pH＞3.5 时，易导致高价铁水解沉淀。另外，水中细菌的繁殖也会改变铁的存在形态。

样品的不稳定性和不均匀性对分析结果影响较大，因此在样品的采集、保存和运输过程中，必须根据监测计划，对样品进行仔细的预处理。只有小心获得的有代表性的水样才能保证测定的价值。

1. 总铁

总铁是指水体中各种形态铁（悬浮物、可滤态）的总和，要精确测定总铁的水样必须用单独的容器采集。采样时应取混合水样，立刻在采集的样品中加硝酸（HNO_3）酸化至 pH＜1 后带回实验室。在分取测试水样时，一定要充分振摇，以得到一个含铁均匀的溶液。当胶体态铁黏附在样品瓶上时，必须特别注意这一操作（采用塑料瓶时，这个问题可能更为严重）。取样测定时，还要考虑加入酸的体积，加过酸的水样消化前不必再加酸。

2. 可滤态铁

可滤态铁指能通过孔径为 0.45 μm 的滤膜的铁，包括铁的简单离子态、无机和有机络合物及其微小的胶态粒子（能通过 0.45 μm 孔径的部分胶体粒子态）。为此必须在采样现场进行过滤，其滤液立刻用硝酸酸化至 pH＜1。

3. 二价铁

水样中 Fe^{2+} 易被空气氧化为 Fe^{3+}，很不稳定，要固定水中 Fe^{2+} 是困难的。一般是在采样现场用盐酸酸化（每 100 mL 水样加 2 mL 浓盐酸），直接将水样灌满采样瓶，使之不留有空隙，然后加盖密封保存，带回实验室测定。此保存方法经常用于对地下井水的采集。

4. 其他形态的铁

悬浮态铁：从总铁中减去可滤态铁即为悬浮态铁；也可过滤一定量的水样，

收集在滤膜上的悬浮态铁，经消解后直接测定。

三价铁：从总铁中减去 Fe^{2+} 含量即是 Fe^{3+} 含量。

水环境中的铁及其测定方法

一、铁在水环境中的意义

天然水中的铁包括可溶性铁和不可溶性的铁，可溶性铁包括阳离子铁、铁的无机络合物、铁的有机络合物、铁的溶胶，它们可随水流迁移。不可溶性铁包括悬浮铁、氢氧化铁、单胶核铁、有机或无机悬浮物吸附铁，它们却易沉积到底质中。

天然地表水中含铁量比较低，这是因为地表水中都含有溶解氧，在氧化条件下，Fe^{2+} 容易被氧化成 Fe^{3+}，并在中性或弱碱性条件下可水解成不溶的 $Fe(OH)_3$ 沉积到底质中，使铁向底质中迁移。沉积到底部的铁，在缺氧状态下，由于微生物的作用，Fe^{3+} 又可被还原为易溶解的 Fe^{2+}。铁的这种沉淀和溶解现象完全受环境（主要是 pH 和氧化还原电位）的影响，当水中 pH 降低，促进铁在水中溶解，使水中含铁量增高；当 pH 升高，铁在水中沉淀，使水中含铁量降低。当氧化还原电位降低，在还原条件下，促使铁呈二价被溶解，水中含铁量增高；当氧化还原电位升高，在氧化条件下，促使铁呈三价被沉淀，水中含铁量降低。在富含有机质的沼泽水中含铁量很高，这是因为大量的有机质和铁离子生成可溶性络合物所致；地下水或主要由地下水补充的河段，由于地质不同以及水中缺氧处于还原条件，可溶性铁以 Fe^{2+} 居多，二价铁化合物的溶解度大，含铁量一般比地表水高，有些地下井水铁含量可高达每升几百毫克。

海水中的含铁量比天然地表水低，平均含铁量仅有每升数十微克。

铁是人体生理必不可少的微量元素，是合成血红蛋白的主要原料之一。当铁缺乏时不能合成足够的血红蛋白，造成缺铁性贫血。铁还是人体内参与氧化还原反应的一些酶和电子传递链的组成部分，如过氧化氢酶和细胞色素都含有铁。同样，对水生动物来说，铁在机体的代谢过程中扮演着重要角色，是构成血红蛋白和肌红蛋白的重要元素。铁也是动植物的营养元素，在某种程度上会限制水体的初级生产力，或诱发海洋赤潮。富铁水直接进入养殖池塘，其中的二价铁化合物将会大量耗氧，产生 $Fe(OH)_3$ 絮状物沉淀，聚沉藻类，堵塞养殖生物的呼吸器官，同时水体 pH 下降，危害养殖生产。因此，水中铁含量的测定与控制对水产养殖日显重要。

二、测定方法简介

测定水中铁的方法很多，邻菲啰啉分光光度法以及原子吸收光谱法是目前较为常用的方法。

1. 邻菲啰啉分光光度法

水中的铁在一定条件下能与某些试剂直接发生络合反应，形成有色络合物，这类试剂主要有邻菲啰啉、磺基水杨酸、硫氰酸钾、荧光酮类物质、菲啰嗪、2,4,6-三(2-吡啶基)-1,3,5-三嗪等，在一定含量范围内，有色络合物的吸光度与水样中铁的含量成正比，因而可以采用分光光度法对水样中的铁进行测定。

在 pH2～9 的溶液中，邻菲啰啉可与 Fe^{2+} 生成稳定的橙红色络合物，该化合物在波长 510 nm 处有最大吸收，吸光度与水溶液中 Fe^{2+} 的含量成正比。用总铁含量减去 Fe^{2+} 含量可得 Fe^{3+} 含量。该法操作简便、准确度高、易于掌握，但铁的污染源较多，影响因素也较多。

磺基水杨酸铁的显色反应与酸度密切相关，酸度不同时，产物的组成及颜色也不同(表 3-16-2)。因此，该法应用不广。

表 3-16-2　Fe^{3+} 与磺基水杨酸形成络合物的颜色变化

pH 范围	络合物颜色
1.5～2.0	紫红色
4.0～8.0	褐色
8.0～12.0	黄色
大于 12.0	形成氢氧化铁沉淀

硫氰酸钾与水中的 Fe^{3+} 反应，在酸性溶液中 Fe^{3+} 与 SCN^- 生成 1∶1 至 1∶6的不同形式的络合物$[Fe(SCN)_n]^{3-n}$($n=1\sim6$)，该络合物颜色不稳定，且吸收峰随 SCN^- 浓度而变化，灵敏度也随显色条件而改变，现基本不用。

荧光酮类物质是一种常见的金属离子显色剂。在室温下，Fe^{3+} 与苯基荧光酮类试剂能迅速显色完全，显色体系稳定，反应条件比较简单，但是该法的抗干扰能力较弱。

2,4,6-三(2-吡啶基)-1,3,5-三嗪(TPTZ)是一种高灵敏度的显色剂，它和邻菲啰啉类似，是与 Fe^{2+} 络合，反应溶液呈现蓝紫色，颜色的深浅与 Fe^{2+} 的含量成正比。同样选用还原剂将 Fe^{3+} 还原为 Fe^{2+}，则可以实现总铁的测定。该法的灵敏度是邻菲啰啉分光光度法的 2 倍。

菲啰嗪能在合适的酸度下与 Fe^{2+} 发生络合反应，产生紫红色络合物，在波长 562 nm 处有稳定的最大吸光度。该法灵敏度高，是邻菲啰啉分光光度法的 2.5 倍，是 TPTZ 的 1.23 倍。由此而研发的以菲啰嗪为显色剂的微量铁测定试剂盒，使得微量铁的测定更加快速简单。

2. 原子吸收光谱法

火焰原子吸收法是在空气-乙炔火焰中，将水样雾化，然后带入火焰中将铁进行原子化的方法。火焰原子吸收光谱法可以同时测定水样中的多种元素，该法灵敏度高、检出限低，样品分析快速，但其测定的是经过原子化后的铁，不能区分铁的不同价态。适用于含铁量较高的水样。

对于铁含量较低的水样，采用石墨炉原子化法、氢化物原子化法、冷蒸气原子化法，可将检测限降低至纳克每毫升级的浓度。

3. 电感耦合等离子体原子发射光谱法(ICP-AES)和电感耦合等离子体质谱法(ICP-MS)

ICP-AES 是以电感耦合等离子体炬(ICP)为激发光源的光谱分析法，具有准确度好、精密度高、检出限低、线性范围宽等优点。ICP-MS 是以 ICP 为电离源，电离产生的离子通过接口装置进入质谱仪，再对元素进行测定。两种方法均可用于水中痕量铁及多种重金属等元素的测定，其缺点是设备费用昂贵，国内一般的本科教学实验室无法普及。

4. 催化动力学光度法

催化动力学光度法测定铁是根据 Fe^{3+} 对某些反应具有催化作用，根据反应速率(表现为吸光度的变化)与催化剂 Fe^{3+} 的含量之间的定量关系，通过测量吸光度的变化来计算待测物 Fe^{3+} 的含量。在测定水中痕量铁的各类反应体系中，最经常使用的氧化剂有过氧化氢、高碘酸钾、溴酸钾、溶解氧、过硫酸类化合物等。在某些介质中，Fe^{3+} 能催化这些氧化剂对还原性有机试剂的氧化反应，使有机试剂的褪色速率明显加快，从而实现痕量铁的测定。

该法灵敏度高，检出限低，一般可达纳克级；无需经过分离手段即可直接测定；所用设备简单廉价，操作简单快速，易于推广。

5. 其他方法

荧光分光光度法具有较高的灵敏度和较低的检出限，干扰离子也相对较少。其原理是在硫酸介质中，Fe^{3+} 与对氨基酚的反应产物会发出较强的荧光，其激发波长、发射波长分别为 292 nm、328 nm。

化学发光法是建立在光辐射现象上测定铁的一种较新的方法，通过检测化学发光的强度可直接测定 Fe^{3+} 的含量。该法具有操作简单、灵敏度高、线性范围宽等特点。但发光体系的选择性和重现性较差，影响因素较多。

溶出伏安法是测定微量铁最灵敏的方法之一；流动注射分析技术易与其他方法联用，实现铁的自动化测定。

对于污染严重，含铁量高的废水，传统的容量分析法，也可避免高倍数稀释操作引起的误差。其中较为经典的方法有 EDTA 络合滴定法和重铬酸钾氧化还原滴定法。

三、火焰原子吸收法测定水中的铁

（一）方法原理

将处理好的水样喷入空气-乙炔火焰中，火焰中所形成的铁原子蒸气，对铁空心阴极灯发射的特征辐射产生吸收，于波长 248.3 nm 处测量其吸光度，并和标准溶液的吸光度进行比较，确定水样中铁的含量。

本方法测定铁的浓度线性范围在 0.03～5.0 mg/L，如浓度大于 5.0 mg/L 时，可适当稀释后测定。适用于自来水、地下水、地表水和工业废水中的总铁测定。

(二) 主要仪器与试剂

1. 仪器

原子吸收分光光度计、铁空心阴极灯、乙炔钢瓶、无油空气压缩机等。

2. 试剂

(1) 硝酸溶液(1+1):1体积的浓硝酸与1体积的纯水混合。

(2) 1%盐酸。

注意

测定介质以硝酸或盐酸为好,硫酸浓度较高时易产生分子吸收,尽量不用。

(3) 铁标准贮备溶液(1.00 mg/mL 铁):准确称取1.000 g的纯铁(Fe,优级纯),用60 mL硝酸溶液(1+1)溶解,冷却后用纯水准确地稀释到1 000 mL。

(4) 铁标准使用溶液(10.0 μg/mL 铁):准确吸取10.0 mL上述铁标准贮备溶液于1 000 mL容量瓶中,用1%盐酸稀至1 000 mL。

(三) 仪器工作参数(参考)

测定波长:248.3 nm。

光谱通带(狭缝):0.2 nm。

灯电流:12.5 mA。

燃烧器高度:7.5 mm。

火焰种类:空气-乙炔。

注意

不同型号的仪器,测定条件略有差异,使用时,应根据仪器使用说明书选择合适的工作参数。

（四）实验步骤

1. 标准曲线的制作

取6个25 mL容量瓶，分别移入0.00 mL、1.00 mL、2.00 mL、3.00 mL、4.00 mL、5.00 mL铁标准使用溶液，用1%盐酸稀释至标线，摇匀备用。该标准溶液系列铁的浓度分别为0.00 mg/L、0.40 mg/L、0.80 mg/L、1.20 mg/L、1.60 mg/L、2.00 mg/L。

2. 水样溶液测定

准确吸取处理好的清澈水样10.00 mL于25 mL容量瓶中，用1%盐酸溶液稀释至标线，摇匀备用。

3. 上机测定

用1%盐酸溶液调仪器零点，在选定的条件下，分别测定其相应的吸光度，经空白校正后绘制浓度-吸光度标准曲线。或求算直线方程。

（五）结果计算

求出水样中Fe的浓度(mg/L)：

$$X = f \times c \tag{3-16-5}$$

式中：X——铁的浓度(以Fe计，mg/L)；

f——试样定容体积与试样体积之比；

c——由校准曲线查得的铁浓度(mg/L)。

实验 17 原子吸收分光光度法测定水中的铜

<table>
<tr><th>知识要点</th><th>掌握程度</th><th>学时</th><th>教学方式</th></tr>
<tr><td>原子吸收分光光度法测定水中的铜</td><td>熟悉</td><td>2</td><td>教学演示</td></tr>
<tr><td>原子吸收分光光度计的基本结构及原子吸收分光光度法的定量测定</td><td>熟悉</td><td>0.5</td><td>讲授</td></tr>
<tr><td colspan="4">拓展实验
原子吸收分光光度法在环境监测中的应用(文献分析)。</td></tr>
</table>

一、原子吸收分光光度法测定水中的铜

(一) 原理

将水样或消解处理好的试样直接吸入空气-乙炔火焰,使铜原子化,火焰中形成的原子蒸气对铜空心阴极灯发射的特征电磁辐射产生吸收,将测得的样品吸光度与标准溶液的吸光度进行比较,计算样品中铜的含量。

本方法为直接吸入火焰原子吸收分光光度法,测定快速、干扰少,适用于测定地下水、地表水和废水中的铜,测定的浓度范围与仪器的特性有关,随着仪器的参数变化而变化,一般仪器为 0.05～5 mg/L。通过样品的浓缩和稀释还可使测定的实际样品浓度范围得到扩展。

若选用甲基异丁酮萃取富集分离的火焰原子吸收分光光度法,可适用于海水中痕量铜的测定(GB17378.4—2007)。

(二) 主要仪器与试剂

1. 仪器

原子吸收分光光度计、铜空心阴极灯、空气压缩机、乙炔钢瓶及实验室常用玻璃仪器等。

2. 试剂

除另有说明外，均使用符合国家标准或专业标准的分析纯试剂，去离子水或同等纯度的水。

（1）硝酸(0.2%)。

（2）高氯酸。

（3）硝酸溶液(1+1)。

（4）燃气：乙炔，用钢瓶气供给，也可用乙炔发生器供给，但要适当纯化。

注意

乙炔为易燃气体，使用时必须按照操作规程进行使用，特别是在搬运乙炔钢瓶时，避免碰撞和强烈震动。

（5）助燃气：空气，由空气压缩机供给，进入燃烧器以前应经过适当过滤，以除去其中的水、油和其他杂质。

（6）铜标准贮备溶液(ρ_{Cu}=1 000 mg/L)：准确称取经稀酸清洗并干燥后的光谱纯金属铜(Cu)0.500 0 g 于 100 mL 烧杯中，加入 50 mL 硝酸溶液(1+1)溶解，必要时加热直至完全溶解，转入 500 mL 容量瓶中，用水定容至 500 mL。

（7）铜标准使用溶液(ρ_{Cu}=50.0 mg/L)：准确吸取铜标准贮备溶液 5.0 mL 于100 mL容量瓶中，用 0.2%硝酸溶液(1+1)稀释至标线。

（三）测定步骤

1. 绘制标准曲线的系列溶液

取 6 个 100 mL 容量瓶，按表 3-17-1 依次加入铜标准使用溶液，用 0.2%硝酸溶液稀释、定容。

表 3-17-1　绘制铜标准曲线时铜标准使用溶液加入量(V_s)

序号	1	2	3	4	5	6
V_s /mL	0.00	0.50	1.00	3.00	5.00	10.00
ρ_{Cu} /(mg/L)	0.00	0.25	1.00	1.50	2.50	5.00

2. 样品预处理

（1）如水样有大量的泥沙、悬浮物，样品采集后应及时澄清，澄清液通过孔径为0.45 μm的有机微孔滤膜过滤，滤液加硝酸酸化至 pH 为 1～2。

（2）如果样品需要消解，则按以下步骤进行：取 100 mL 水样于 200 mL 烧杯中，加入 5 mL 硝酸，在电热板上加热消解（不要沸腾），蒸至 10 mL 左右，加入 5 mL 硝酸和 2 mL 高氯酸，继续消解，直至 1 mL 左右。如果消解不完全，再加入 5 mL 硝酸和 2 mL 高氯酸，继续消解至 1 mL 左右。取下冷却，加纯水溶解残渣，用水定容至 100 mL。

同时取 0.2%硝酸 100 mL，按与上述相同的步骤操作，以此为空白样。

注意

强酸加热消解样品，应严格按照操作流程进行，务必注意安全。

3. 样品测定

（1）按规范的操作程序启动原子吸收分光光度计，通过仪器工作站的软件，选择或设置待测元素的测定条件及参数，待仪器自检（气路、光路及测定参数）就绪后，可以测定样品。

（2）仪器先用 0.2%的硝酸调零后，按标准曲线、空白样、试样的次序吸入到火焰中测量其吸光度，标准曲线的系列溶液应按照浓度由低到高的顺序进行。在仪器工作站上，直接读出试样中的铜浓度值即可（可保存、打印标准曲线或标准方程）。

（四）计算

在校准曲线上查出（或用回归方程计算出）试样中铜的浓度。

$$\rho_{Cu}=\frac{m}{V} \tag{3-17-1}$$

式中：ρ_{Cu}——水样中铜的浓度（mg/L）；

m——从校准曲线上查出或仪器直接读出的被测铜量（μg）；

V——分析用的水样体积（mL）。

二、原子吸收分光光度计基本操作流程

以 TAS-986 型(北京谱析通用)原子吸收分光光度计测定元素 Cu 为例:

1. 仪器进入初始化

开启计算机,进入操作系统,点击“AAwin”图标,启动仪器分析测试程序。接着将仪器电源打开,标题画面消失,弹出“运行模式”选择对话框,选择运行模式中的“联机”“确定”,仪器进入初始化阶段。

2. 选择元素灯

当成功完成初始化后,系统将出现“元素灯”选择窗口。从“工作灯”下拉框中选择需要的元素灯,从“预热灯”下拉框中选择下一项要测试的元素灯,也可以使用“交换”按钮来交换工作灯和预热灯。

如果选择窗口灯位中没有 Cu 灯,则需先选择其中一个灯位(假设 4 号灯位),将 4 号灯位插上铜空心阴极灯,然后将鼠标移到 4 号灯位,双击鼠标进入元素对话框,用鼠标在元素周期表中选择 Cu,按“确定”或双击鼠标后返回“元素灯”选择窗口,可以看到 4 号灯位已变为元素 Cu,然后选择工作灯为 Cu。点击下一步进入设置元素测量参数窗口。

3. 测量参数调整

根据测试要求逐项设置好各项参数,单击“下一步”,系统发送指令给仪器进行调整。完成后,进入波长设置页,选定波长后,单击“寻峰”按钮,系统会对选择的波长进行寻峰操作。寻峰结束后,点击“关闭”“完成”按钮,结束对元素灯的设置。

4. 调整原子化器位置

程序进入系统测试状态,选择系统菜单“设置”下的“燃烧器参数设置”,根据需求,对燃气流量、燃烧器高度和燃烧器位置进行设置。

5. 样品设置

在进入测量之前,选择系统主菜单“设置”下的“样品设置向导”或单击“工具”按钮,打开样品设置向导。

设置“校正方法”“曲线方程”“浓度单位”“样品编号标识”及“起始号”,其中

后两项统称为样品编号，如编号为S1的样品，在“样品编号标识”中设置为“S”，在“起始号”中设置为“1”。单击“下一步”，进入“标样浓度设置页”。在标样列表的“浓度”栏中输入相应的标样浓度，然后按“下一步”，进入“未知样品设置页”，设置未知样品的数量、样品编号以及计算实际浓度所需的系数等。

6. 测量参数设置

选择“设置”下的“测量参数”或单击工具按钮，打开测量参数设置对话框。根据测量要求，依次对“常规参数”“显示”和“信号处理”各页面中的项目进行设置。

7. 测量

在进入测量之前，还需打开空气压缩机，使空气出口压力在0.25 MPa；打开乙炔钢瓶（主阀最多开启一圈）。认真检查气路以及水封状态，确认无误后，依次选择主菜单“应用”下的“点火”或单击工具按钮，即可将火焰点燃。点燃后，可通过“燃烧器参数设置”将燃烧条件调整到最佳状态；然后选择“测量”下的“开始”，打开测量窗口，测量谱图中将开始绘制测量曲线。将准备好的空白样、系列标准溶液、待测样品放置在仪器前，将毛细管放在溶液中，待显示的测量图形或数据稳定后，单击“开始”进行测定。

8. 背景校正的使用

在测量过程中。若所测样品的杂质过多，可以选择扣除背景测量方式来消除和减少干扰。选择主菜单“设置”下的“扣背景方式”，有氘灯和自吸两种扣除背景方式可供选择。

测试完毕后，关闭乙炔气路，继续喷空白样几分钟，以清洗雾化系统，然后关闭空压机。清理好样品，整理打印结果报告。最后关闭系统。

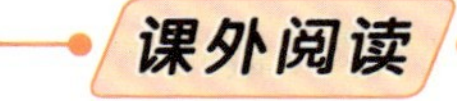

原子吸收光谱法及其特点

气相中的基态原子对同种元素原子发射的特征波长的光波具有吸收作用，这种现象叫做原子吸收。利用这一现象对金属元素进行定量分析的方法，叫做原子吸收光谱法，简称原子吸收法。在一定的测试条件下，基态原子对光吸收的程度与自身的密度(N)、光通过有基态原子的气相光程长度(l)成正比，并遵守朗伯-比尔定律：

$$A=\varepsilon lN \tag{3-17-2}$$

如果固定测量光程长度，测试条件又保持不变，那么吸光度(A)只与溶液中的待测金属的浓度(c)成正比，即

$$A=Kc \tag{3-17-3}$$

这就是原子吸收法定量分析的理论依据。

目前，原子吸收法在环境监测中，已成为一个十分成熟的分析技术，主要是因其有以下特点。

(1) 灵敏度高：用火焰原子吸收光谱法可测到 10^{-9} g/mL，用无火焰原子吸收光谱法可测到 10^{-13} g/mL，即微克每升级和纳克每升级的痕量和超痕量成分。

(2) 选择性好，准确度高：分析不同元素可选用不同的元素灯作光源，因而干扰少，选择性好。在低含量分析中的相对误差为 1%～3%，从而也就保证了具有良好的准确度。

(3) 测定范围广：用火焰原子吸收法和无火焰原子吸收法(包括石墨炉原子吸收法、氢化物原子吸收法和冷蒸气原子吸收法)可测定元素周期表中 70 多个金属元素，即可作痕量组分分析，又可进行常量组分分析。

(4) 操作简便、迅速。

(5) 不足之处：分析不同的元素，必须换用与之对应的该种元素的空心阴极灯，不利于同时进行多种元素的分析。目前，多元素光源灯的研究与应用已有了较大进展。

拓展知识

极谱分析法

极谱分析法是在一种特殊条件下进行的电解分析法。电解池由甘汞电极和作为阴极的滴汞电极组成。电解时，利用电位器接触片的变动来改变电解池两电极上的外加电压，用灵敏检流计记录流经电解池的电流。

原则上凡能在滴汞电极上起反应的物质(如多数金属离子)或发生氧化还原反应的物质(如许多有机物)都可用极谱法测定。极谱分析法具有灵敏度高、相对误差小、可重复测定等特点,现已广泛应用于水环境监测。普通的极谱法不适用于微量或痕量物质的测量,但新发展的极谱催化波、方波极谱、脉冲极谱、示波极谱、阳极溶出伏安法等极谱法的灵敏度明显提高。其成熟的代表性测定项目有示波极谱法测定水中的 Cd^{2+}、Cu^{2+}、Pb^{2+}、Zn^{2+}、Ni^{2+} 和阳极溶出伏安法测定水中的 Cd^{2+}、Cu^{2+}、Pb^{2+}、Zn^{2+}。

实验 18 气相色谱法测定水中的有机磷农药

知识要点	掌握程度	学时	教学方式
气相色谱法测定水中的有机磷农药	熟悉	3	演示教学
色谱分析仪的结构以及定性定量分析方法	了解	1	讲授
拓展实验 色谱分析法在环境监测中的应用(文献分析)。			

一、气相色谱法测定水中的有机磷农药

(一) 原理

在中性条件下,用三氯甲烷萃取水样中的有机磷农药(甲基对硫磷、对硫磷、马拉硫磷、乐果、敌敌畏、敌百虫),萃取液经净化处理后,用带有火焰光度检测器(FPD)的气相色谱仪测定。在测定敌百虫时,由于极性大、水溶性强,用三氯甲烷萃取时提取率为零,需将敌百虫转化为敌敌畏后再行测定。

该法适用于地面水、地下水及工业废水中甲基对硫磷、对硫磷、马拉硫磷、乐果、敌敌畏、敌百虫的测定。其检出限为 10^{-7}～10^{-6} μg,检测下限通常为 0.05～0.5 μg/L。当所用仪器不同时,方法的检出范围也有所不同。

(二) 主要仪器与试剂

1. 仪器

气相色谱仪、具火焰光度检测器(采用磷滤光片)、250 mL 分液漏斗、具塞玻璃柱(长 15 cm,内径 1 cm)、10 μL 微量注射器。

2. 试剂

(1) 色谱标准物:甲基对硫磷、对硫磷、马拉硫磷、乐果、敌敌畏、敌百虫,纯

度为95%～99%。

(2) 三氯甲烷。

(3) 氢氧化钠。

(4) 盐酸。

(5) 无水硫酸钠(300℃烘4 h备用)。制备脱水柱：长15 cm、内径1 cm的玻璃柱中装8 cm的无水硫酸钠。

(6) 色谱固定液：二甲基硅油(DC-200)、聚氟戊烷基硅氧烷(QF-1)、最高使用温度250℃。

(7) 载体：白色酸洗硅烷化硅藻土担体(0.15～0.20 mm)。

(8) 标准样品的制备。① 贮备溶液：以三氯甲烷为溶剂，准确称取一定量的色谱纯标准样品，准确至0.2 mg。配制甲基对硫磷、对硫磷、马拉硫磷的浓度为2.5 mg/mL，配制敌敌畏的浓度为0.75 mg/mL，配制乐果的浓度为5.0 mg/mL。② 中间溶液：以三氯甲烷为稀释溶剂，分别配制成浓度为50 μg/mL的甲基对硫磷、对硫磷、马拉硫磷，7.5 μg/mL的敌敌畏，100 μg/mL的乐果中间溶液。③ 标准使用溶液：根据检测器的灵敏度及所测水样的浓度，分别等体积移取中间溶液于同一容量瓶中，用三氯甲烷作溶剂，配制所需浓度的标准工作溶液。

(三) 测定步骤

1. 测定甲基对硫磷、对硫磷、马拉硫磷、乐果、敌敌畏的样品处理

摇匀的水样经玻璃滤膜过滤除去杂质，取100 mL(或视水质而定)于250 mL烧杯中，调节pH至6.5，然后将试样转移至250 mL的分液漏斗中，用三氯甲烷萃取3次，每次三氯甲烷的用量为5 mL(三氯甲烷与水样的比例为1∶20)，振摇5 min，静置分层。合并三氯甲烷，收集水层。将合并后的三氯甲烷经无水硫酸钠柱脱水后供测定用。

2. 测定敌百虫的样品处理

将上面收集的水层调pH至9.6，倒入250 mL的具塞锥形瓶中，盖好瓶塞并置于50℃的水浴锅中进行碱解，不断摇动锥形瓶，15 min后取出冷却至室温，再调pH至6.5，将此溶液转移至250 mL分液漏斗中，用三氯甲烷萃取，方法同上。

3. 色谱条件

色谱柱：5%DC-200＋7.5%QF-1 涂覆于白色酸洗硅烷化硅藻土担体。

玻璃柱：长 2 m，内径 3 mm，也可用性能相近的其他色谱柱。

温度：进样口温度为 240℃；柱箱温度为 170℃；检测器温度为 230℃。

速度：载气流速为 60 mL/min；氢气流速为 160 mL/min；记录器纸速为 4 mm/min；纸速为 2.5 mm/min。

进样量：2 μL。

4. 标准色谱图（图 3-18-1）

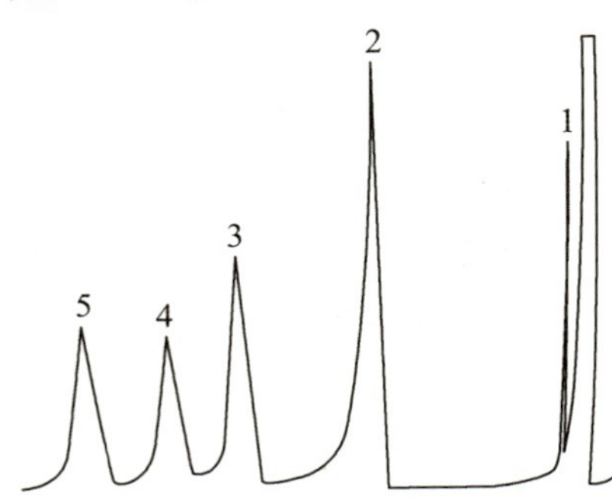

1. 敌敌畏（敌百虫）　2. 乐果　3. 甲基对硫磷　4. 马拉硫磷　5. 对硫磷

图 3-18-1　标准色谱图

5. 定性分析

组分的出峰次序及保留时间：敌敌畏（敌百虫）1 min、乐果 10 min、甲基对硫磷 13 min 8 s、马拉硫磷 20 min、对硫磷 24 min 15 s。

6. 定量分析

以峰的起点和终点连线为峰底，以峰高极大值对时间轴作垂线，从峰顶至峰底间的线段即为峰高。

（四）计算

1. 水样中甲基对硫磷、对硫磷、马拉硫磷、乐果、敌敌畏浓度的计算

$$\rho_i=\frac{\rho_{i标}\times h_i\times V_1\times V_2}{h_{i标}\times V_3\times V_4}\times K \tag{3-18-1}$$

式中：ρ_i——萃取液中农药 i 的含量（mg/L）；

$\rho_{i标}$——标样中农药 i 的含量（mg/L）；

h_i——萃取液中农药 i 的峰高(mm)；

$h_{i标}$——标样中农药 i 的峰高(mm)；

V_1——标样进样体积(mL)；

V_2——萃取液体积(mL)；

V_3——萃取液进样体积(mL)；

V_4——水样体积(mL)；

K——水样稀释倍数。

2. 水样中敌百虫浓度的计算

$$\rho_{敌百虫} = \frac{\rho_{敌敌畏}}{0.86} \tag{3-18-2}$$

式中：$\rho_{敌百虫}$——试样中敌百虫含量(mg/L)；

$\rho_{敌敌畏}$——试样中由敌百虫转化生成敌敌畏的含量(mg/L)；

0.86——敌敌畏、敌百虫分子量值比。

二、气相色谱法

色谱法又称层析法，是一种物理化学分离分析方法，最初由分离植物色素而得名，后来更多用于分离分析无色物质，因此“色谱”的名称已失去了原有的意义。气相色谱法具有高选择性(能够分离性质极为相近的物质)、高分离效能(使多组复杂混合物分离)、高灵敏度(使用高灵敏度的检测器，可检出 10^{-13}～10^{-11} g 的微量物质或 0.002～0.2 μL 的气体)、分析速度快、定性定量准确、应用范围广泛以及样品用量少等特点，广泛应用于水中有机物的测定，是水分析实验室必不可少的强有力的分析工具，现已成为水处理、水环境评价和水质分析中的重要分析手段。

(一) 色谱法的分类

1. 按两相状态分类

固定相(固体吸附剂和载体涂固定液)和流动相(气相色谱和液相色谱)，因此可将色谱分为四类：气-固色谱、气-液色谱、液-固色谱、液-液色谱。

2. 按固定相的性质分类

柱色谱(填充柱色谱、毛细管柱色谱)、纸色谱、薄层色谱。

3. 按分离原理分类

吸附色谱、分配色谱、离子交换色谱、排阻色谱。

4. 按动力学分类

冲洗法、前沿法、顶替法。

（二）气相色谱仪的组成与测量流程

1. 气相色谱仪的组成

气相色谱仪主要包括以下 5 部分（图 3-18-2）：

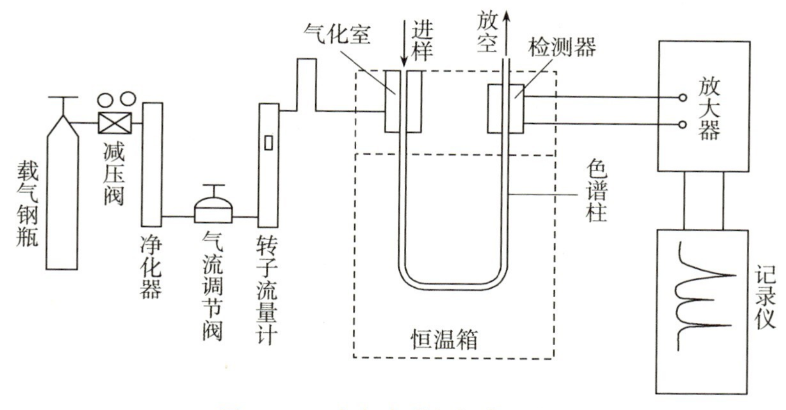

图 3-18-2　气相色谱仪组成示意图

（1）气路系统：载气钢瓶、净化器、流量控制阀、压力表等。

（2）进样系统：气相色谱可以分析气体、固体和具有挥发性的液体。把气体、液体或固体样品定量地加到色谱柱头上的装置叫进样器。通常液体样品用微量注射器进样，气体样品用医用注射器进样。样品注射室即气化室，其作用是将注入的样品瞬间气化为蒸气。

进样系统的进样量、进样时间、进样方式以及气化的速度，都将影响色谱的分离效率和定量结果。

（3）分离系统：分离系统由色谱柱组成，色谱柱是气相色谱仪的最重要部件，分离过程就是在色谱柱中进行的。因此，制作色谱柱的材料、形状以及填充的固定相，都在色谱分离中起着决定性作用。

（4）检测器：亦称换能器，它是把从色谱柱内随载气洗出的各组分浓度或量的变化，以不同的方式转化成易于测量的电信号。目前常见的检测器有电子捕获检测器(ECD)、氢焰离子化检测器(FID)、热导池检测器(TCD)、火焰光度检测器(FPD)等。

(5) 记录系统:放大器、记录仪。

2. 气相色谱法的流程

在分析水样前,先把载气调节到所需的流速,把气化室、色谱柱和检测器加热到所需要的操作温度。待载气流量、温度及记录仪上的基线稳定后,即可进样。将处理好的样品用微量注射器注入气化室后,样品立即气化,并被载气带入色谱柱进行分离。分离后的单组分先后进入检测器,继而将被测物质的浓度的变化转变为一定的电信号,经放大器放大后在记录仪上记录下来,然后得到一系列电信号随时间变化的流出曲线图,即色谱图(图 3-18-3)。利用各种物质在色谱图上的保留时间进行定性,用各个组分的峰高或面积进行定量。

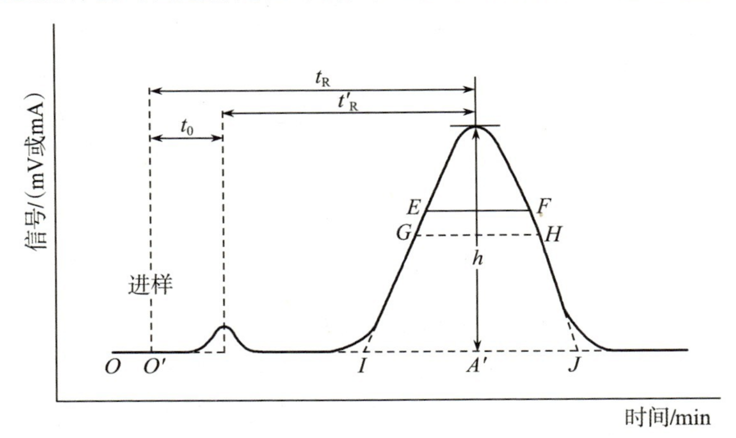

图 3-18-3 色谱图

拓展知识

一、水环境遥感监测

目前常规的监测方法是先采集水样,然后进行实验室分析,最后根据各参数进行水质评价。该方法虽能对水质指标做出精确地分析和评价,但费时费力,难以获取大范围水域水质状况的分布和变化,不能满足对水质实时、大区域的监测评价要求。遥感技术在水质监测中的应用，可以反映水质在空间和时间上的分布和变化情况，其主要特点是：① 监测范围广；获得的资料新颖、能迅速反映动态变化；② 可同时获取不同的目标特征；③ 成图迅速，提高成图工效；④ 不受地形等环境条件限制，成本低等。

遥感技术由遥感平台、成像方式传感器和非成像方式传感器、遥感信息的传输与处理等 3 个部分组成。水体的光谱特征是由其中的各种光学活性物质对光辐射的吸收和散射性质决定的，水中的某些物质会影响和改变水面的反向散射特性，特定波长的能量可以表示水中这些物质的存在和浓度。通过遥感系统测量并分析由水体吸收和散射太阳辐射而形成的光谱，是水环境遥感监测的基础。

目前，国内外对水环境的遥感应用，主要是为具有光学机理基础的一些水质参数的提取，包括叶绿素 a、悬浮物、有色可溶性有机物(CDOM)、溶解有机碳(DOC)、水温、透明度、油污等，而其应用目标主要为大洋水体，因为大洋水体面积大，成分比较稳定，水体遥感图像的大气校正处理比对比较完善。由于河流和中、小型湖泊受卫星遥感时间、空间分辨率的限制而无法进行有效的监测。

二、水环境自动监测

水质自动监测系统(on-line water quality monitoring system)是一套以在线自动分析仪器为核心，运用现代传感器技术、自动测量技术、自动控制技术、计算机应用技术以及相关的专用分析软件和通信网络对水质进行自动监测、数据远程自动传输的监测系统。

水质自动监测系统一般由采水单元、预处理单元、辅助单元、分析测量单元、过程逻辑控制单元、数据采集和传输单元、远程数据管理中心等组成。其功能特点：① 采用开放式屏架结构，且具备扩展功能，可根据需要增加监测项目以及实现软件升级，还可自由组合，动态范围广，实时性强，组网灵活；② 系统高度集成，仪器、机电、管道一体化，操作、维护方便；③ 运用相关的专用分析软件和通信网络，采集、统计和处理在线自动监测数据，并将数据处理结果输入中心数据库或上网，随时查询到所设站点的水质数据。还可长期存储指定的监测数据及各种运行资料、环境资料，以备检索。

监测指标的选择首先要能满足水环境监测规范的要求，另外还要考虑市场上是否有可靠的测量产品，以保证监测指标测定结果的可靠性。目前有许多指标已被用于水质自动监测，如水温、pH、电导率、溶解氧、化学需氧量、总有机碳、氨氮、总磷、总氮、F^-、Cl^-等。但大多水质污染监测项目，如重金属和有机物污染指标，因受到监测仪器的限制，使得自动监测指标的选择受到了一定的限制。

总之，水质自动监测系统的应用，有利于实现随时掌握水体水质实时动态的变化信息，及时预警预报重大水质污染事故和加快应急事件处理过程，研究水体污染扩散和变化规律等。

第四部分

研究（设计）型实验

所谓研究(设计)型实验，是指学生根据实验课题要求，通过查阅相关文献，自行设计实验方案和步骤，并独立完成的一种具有一定创新性的实验。开设该类型实验，着重培养学生进行科学研究的能力，包括查阅文献资料、设计实验方案、发现问题和解决问题的能力，以及进行数据处理，总结、归纳、撰写报告(论文)的能力等。

研究设计实验的题目可以是教师指定，也可以是学生自定。主要结合课堂内容、当前对水环境研究的热点、水产养殖生产中的实际问题进行选题。选题完成后，要求自查参考资料，自主设计方案，通过指导教师的审核与指导，并完善实验方案等一系列的准备阶段工作，然后进入实验阶段。按照设计方案及步骤独立实验，最好以小组为单位，以便对实验过程中出现的问题进行分析讨论。最后，对所得实验结果进行数据处理，科学分析，撰写实验报告或论文。

研究(设计)型实验，对促进学生团结协作，培养学生的实验技能，提高学生发现问题与解决问题的能力、判断推理能力和研究创新能力有很大的帮助。

实验19

池塘工程化循环水养殖的水质监测与评价

为推进我国现代渔业科技创新，促进渔业绿色发展、循环发展、低碳发展，在原有池塘养殖的基础上，加入水质监测系统、产品监测系统、自动控制系统及大数据管理系统等，逐渐形成了池塘工程化循环水养殖的新模式。该模式可有效地解决传统池塘高密度养殖模式下，池塘生态极易失衡的问题，如随着饲料、光电等外源性能量的不断输入以及养殖对象、浮游生物和分解者共处一池所造成的生态环境变化。利用该模式进行养殖，可实现精准控制、自动化操作，保证水质的安全和鱼虾类养殖产品的质量，提高养殖效率、降低生产成本和劳动强度，符合我国渔业对节水、节能、生态、高效的发展要求，在资源节约、生态环境保护及渔业增效等方面具有明显优势。

一、实验目的

（1）运用所学知识，选择监测项目，完成池塘工程化循环水养殖全过程的水质监测任务。

（2）掌握水质监测方案的制定，培养学生解决实际问题的能力。

二、实验内容与要求

池塘工程化循环水养殖的基本原理就是将投喂饲料的鱼虾类圈养于小范围的养殖单元中（占总水面积的2%～5%），通过控制鱼虾类粪便并及时清理，减少污染；同时将水体95%～98%的面积转化为水质净化区域，并通过科学管理提高污染处理能力，提高整体水域的饲料承载能力，达到提高产量的目的（图4-19-1）。

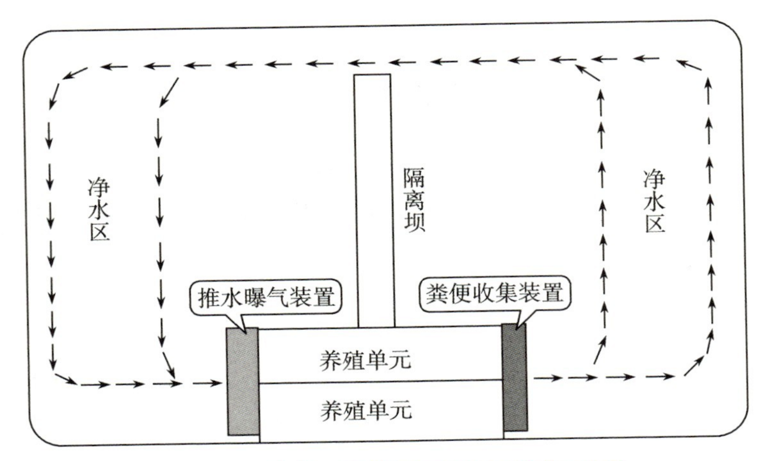

图 4-19-1 池塘工程化循环水养殖模式示意图

池塘工程化循环水养殖是在池塘中设置一定数量的长方形(或圆形)养殖单元,将养鱼和净水在空间上进行隔离,养殖单元配套增氧机、推水泵、集污槽等设施,通过水槽高密度流水养殖和池塘水体循环流水自净,实现池塘养殖尾水净化的目的。

根据养殖过程中水的循环流动顺序,监测各处理单元前后营养盐、pH、有机物以及主要离子的变化趋势,了解实际养殖状态下的各处理单元对养殖尾水的处理效果。为此要求做到以下两点。

(1) 监测项目分析方法的确定:根据池塘工程化循环水养殖的实际生产情况,确定相关的主要水质指标、采样点位置,并进行监测分析,以此作为水质评价参数,用以指导养殖生产。

(2) 关键位置的水质现状评价:通过监测分析,准确地反映养殖期间各处理环节关键位置的水质状况,说明水体净化处理效果,给养殖生产制定合理的方案。

三、实验指导与建议

(1) 收集池塘工程化循环水养殖的相关资料,如养殖种类、生活习性、养殖密度、养殖规格以及养殖池塘的具体环境条件(大小、深浅、养殖单元所处位置等)。

(2) 确定与养殖生产有关的检测指标,选择各监测指标的分析方法,并配备所需实验物品。

将池塘工程化循环水养殖的水质监测指标及其选定的分析方法按表4-19-1设计。

表4-19-1　水质指标监测分析方法

序号	基本项目	分析方法	方法来源
1			
2			
………			

（3）根据池塘大小与形状，养殖品种与密度，设置监测站点[假设示意图（图4-19-1）的面积为2 hm^2，平均水深为2 m，应设置几个监测站点？在图上标注出以便讨论]。

（4）采样（确定采样方法、采水器、样品保存、运输等）。

（5）完成现场测定项目以及实验室测定项目。

（6）结果评价。若养殖单元的进水水质达不到渔业水质用水的要求，找出主要问题，并提出改进的措施。

四、推荐参考文献

[1] 王朋，徐钢春，聂志娟，等. 大口黑鲈池塘工程化循环水养殖系统中溶解氧浓度变动规律及浮游动植物的响应特征[J]. 江苏农业科学，2020，48(2)：177-183.

[2] 李东宇，潘志，刘旭成，等. 热带地区池塘工程化循环水模式下淡水鲨鱼的试验养殖及养殖密度对其生长性能的影响[J]. 中国水产，2020，1：77-81.

[3] 刘国锋，徐跑，徐刚春，等. 池塘工程化循环水养殖对水环境的季节变化影响[J]. 环境科学与技术，2019，42(S2)：101-107.

[4] 王朋，徐钢春，徐跑. 池塘工程化循环水养殖大口黑鲈的溶解氧时空变化及菌群响应特征[J]. 水生生物学报，2019，43(6)：1-13.

[5] 刘栋，张成龙，朱健. 池塘循环水养殖系统构建及其生态净化效果研究进展[J]. 中国农学通报，2018，34(17)：145-152.

[6] 王裕玉，徐跑，聂志娟，等. 池塘工程化循环水养殖模式下养殖密度对吉富罗非鱼生长及生理指标的影响[J]. 长江大学学报（自然科学版），2019，16(5)：78-84.

实验20 工厂化循环水养殖系统的水质监测

工厂化循环水养殖技术是一项综合现代技术，是实现养殖用水循环利用、减少养殖环境污染和提高水利用率的技术。该养殖模式具有养殖密度高、易于控制生长环境、提高饲料利用率等养殖优势。通过污水处理系统，可将养殖对象的代谢产物、饵料残存、生物尸体等彻底降解而达到净水的效果；若采用物联网技术、大数据技术、智能装备技术可实现养殖水质调控、水质净化，以及投饲智能化、自动化、精准化，从而提高水资源循环利用效率、节能降耗、降低劳动强度和养殖风险。

一、实验目的

(1) 运用所学知识，正确选择监测点和监测项目，完成工厂化循环水养殖全过程的水质监测。

(2) 掌握增氧设备充氧性能的测定方法。

(3) 掌握水质监测方案的制定，培养学生解决实际问题的能力。

二、实验内容与要求

工厂化循环水养殖模式是通过水处理设备将废水净化、消毒杀菌后，再进行循环使用的一种养殖模式。主要包含去除颗粒的固液分离装置，去除氮、磷等营养物质的生物净化滤池，可以消毒杀菌的紫外或臭氧发生装置，去除二氧化碳的脱气装置，增氧装置，控温设备，以及沉淀污泥的处理系统等(图 4-20-1)。

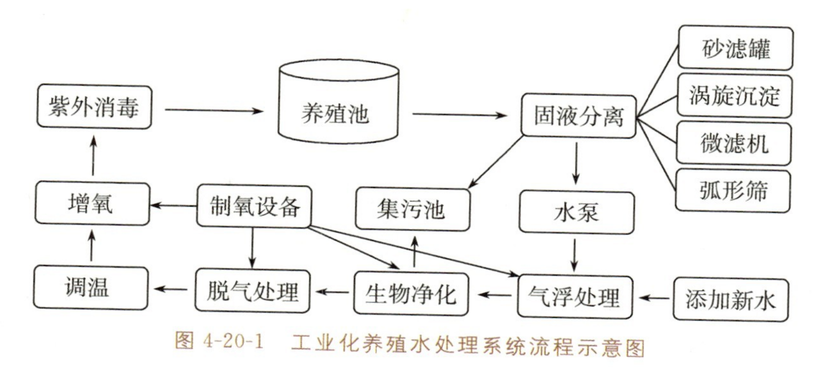

图 4-20-1　工业化养殖水处理系统流程示意图

在养殖过程中，净化水的主要工艺为固液分离技术、生物净水技术以及增氧技术，但大量的生产证明，有关 CO_2 去除、pH 及碱度调控的碳循环处理技术，也是不容忽视的关键环节。围绕各环节的处理效果进行水质监测，并实施调控以指导生产，是本实验的主要内容。

（1）监测项目分析方法的确定：以循环水各处理环节为监测点，选择监测项目（重点是营养盐、溶解氧、pH、碱度等，生物滤池中微生物的监测、集污池的处理效果暂不考虑），明确采样点位置以及采样频次，以此作为各处理单元的效果评价，用以指导养殖生产。

（2）测定不同形式的曝气设备（如空压机、纯氧或者曝气盘、氧锥增氧等）氧的总转移系数[$K_{la(T)}$]、氧利用率（E_a）、动力效率（E_P）等，并比较实用效果。

（3）关键位置的水质现状评价：通过调查监测，准确地反映养殖期间各处理单元的水质状况，说明水体净化利用情况，给养殖生产制定合理的方案。

三、实验指导与建议

（1）收集工厂化循环水养殖车间的相关资料，如养殖种类、养殖密度、养殖规格以及水处理净化单元的配套设施，包括各设备的功能参数等。

（2）确定与各处理单元净水有关的环境因子，选择各因子的分析方法，并配备所需实验物品。

（3）根据各单元的功能与水的循环途径，设置监测站点。

（4）采样（确定采样方法、样品保存、运输等）。

（5）完成现场测定项目以及实验室测定项目。

(6) 结果评价。对每一单元的水处理效果进行综合分析,若发现问题,则提出改进的措施。

四、推荐参考文献

[1] 吕剑,于晓斌,张宇轩,等.多层纤维球生物滤池净化工厂化养殖循环水处理[J].河海大学学报(自然科学版),2019,47(4):304-309.

[2] 陆伟强,高桦楠,刘春胜,等.不同氨氮和溶解氧条件下循环海水养殖系统生物滤池对氨氮、化学耗氧量及颗粒悬浮物的处理效果[J].渔业科学进展,2018,39(3):89-95.

[3] 吴照学,李海军,杨智良,等.电解与紫外协同去除工厂化养殖循环水中氨氮效果研究[J].农业机械学报,2016,47(4):272-279.

[4] 臧维玲,戴习林,徐嘉波,等.室内凡纳滨对虾工厂化养殖循环水调控技术与模式[J].水产学报,2008,32(5):749-757.

[5] 刘旭佳,王志成,熊向英,等.广西工厂化循环水养殖石斑鱼水质处理效果[J].渔业现代化,2019,46(2):22-27.

[6] 周子明,李华,刘青松,等.工厂化循环水养殖系统中生物填料的研究现状[J].水处理技术,2015,41(12):33-37.

[7] 张业韡,张海耿,吴凡.工厂化循环水养殖系统中 pH 维持系统研究[J].渔业现代化,2013,4(6):1-5.

[8] 宋奔奔,单建军,刘鹏.循环水养殖中不同载体生物滤器的水质净化效果分析[J].安徽农业科学,2014,42(24):8198-8200.

知识链接

水中充氧实验

评价曝气设备充氧能力的方法有两种:① 不稳定状态下的曝气实验,即实验过程中溶解氧是变化的,由零增加到饱和浓度;② 稳定状态下的实验,即实验过程中溶解氧保持不变。本法适用于实验室条件下清水和污水在不稳定状态下的曝气实验。

一、原理

空气中的氧向水中转移的时候，在气-水接触面的两侧分别存在着气体边界层（气膜）和液体边界层（液膜）。氧的转移就是在气液双膜内进行分子扩散，在膜外进行对流扩散的过程。由于对流扩散的阻力比分子扩散的阻力小得多，所以氧的转移阻力基本在双膜上，这就是比较常用的双膜理论。将一定容量的水从不含氧的状态下，强制曝气充氧，使溶解氧升高趋于饱和水平。假定整个液体是完全混合的，根据双膜理论，此时水中溶解氧的变化可以用式（4-20-1）表示：

$$\frac{dc}{dt}=K_{La}(c_s-c_t) \tag{4-20-1}$$

式中：$\frac{dc}{dt}$——单位时间内氧的转移速率（mg/h）；

K_{La}——氧的总转移系数（L/h）；

c_s——水的溶解氧饱和值（mg/L）；

c_t——相应某一时刻的溶解氧（mg/L）。

将式（4-20-1）求积分，得：

$$\ln(c_s-c_t)=-K_{La}\times t+常数 \tag{4-20-2}$$

测得 c_s 和相应于每一 t 时刻的 c_t 后，绘制 $\ln(c_s-c_t)$ 与 t 的关系曲线，或$\frac{dc}{dt}$与(c_s-c_t)的关系曲线便可得到 K_{La}。

二、实验设备与试剂

（1）曝气充氧装置：曝气池（柱）、充气泵、流量计、曝气石（盘）等。

（2）溶解氧测定仪。

（3）无水亚硫酸钠。

（4）氯化钴。

三、实验步骤

（1）向曝气池注入自来水至有效高度，测定水样的体积（V）和水温。

(2) 由水温查出实验条件下水样溶解氧饱和值(c_s)，或测定水中的溶解氧。

(3) 根据 c_s 或测定的溶解氧，以及水样的体积，依据下列反应方程式，计算实验所需要的消氧剂亚硫酸钠(Na_2SO_3)和催化剂氯化钴($CoCl_2$)的量。

$$Na_2SO_3+\frac{1}{2}O_2 \xrightarrow{CoCl_2} Na_2SO_4$$

根据每去除 1 mg 溶解氧，需要 7.9 mg Na_2SO_3，从而算出 Na_2SO_3 的理论需要量，实际投加量应为理论值的 110%～120%。催化剂氯化钴的投加量一般按 0.5 mg/L 的浓度计算，也可按维持水样中的钴离子浓度为 0.05～0.5 mg/L 计算。

按量称取两种试剂，分别溶解、混合后投入曝气池中，搅拌均匀。

(4) 待溶解氧读数为零时，打开充气泵，开始曝气，并记录时间，同时每隔一定时间(前期 1 min，后期适当拉长时间间隔)测定溶解氧值，直至溶解氧值不再增长，达到饱和时结束实验。

四、实验数据及结果整理

(1) 实验基本参数的记录格式如下：

实验日期______年______月______日；

曝气池内径 D=______ m、高度 H=______ m、水样体积 V=______ L；

水温______℃、室温______℃；

实验条件下水样的 c_s ______ mg/L；

Na_2SO_3 投加量______ kg 或 g，$CoCl_2$ 投加量______ kg 或 g。

(2) 稳定状态下充氧实验记录可参考表 4-20-1 填写：

表 4-20-1　原始实验记录表

时间(t) /min							
c_t /(mg /L)							
c_s-c_t /(mg /L)							

（3）氧的总转移系数 $K_{la(T)}$ 及 $K_{la(20)}$

① 用最小二乘法，$K_{la(T)}$ 的计算公式：

$$K_{La(T)}=\frac{138.2\times\sum t\cdot\lg\frac{c_s-c_0}{c_s-c_t}}{\sum t^2} \qquad (4\text{-}20\text{-}3)$$

根据实验记录，计算所需数据并将其填入表 4-20-2：

表 4-20-2　氧总转移系数[$K_{la(T)}$]计算表

序号	t/min	t^2	$\frac{c_s-c_0}{c_s-c_t}$	$\lg\frac{c_s-c_0}{c_s-c_t}$	$t\cdot\lg\frac{c_s-c_0}{c_s-c_t}$
1					
2					
3					
……					
		$\sum t^2=$			$\sum t\cdot\lg\frac{c_s-c_0}{c_s-c_t}=$

② 图解法：以表 4-20-2 中的 t 为横坐标，$\lg\frac{c_s-c_0}{c_s-c_t}$ 为纵坐标绘图，可得一通过原点的直线，其斜率为 $K_{La(T)}/138.2$，则可求出 $K_{La(T)}$。

将在不同温度、压力下求得的氧的总转移系数，换算为标准状态下（20℃，101.325 kPa）的 $K_{La(20)}$ 时，换算公式为：

$$K_{La(20)}=1.024^{20-T}\times K_{La(T)} \qquad (40\text{-}20\text{-}4)$$

$K_{La(20)}$ 的倒数 $\frac{1}{K_{La(20)}}$ 的单位是时间，表示将满池水从溶解氧为零充到饱和值时所用的时间，因此 $K_{La(20)}$ 是反映氧传递速率的一个重要指标。

（4）充氧能力（Q_c）：充氧能力是反映曝气设备在单位时间内向单位液体中充入的氧量。

$$Q_c=\frac{K_{La(20)}\times c_s\times V}{1\,000} \qquad (40\text{-}20\text{-}5)$$

式中：Q_c——充氧能力（以氧气计，g/h）；

$K_{La(20)}$——标准状态下氧的总转移系数（L/h）；

c_s——9.17 mg/L；

V——水样体积（L）。

（5）动力效率（E_P）

$$E_P=\frac{Q_c}{N} \tag{40-20-6}$$

式中：E_P——动力效率（以氧气计，kg/kW·h）；

$N=\frac{G_s\times H\times r}{102\times 3.6}$，为理论功率（kW）；

G_s——转子流量计供气量读数（m^3/h）；

H——水中风压（m）；

r——空气密度，1.024 kg/m^3。

（6）氧的利用率（E_a）

供氧量：$S=G_s\times 0.21\times 1.429$

氧的利用率：$E_a=\frac{Q_c}{S}\times 100\%$

式中：S——供氧量（以氧气计，kg/h）；

0.21——氧在空气中的体积比；

1.429——氧的密度（kg/m^3）。

实验21

网箱养殖对水环境的影响（设计实验）

鱼类网箱养殖是一种高度集约化的养殖模式。传统的网箱养殖，无论是在淡水还是在海水中，都是设置在风浪较小、水动力条件相对较弱的区域，养殖产生的残饵、粪便以及鱼类排泄物等向环境输入大量有机物和氮、磷等营养物质，产生养殖自身污染，容易诱发富营养化和破坏底栖生态等问题。

综合分析外源性营养物质输入、饵料利用、水体营养负荷和水动力条件等因素对网箱养殖系统承载力的影响；识别养殖区对毗邻自然水域生态系统的关键影响因素，构建资源与环境承载力评估模型；模拟和优化养殖结构、降低对自然水域环境的影响，提出网箱养殖承载力上限及其调控途径。科学评价鱼类网箱养殖对水环境的影响，为鱼类网箱养殖产业的更好发展提供科学依据。

一、实验目的

（1）运用所学知识，选择研究课题，合理确定监测项目，设计较为合理的实施方案。初步达到综合分析问题的能力。

（2）通过水质监测方案的制订，深入了解水环境监测中各环境因子的采样与分析方法、误差分析、数据处理等方法与技能。

二、实验内容与要求

拟选某一网箱养殖区及其毗连自然水域为典型研究对象，采用历史数据收集、现场调查、现场试验、室内试验以及数值模拟方法等多种手段，系统研究网箱养殖模式对毗连自然水域水文动力环境、水质环境和生态环境等方面的影响，解析网箱养殖水域与毗连自然水域生态系统的互作过程，建立资源与环境承载力评估模型，提出减缓网箱养殖对水体环境影响的调控途径。

(1) 监测项目及分析方法的确定：根据选定的题目及网箱养殖区的实际情况，可选择主要的水质指标进行监测，并以此作为上述研究内容的水质关联参数。

(2) 结果综合分析：通过调查监测数据，选用与题目相关的公式、模型、评价标准等，阐明有关因子的相互关系。提出网箱养殖对水环境的影响或者制定网箱养殖的规模等改进措施。

三、实验指导与建议

(1) 根据网箱养殖位置，确定采样监测的养殖毗邻区域。

(2) 收集养殖水域的相关资料。

(3) 设置监测断面，布设采样点。

(4) 采样(确定采样方法、采水器、样品保存、运输等)。

(5) 确定并完成现场测定项目、实验室测定项目。

(6) 结果评价(作为实验项目，只对水环境进行简单的评价即可，其余内容可结合有关课题进行)。

四、推荐参考文献

[1] 梁庆洋，齐占会，巩秀玉，等. 大亚湾鱼类深水网箱养殖对环境的影响[J]. 南方水产科学，2017，13(5)：25-32.

[2] 黄洪辉，林钦，王文质，等. 大鹏澳海水鱼类网箱养殖对水环境的影响[J]. 南方水产，2005，1(3)：9-17.

[3] 蒋增杰，方建光，毛玉泽，等. 海水鱼类网箱养殖水域沉积物有机质的来源甄别[J]. 中国水产科学，2012，19(2)：348-354.

[4] 金卫红，周小敏. 深水网箱养殖海域水质状况评价[J]. 浙江海洋学院学报(自然科学版)，2006，25(1)：46-49.

[5] 杜虹，郑兵，陈伟洲，等. 深澳湾海水养殖区水化因子的动态变化与水质量评价[J]. 海洋与湖沼，2010，41(6)：816-823.

[6] 韩芳，霍元子，杜霞，等. 象山港网箱养殖对水域环境的影响[J]. 上海海洋大学学报，2012，21(5)：825-830.

实验22 水-沉积物中磷的形态分析

一、目的意义

磷是水域生态系统物质循环的主要组成部分，是水生生态系统中重要的营养限制因子，它影响着水体的初级生产力，决定着水域内的生物量和营养结构。全球频发的近海、湖泊等水体的富营养化，以及赤潮、蓝藻水华等现象，都与氮、磷等营养元素的分布和迁移转化有关。研究发现，氮、磷的生物有效性及迁移转化过程均与其分布形态密切相关。

磷在水环境中的赋存形态不同，各形态磷的生物活性及其在水环境中的分布、迁移以及各形态间的转换对环境的影响和反馈作用不同。因此，开展磷赋存形态的研究，对于揭示磷在水体、沉积物、生物体形态中的作用与机制，以及对水环境质量评价、预测污染状况、维系生态平衡均具有重要意义。

目前关于沉积物中磷及其赋存形态的研究，多集中在海湾、河口和湖泊等自然水体。在养殖水环境中，关于沉积物-水界面营养盐的扩散对养殖水质的影响的预测和控制，也进行了初步研究，为营造良好的养殖生态环境，实现养殖业可持续发展等取得了科学依据。

二、实验要求

本实验以天然水中溶解性和迁移能力较弱的、藻类生长所必需的营养元素磷为实验对象，提出了以下三个题目供选题参考。其中选题（一）、（二）可结合生产实习或毕业论文进行，在实验内容上也可就选题中的某一方面再确定具体题目，选题（三）的难度较大，实验的内容较多，在此只作实验设计要求，目的是锻炼学生综合运用知识解决实际技术问题的能力。

三、参考选题

（一）水及沉积物中磷的形态分析

1. 实验指导与建议

水体中的总磷包括溶解态磷和颗粒态磷（以孔径为 0.45 μm 的滤膜过滤操作的滤液和颗粒为分界线），溶解态磷包括溶解正磷酸盐、多聚磷酸盐、偏磷酸盐、有机态磷酸酯等，颗粒态磷包括不溶解无机磷和有机磷。但无论哪种形态的磷，其测定方法一般都是将其转变为溶解态的正磷酸盐，然后采用钼蓝法测定，即在酸性条件下，磷酸根同钼酸铵生成磷钼杂多酸，然后用还原剂——抗坏血酸或氯化亚锡还原成蓝色的络合物，直接用分光光度计比色测定。

沉积物中不同赋存形态的磷对于内源磷的释放有不同的贡献，导致不同赋存形态的磷对于水环境发生富营养化所起的作用不同，通过测定沉积物中不同形态磷的含量，可以了解磷在沉积物中的行为特征和分布规律，用以描述它的释放风险。提取沉积物中不同形态的磷，可分为易交换态磷（Ex-P）、铝结合态磷（Al-P）、铁结合态磷（Fe-P）、闭蓄态磷（Oc-P）、自生钙结合态磷（ACa-P）、碎屑磷（De-P）和有机磷（Or-P）。

查阅相关文献，制定一种可行的分析水体、沉积物、沉积物中的间隙水或水-沉积物界面上覆水中不同形态磷的详细实验方案。选取养殖池塘或学校周围有代表性的水体，学习水样和表层沉积物的采集方法，了解上覆水与沉积物间隙水的区别，掌握间隙水的制备方法。根据方案测定不同形态磷的含量，并以磷的赋存特征为题，写出实验总结。

2. 推荐参考文献

[1] 李悦，乌大年，薛永先. 沉积物中不同形态磷提取方法的改进及其环境地球化学意义[J]. 海洋环境科学，1998，17(1)：15-20.

[2] 刘金金，张玉平，李晓蓓. 凡纳滨对虾池塘沉积物中氮、磷形态的赋存特征[J]. 广东海洋大学学报，2019，39(6)：39-47.

[3] 何琳，江敏，戴习林，等. 混养鱼塘水中磷含量及表层沉积物中磷赋存形态的初步探究[J]. 农业环境科学学报，2012，31(6)：1236-1243.

[4] 张云，王圣瑞，段昌群. 滇池沉水植物生长过程对间隙水氮、磷时空变化

的影响[J]. 湖泊科学,2018,30(2):314-325.

[5] 吴怡,邓天龙,徐青,等. 水环境中磷的赋存形态及其分析方法研究进展[J]. 岩矿测试,2010,29(5):557-564.

[6] 江雪,文帅龙,姚书春,等. 天津于桥水库沉积物磷赋存特征及其环境意义[J]. 湖泊科学,2018,30(3):628-639.

[7] 胡俊,丰民义,吴永红,等. 沉水植物对沉积物中磷赋存形态影响的初步研究[J]. 环境化学,2006,25(1):28-31.

[8] 孔明,张路,尹洪斌,等. 蓝藻暴发对巢湖表层沉积物氮磷及形态分布的影响[J]. 中国环境科学,2014,5(5):1285-1292.

知识链接

一、沉积物中各形态磷提取流程(供参考)

沉积物中磷的形态,目前有很多种分类方法。把沉积物中的磷分为颗粒态和溶解态(实际上是间隙水中的磷),颗粒态部分和间隙水中磷又突出了生物有效态,这是目前常用的一种,如图 4-22-1。

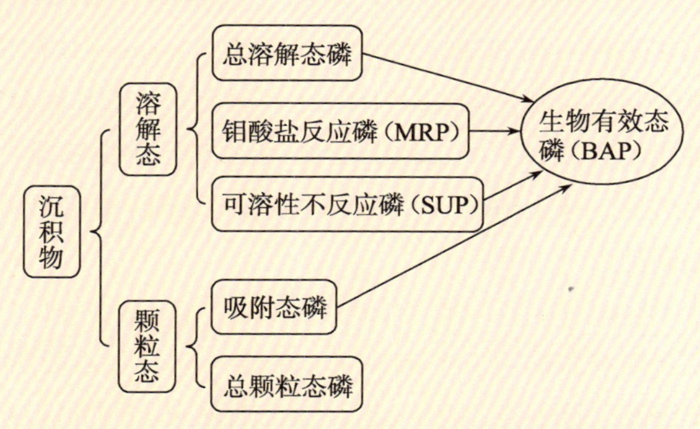

图 4-22-1 沉积物中各形态磷的分析流程(生物有效磷)

国内外比较流行把总磷分为无机磷、有机磷和残渣磷,这主要是从底泥中磷的稳定性和释放的可能性角度考虑的,其形态分析流程如下。

第一步:易交换态磷(Ex-P)

称取 0.3 克沉积物样品,加入 30 mL1 mol/L 氯化镁溶液(pH=8),振荡2 h后,离心 5 min,取上清液;重复操作提取一次,然后用去离子水振荡漂洗1 h,离心 5 min,取上清液。将所有上清液合并,测定 PO_4^{3-}-P 含量,即为易交换态磷。

第二步:铝结合态磷(Al-P)

在第一步提取后的残渣中加入 30 mL0.5 mol/L 氟化铵溶液(pH=8.2),振荡 1 h,离心 5 min,取上清液;用去离子水振荡漂洗 1 h,离心 5 min,取上清液。将所有上清液合并后加入 10 mL1 mol/L 硼酸溶液和 10 mL1 mol/L 盐酸溶液,测定 PO_4^{3-}-P 含量,即为铝结合态磷。

第三步:铁结合态磷(Fe-P)

在第二步提取后的残渣中加入 30 mL 含 0.1 mol/L 氢氧化钠和 0.5 mol/L碳酸钠的混合溶液,混合,振荡 4 h,离心 5 min,取上清液;用去离子水振荡漂洗1 h,离心 5 min,取上清液并合并。加入 1 mL 浓硫酸,测定 PO_4^{3-}-P 含量,即为铁结合态磷。

第四步:闭蓄态磷(Oc-P)

在第三步提取后的残渣中加入 30 mL 含 0.3 mol/L 柠檬酸三钠和 1 mol/L 碳酸氢钠的混合溶液(pH=7.6),加入 0.675 g 保险粉(连二亚硫酸钠),振荡8 h,离心 5 min,取上清液;用去离子水振荡漂洗 1 h,离心 5 min,取上清液。将上清液合并后经过硫酸钾消解,测定 PO_4^{3-}-P 含量,即为闭蓄态磷。

第五步:自生钙结合态磷(ACa-P)

在第四步提取后的残渣中加入 30 mL 含 1 mol/L 乙酸钠和 1 mol/L 乙酸的混合溶液(pH=4),振荡 6 h 后取上清液;用 30 mL1 mol/L 氯化镁溶液重复振荡 2 h,离心 5 min,取上清液;用去离子水振荡漂洗 1 h,离心 5 min,取上清液。合并所有上清液,测定 PO_4^{3-}-P 含量,即为自生钙结合态磷。

第六步：碎屑磷(De-P)

在第五步提取后的残渣中加入 30 mL1 mol/L 盐酸溶液，振荡 16 h，离心 5 min，取上清液；用去离子水振荡漂洗 1 h，离心 5 min，取上清液。合并所有上清液，加入 2 mL 19 mol/LNaOH 溶液，测定 PO_4^{3-}-P 含量，即为碎屑磷。

第七步：有机磷(Or-P)

将残渣转移至瓷坩埚，烘干后于马弗炉 550℃灼烧 2 h，冷却后用 30 mL 1 mol/L盐酸溶液振荡提取 16 h，离心 5 min，取上清液；用去离子水振荡漂洗1 h，离心 5 min，取上清液。合并所有上清液，加入 2 mL 19 mol/L氢氧化钠溶液，测定 PO_4^{3-}-P 含量，则得有机磷。

注意：摇床振荡转速为 120 r/min；离心转速为 8 000 r/min。

还有其他形态分类法，如按照萃取剂来定义的形态磷的分析流程如图 4-22-2 所示(离心条件：转速 4 000 r/min，时间 30 min，温度 10℃)。

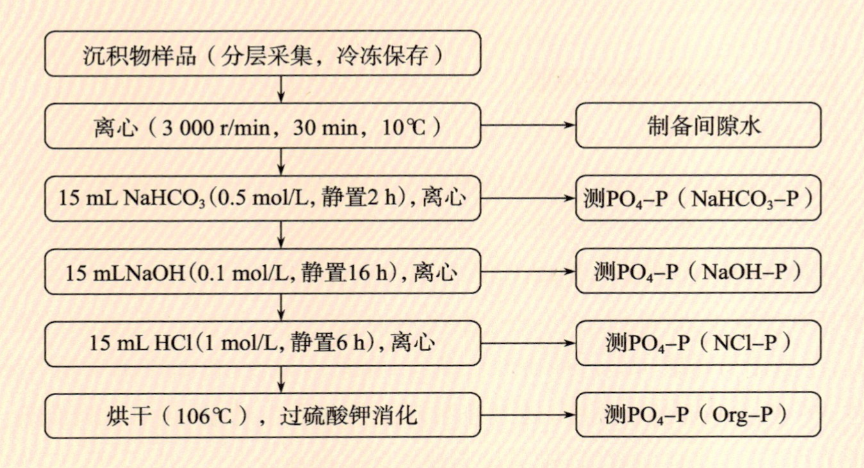

图 4-22-2　沉积物中不同形态磷的分析流程(按提取液定义)

二、水中各形态磷的分析步骤

水中不同形态磷的最为常用的分析流程如图 4-22-3 所示。

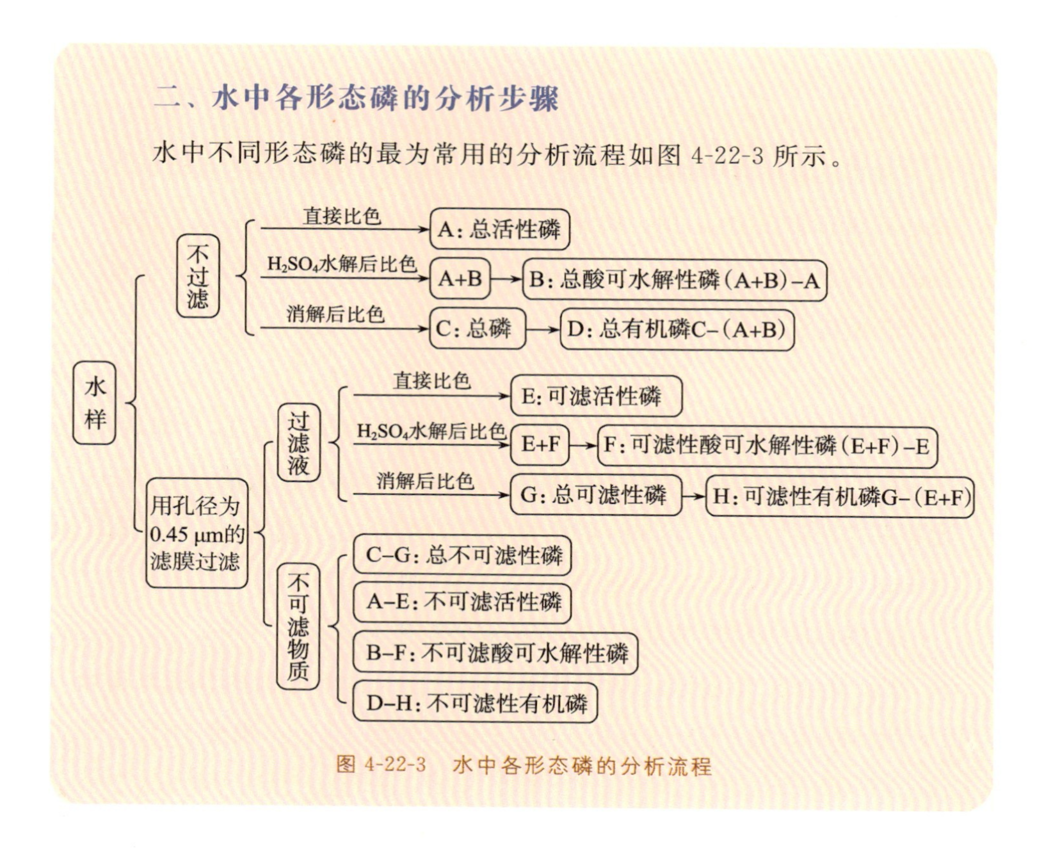

图 4-22-3　水中各形态磷的分析流程

(二) 水生植物对磷的吸收

1. 实验指导与建议

磷是水体富营养化最为常见的限制性营养盐，水体中磷的控制与去除对于改善水环境质量具有重要的作用。利用水生植物进行富营养水体的原位生态修复已得到国内外学者的普遍认可；利用水生植物净化生活污水的生态工程技术因具有投资少、设施简单、不产生二次污染、耗能低、管理方便、去污效果好等优点，已经成为环境污染治理研究的热点；在水生植物(包括浮游植物等藻类)与鱼、虾、贝类共养的水体中，通过控制水生植物的生物量，可有效降低营养盐质量浓度，提高水体溶解氧，避免鱼类缺氧死亡事件的发生。

研究水生植物对水体不同形态磷的吸收转化过程，可揭示水生植物与水体中磷之间的互作机制，进而提出水生植物生态修复污染水体的除磷策略与实施步骤，为水生植物生态修复工程的规划设计提供参考。

选取小球藻、凤眼莲、孔石莼、刚毛藻等易于人工培养的种类，培养于适当的容器内，监测不同培养条件下（如温度、光照等）水中磷的变化，研究水生植物对磷的吸收速率，也可设计研究磷浓度与吸收速率的关系等内容。

2. 推荐参考文献

[1] 杨坤，卢文轩，李静. 小球藻磷吸收的初步研究[J]. 安全与环境学报，2016，16(5)：216-220.

[2] 王晓昌，许可，黄悦，等. 低磷浓度下普通小球藻的生长及其叶绿素荧光特性研究[J]. 西安建筑科技大学学报（自然科学版），2019，51(1)：7-13.

[3] 苏小东，李艳，原金海，等. 不同水生植物对水体中氮磷吸收去除效果的试验[J]. 净水技术，2014，33(2)：48-51.

[4] 刘沙沙，张晓雁，罗玉虎，等. 2 种海藻对氮磷移除效果及其生长特征研究[J]. 北京师范大学学报（自然科学版），2016，52(2)：201-209.

[5] 张迎颖，严少华，刘海琴，等. 富营养化水体生态修复技术中凤眼莲与磷素的互作机制[J]. 生态环境学报，2017，26(4)：721-728.

[6] 陈志超，张志勇，刘海琴，等. 4 种水生植物除磷效果及系统磷迁移规律研究[J]. 南京农业大学学报（自然科学版），2015，38(1)：107-112.

[7] 王奇杰，马旭洲. 大薸及其附着物对网箱养殖水域氮磷去除效果的初步研究[J]. 渔业现代化，2018，45(2)：59-63.

（三）沉积物-水界面磷的吸附与释放（设计实验）

1. 实验指导与建议

沉积物既可成为氮、磷等营养盐的“汇”（吸附），亦可成为氮、磷等营养盐的“源”（释放）。沉积物中磷的吸附-释放是一个复杂的循环过程，pH、溶解氧、温度、水文气象条件和生物等外部环境因子以及沉积物的粒级分布、磷赋存形态、有机物和重金属含量等内部条件都会影响沉积物-水界面磷的通量变化。此外，水体的扰动等水动力特征也是决定沉积物-水界面磷吸附与释放的主要因素。

研究沉积物-水界面磷的变化过程属于水环境化学研究中的模拟实验，合理周密的模拟实验设计是获得良好结果的前提。首先确定实验研究的目的，其次设计与天然水体条件相似的实验装置，编排实验程序、分析与推断实验结果，力求客观合理。实验进行中，还要严格控制实验条件。

选取养殖池塘、湖泊、河流等沉积物作为研究对象，了解沉积物的采集与保存方法，设计水-泥界面静态环境和生物扰动环境下磷的吸附-释放实验装置。

2. 推荐参考文献

[1] 华祖林，王苑. 水动力作用下河湖沉积物污染物释放研究进展[J]. 河海大学学报(自然科学版)，2018，46(2)：95-105.

[2] 皮坤，张敏，李保民，等. 主养草鱼与主养黄颡鱼池塘沉积物-水界面氮磷营养盐通量变化及与环境因子的关系[J]. 水产学报，2018，42(2)：246-256.

[3] 鲍林林，李叙勇. 河流沉积物磷的吸附释放特征及其影响因素[J]. 生态环境学报，2017，26(2)：350-356.

[4] 张严严，房文艳，许国辉. 波浪作用下沉积物中氮、磷释放速率的试验研究[J]. 中国海洋大学学报，2020，50(4)：102-110.

[5] 潘涛，齐珺，吴琼，等. 北运河流域河流沉积物中氮磷污染物释放规律[J]. 中国环境监测，2019，35(1)：51-58.

[6] 金晓丹，吴昊，陈志明，等. 长江河口水库沉积物磷形态、吸附和释放特性[J]. 环境科学，2015，36(2)：448-456.

[7] 罗玉红，聂小倩，李晓玲，等. 香溪河沉积物间隙水的磷分布特征及释放通量估算[J]. 环境科学，2017，38(6)：2345-2354.

[8] 李苓，王彦，郭智俐，等. 藻类生长对沉积物上磷迁移转化的影响[J]. 中国海洋大学学报 2020，50(3)：88-94.

拓展知识

水体富营养化的防治措施

由于水环境中营养物质去除的难度性和污染源的复杂性，富营养化的防治成为了水污染治理中十分棘手的问题，其中控制藻类的生长是富营养化水体恢复与保护的重点。针对营养物质的去除方法，大致有以下几类。

1. 物理方法

用物理的方法去除营养物质，主要有：① 用贫营养型的"清水"换掉富营养化水的引水换水法，对于目标水体有一定的作用，但把污染转嫁到其他水体中的做法是治标不治本的权宜之计；② 通过拦截和收集污水的截污法，是从源头控制外源污染的方法，但对于已经富营养化的水体，难以有效控制富营养化水体中的藻类暴发；③ 底泥中的营养物质是水体内源污染的重要来源，底泥疏浚是减少内源污染的一个重要方法，能有效地去除底泥中的营养物质，被认为是治理富营养化水体的一种有效方法，但耗资巨大，对于湖泊等较大的水体难以实现。

2. 化学方法

用化学物质沉淀水体中营养盐或杀灭浮游植物以控制藻类生长的应急性化学方法，能获得明显的暂时效果，方法最为简单，但又会造成水体的二次污染，且成本较高。同样是治标不治本的方法。

最新研制的纳米杀藻布，针对应急性的杀藻需求，也取得了显著的试验效果。

3. 微生态制剂

向水体中投放微生态制剂，可使水体中微生物由厌氧向好氧演替，生物由低等向高等演替，生物多样性增加，污染物降解。目前该类微生物主要有使污染物高效降解的光合细菌、硝化细菌、聚磷菌、EM 制剂等，还有促进微生物生长、解毒及污染物降解的有机酸、营养物质、缓冲剂组分的促生液。Clear-Flo 系列菌剂的研制以及基因治藻项目的研发，在不久的将来，对修复和防治水体富营养化方面会有广泛的应用。

4. 食藻类鱼类或浮游动物控制

放养滤食性鱼类吞食控制浮游植物，以控制藻类的生物量，这已成为大多数人的共识。更为高效地通过滤食藻类的浮游动物对藻类的控制也引起了人们的注意。如何合理地控制滤食浮游动物的鱼类数量，以保证有充分的浮游动物来控制藻类，仍需进一步研究。

5. 高等植物及其提取物

高等水生植物在生长过程中，需要吸收大量的营养元素。利用高等植物修复富营养化水体技术具有成本低、操作简单等特点，更重要的是在有效去除营养元素的同时，还会增加水体中的溶解氧，抑制有害藻类的繁殖，遏制底泥营养盐向水体中的再释放。所生长的高等植物还可以作为能源加以利用。

有些高等植物的提取物对某些藻类的生长具有显著的抑制效果。这些提取物具有靶目标，不同植物提取物的靶目标是不同的，对靶生物致毒效应的效果需要更深入地研究，以便在控制富营养化水体中达到应用。

实验23 水生生物毒性试验

生活于水环境中的水生生物，对周围的内源性和外源性化学物质的变化反应十分灵敏。特别是外源性污染物的输入，当其达到一定浓度或强度时，就能引起水生生物的行为异常、生理功能紊乱，造成暂时或持久性的组织细胞病变，甚至发生死亡。因此，可以利用水生生物毒性试验，找出某种污染物对生物的半致死浓度与安全浓度，来评价污染物的毒性，为渔业保护、水质卫生评价、工业废水的排放管理以及水源保护等，提供理论依据。

毒性试验可分为急性试验和慢性试验。急性试验是一种使受试生物在短时间内显示中毒反应或死亡的毒性试验，所用毒物浓度高，持续时间短，一般是4 d或7～10 d。其目的是在短时间内获得毒物或废水对生物的致死浓度范围，为进一步进行试验研究提供必要的资料。慢性试验是指在实验室中进行的低毒物浓度、长时间的毒性试验，以观察毒物与生物反应之间的关系，验证急性毒性试验结果，估算安全浓度或最大允许浓度。慢性试验更接近于自然环境的真实情况。

毒性试验方法可分为静水式和流水式试验两大类。前者适用于测定和评价由相对稳定、挥发性小，且不过量耗氧的物质所造成的毒性，所需设备简单，毒物及稀释水消耗量少，但生物的代谢产物积累在试验水内，毒物浓度会因被代谢产物、器壁吸附等而降低。实际工作中，常采取每隔一定时间换一次试验水的“换水式”方法。流水式试验方法是连续不断地更新试验用水，适用于生化需氧量(BOD)负荷高、毒物挥发性大或不稳定的水样。试验过程中溶解氧充足，毒物浓度稳定，可将代谢产物连续排出，实验条件更接近于鱼类习惯的自然生活条件。但该法需要较复杂的设备，试验用水消耗量大。

一、目的与意义

水生生物毒性试验在方法和内容上都是水生生物毒理学的组成部分，其主要目的是为制定水质标准和废水排放标准提供科学依据，测试水体的污染程度，检查废水处理效果和水质标准的执行情况。目前已广泛地应用于测定和评价化学物质毒性、工业废水的排放管理、渔业保护、水质卫生评价以及水源保护等方面。尤其在渔业水质保护和改良方面，水生生物毒性试验是一项十分重要的基础性工作。

本实验的目的是培养学生综合运用所学过的知识，对水生生物进行人为致毒实验的初步能力，包括实验方案的设计、实验操作的正确实施、实验条件的控制与观测、数据的处理等。初步掌握水生生物毒性试验的方法和一般程序。

二、实验内容

1. 试验生物

生物毒性试验是以水生生物为试验材料，因此，对受试生物的选择应引起足够的重视。首先要根据实验目的选择敏感的、有代表性的健康生物作为受试生物，比如水域中的主要经济种类，如鱼、虾、贝、藻等。对于鱼、虾、贝等种类，大多选用对毒物较为敏感的幼体；对于藻类，则多选用单细胞的饵料生物。具有较大经济价值的大型藻类，因受试验条件的限制，选用的较少。若没有特定的目的，只是评价化学物质或工业废水的毒性等，一般推荐使用模式物种，如斑马鱼等。

2. 毒性溶液

根据实验的目的，当试验毒物确定后，如化学物质、工业废水、生活污水，或某一具体污染物，特别是养殖生产中使用的渔药等，在正式毒性试验前，要通过预试验确定毒物的浓度梯度，然后选用合适的稀释水，配制试验溶液。

3. 实验方式与条件

依据毒物的稳定性确定实验期间是选用静水式、换水式还是流水式，前提是保证毒物浓度的波动小于 20%。实验过程中，环境因子（如溶解氧、温度、

pH、硬度、盐度等）对水生生物是否适宜、对污染物毒性的影响，也是实验研究的内容。

三、方案制定

按照实验目的，学生先按要求查找文献，在老师指导下，设计和完善实验方案。方案应该包括：① 基本原理为生物对水环境的变化反应十分灵敏，当水体中的污染物达到一定程度时，就会引起一系列中毒反应。在规定的条件下，使受试生物接触含不同浓度受试物的水溶液。观察一个实验周期内 24 h、48 h、73 h、96 h 时（对于浮游动物和细菌等，可以缩短实验时间）试验生物的半致死浓度（LC_{50}）。② 实验容器与设备。③ 实验的方法与步骤。④ 数据处理与实验结果。

四、参考选题

（一）重金属对藻类的毒性效应

1. 实验指导与建议

选择水环境监测经常分析的铜、镉、铅、锌等一种金属，以及养殖生产中的主要饵料种类，如选择实验室较易培育的小球藻做测试生物，用自来水或自然海水做稀释用水，分别于实验开始后 0 h、24 h、48 h、72 h 和 96 h 取 1 mL 样品，测定藻类数量。

数据处理与结果评价，参照《水和废水监测分析方法》（第四版）的规定执行。

2. 推荐参考文献

[1] 张海涛，郭西亚，张杰，等. 铜绿微囊藻对锌、镉胁迫的生理响应[J]. 江苏农业学报，2019，35(1)：33-41.

[2] 刘璐，闫浩，夏文彤，等. 镉对铜绿微囊藻和斜生栅藻的毒性效应[J]. 中国环境科学，2014，3(2)：478-484.

[3] 欧阳慧灵，孔祥臻，何玘霜，等. Cu^{2+} 对普通小球藻的光合毒性：初始藻密度的影响[J]. 生态毒理学报，2011，6(5)：499-506.

[4] 吴洁，陈晓娣，韩萍芳，等. 离子液体对微藻的急性毒性效应[J]. 安全与环境学报，2016，16(1)：381-386.

[5] 王朝晖,许玲玲,胡韧,等. DMS对三种水生生物急性毒性的实验研究[J]. 生态科学,2002,21(3):205-207.

[6] 夏枫峰,晁敏,沈新强,等. 制浆造纸废水曝露对藻类的毒性效应[J]. 浙江海洋学院学报(自然科学版),2015,34(2):192-195.

(二) 渔药对鱼类的急性毒性试验

1. 实验指导与建议

随着渔业转型升级,我国水产养殖进入绿色发展阶段。然而在规模化养殖过程中,经常出现病毒性、细菌性和寄生虫性等疾病,有些疾病需要使用渔药进行预防和治疗。在实际养殖生产中,因渔药使用不当而引起的质量安全事件屡见不鲜。越来越多的养殖者和渔药经营者,对渔药的质量、耐药性、渔药残留、新渔药的使用等问题愈加关注。

掌握渔药对不同种类、不同规格的水产养殖生物的毒性和安全用量,并进行安全性评价已迫在眉睫。

开展渔药对养殖生物的毒性研究,一般有急性毒性试验、亚急性毒性试验和慢性毒性试验。急性毒性试验是为了确定受试渔药的毒性强度以及使用的安全浓度,观察毒性症状,为临床检测毒性和亚急性毒性、慢性毒性试验的设计提供参考资料。

亚急性毒性试验是为了进一步了解受试渔药对受试动物产生的耐受性、在受试动物体内有无积蓄作用,测定受试渔药毒性作用的耙器官和靶组织,初步估计出最大无作用剂量及中毒阀剂量,为慢性毒性试验剂量的选择提供依据。

慢性毒性试验是为了观察受试动物长期连续接触药物对机体的影响。可以了解短期试验所不能测得的反应,如实验动物对药物的毒性反应、毒性产生的时间、达峰时间、持续时间及可能反复产生毒性反应的时间、有无迟发性毒性反应、有无蓄积毒性或耐受性等,从而可以确定最大无作用剂量。

选择生产上常用的一种渔药(如抗菌类的氟苯尼考、抗寄生虫类的溴氰菊酯、环境改良类的含氯消毒剂),测试生物选取市场上较易获得的锦鲤,参照“鱼类急性毒性试验”的方法进行。

2. 推荐参考文献

[1] 熊关庆,冯杨,杨玉涔,等. 厚朴酚对斑马鱼(*Danio rerio*)的急性毒性病

理损伤评估[J].四川农业大学学报,2020,38(1):105-112.

[2] 张年国,潘桂平,周文玉,等.4种常见水产药物对菊黄东方鲀的急性毒性试验[J].水产科技情报,2015,42(6):339-342.

[3] 郑盛华,杨妙峰,郑惠东,等.联苯菊酯和醚菊酯对真鲷的急性毒性和安全性评价[J].安徽农业科学,2017,45(29):86-88.

[4] 张小俊,陆宏达,田全全,等.溴氰菊酯对中华绒螯蟹的毒性作用和组织病理研究[J].生态毒理学报,2018,13(6):342-351.

[5] 耿霄冰,沈美芳,吴光红,等.溴氰菊酯对河蟹的急性毒性研究[J].水产养殖,2009,30(10):48-50.

[6] 钟全福.17种常用渔药对美国银盾鱼稚鱼的急性毒性[J].福建农业学报,2015,30(1):14-17.

（三）南美白对虾对盐度、碱度的耐受性

1. 实验指导与建议

我国约有2 000万公顷的低洼盐碱地,不宜种植农作物但又靠近水源的就有300多万公顷,主要分布于中国东北、西北、华北等内陆地区。这类盐碱水质具有高盐、高碱、高pH,以及主要离子比例失衡等特点,呈现生物资源贫瘠、渔业水平较低、生态环境脆弱等现象,因而对这类低洼盐碱地的改良已引起了国家乃至世界的重视。大量实践表明,挖土抬田、以渔改碱的方法是应对中国淡水资源短缺、发展可持续渔业的有效办法,而且对改善盐碱水域生态环境也具有重要的意义。

“以渔改碱”的研究重点主要集中在盐碱水质的改良与耐盐碱养殖品种的选育两个方面,而后者在基础性研究方面则更为薄弱。为了解决这一问题,许多研究者针对养殖新品种的耐盐碱性开展了大量的理论基础研究,以期为中国内陆高盐碱地区水域中开展新品种养殖提供理论依据,继而解决养殖品种单一、经济价值不高的问题。

这类的实验研究,操作上与毒性实验相似,但需要的不是得到半致死浓度等结果,而是试验生物对盐碱参数的适应范围,可以用孵化率、变态率、成活率、生长速度等作为评价指标。该类实验所需时间较长,为便于学时的安排,除南美白对虾外,还可选取发育周期较短物种的敏感阶段作为受试阶段,如对虾、河

蟹、贝类、鱼苗等幼体。除实验盐度、碱度单因子的影响外，还要重点考虑两者不同浓度梯度的联合作用（最好设计正交试验）；配制稀释水时，特别要注意其他主要离子的含量比例的变化，如配制碱度溶液时，钙和镁离子、钾和钠离子的比例问题，否则都对实验结果有影响。

2. 推荐参考文献

[1] 武鹏飞，耿龙武，姜海峰，等. 三种鳅科鱼对 NaCl 盐度和 $NaHCO_3$ 碱度的耐受能力[J]. 中国水产科学，2017，24(2)：248-257.

[2] 周伟江，常玉梅，梁利群，等. 氯化钠盐度和碳酸氢钠碱度对达里湖鲫毒性影响的初步研究[J]. 大连海洋大学学报，2013，28(4)：349-346.

[3] 沈立，郝卓然，周凯，等. 异育银鲫“中科三号”对盐度和碳酸盐碱度的耐受性[J]. 海洋渔业，2014，36(5)：445-452.

[4] 杨富亿，李秀军，赵春生，等. 对虾对内陆苏打型高盐碱水环境的适应性[J]. 安徽农学通报，2007，13(1)：120-123.

[5] 党云飞，徐伟，耿龙武，等. 盐碱和 pH 对鱼类生长和发育的影响[J]. 水产学杂志，2012，25(2)：62-64.

[6] 王慧，房文红，来琦芳. 水环境中 Ca^{2+}、Mg^{2+} 对中国对虾生存及生长的影响[J]. 中国水产科学，2000，7(1)：82-86.

[7] 郑伟刚，张兆琪，张美昭，等. 盐度与碱度对花鲈幼鱼的毒性研究[J]. 中国生态农业学报，2005，13(3)：116-118.

[8] 李洪涛，周文宗，高红莉，等. 运用均匀设计法检验盐度和碱度对泥鳅的联合毒性作用[J]. 水产科学，2006，25(11)：563-566.

知识链接

鱼类急性毒性试验

一、实验原理

鱼类对水环境的变化反应十分灵敏，当水体中的污染物达到一定程度时，就会引起一系列中毒反应。例如行为异常、生理功能紊乱、组织细胞病变直至死亡。在规定的条件下，使鱼接触含不同浓度受试物的水溶液。

实验至少进行 24 h，最好以 96 h 为一个实验周期，在 24 h、48 h、72 h、96 h时记录实验鱼的死亡率，确定鱼类死亡 50%时的受试物浓度。鱼类毒性试验在研究水污染及水环境质量中占有重要地位。通过鱼类急性毒性试验可以评价受试物对水生生物可能产生的影响，以短期暴露效应表明受试物的毒害性。鱼类毒性试验不仅用于测定化学物种毒性强度、测定水体污染程度、检查废水处理的有效程度，也为制定水质标准、评价水环境质量和管理废水排放提供科学依据。

二、实验材料与实验条件

1. 试验用鱼的选择与驯养

试验用鱼必须对毒物敏感，具有一定的代表性，可选用一个或多个鱼种，根据实际需要自行选择。要求鱼体健康，行动活泼，食欲旺盛，且易于在实验室条件下饲养管理的来源可靠、稳定的鱼类。一般以鱼种阶段较为适宜。

试验前所选用鱼必须经过驯养，使它适应了新的生活环境才能做为试验用鱼。在进行正式试验前，试验鱼应在与试验条件相似的环境中至少驯养 7 d。驯养中每天投饵一次，在正式试验前一天停止喂食，因投饵后会增加鱼的呼吸代谢，并且增加外分泌与排泄物，影响试验溶液的毒性，但 96 h 以上的试验，应每天投少量不影响水质的饵料。驯养开始 48 h后，记录死亡率，7 d 内死亡率小于 5%，可用于试验；死亡率在 5%～10%，继续驯养 7 d；死亡率超过 10%，该组鱼不能使用，需重新更换试验用鱼进行驯养。

2. 试验设备

一般用化学惰性材料制成的水族箱或水槽，如使用流水试验装置，应具有控温、充气、流速控制等功能。容器规格应一致，体积应根据试验鱼的规格而定，一般每升水中的鱼不得超过 2 g 重，最好 1 g。对于刚孵化的幼体等，也可选用 500～2 000 mL 的烧杯或锥形瓶等容器。为防止毒物挥发，要求水深不小于 16 cm；为保持充足的溶解氧，要求有适当大的水面积；为防止试验鱼的蹦跳现象，可在容器上加一网盖。试验容器应在试验前洗涤洁净，防止残毒与油状物的存在。

另需测定溶解氧、pH、碱度、硬度等的分析仪器以及温度计、电子天平、抄网等设备。

3. 试验用水（稀释水）

用来驯养和配制试验溶液的水，必须是未受污染的清洁水。一般采用天然河水、湖水或地下水，但需过滤以除去大的悬浮物质。也可用自来水代替（必要时应除氯）。如果试验的目的是评价工业废水或化学物质对接纳水体的影响，则最好采用接纳水体的污染源上游水作为试验用稀释水。实验室用的纯水，因除去了天然水中的盐类，不适合做稀释水。

水质调节：试验用水的水质一般指水的温度、pH、溶解氧、硬度、有机质、水量、光周期。

标准稀释水的配制：配制标准稀释水，所用试剂必须是分析纯，用去离子水配制。纯水或去离子水的电导率应≤10 μS/cm。

① 氯化钙溶液：将 11.76 g $CaCl_2 \cdot 2H_2O$ 溶解于水中，稀释至 1 L。

② 硫酸镁溶液：将 4.93 g $MgSO_4 \cdot 7H_2O$ 溶解于水中，稀释至 1 L。

③ 碳酸氢钠溶液：将 2.59 g $NaHCO_3$ 溶解于水中，稀释至 1 L。

④ 氯化钾溶液：将 0.23 g KCl 溶解于水中，稀释至 1 L。

将这 4 种溶液各 25 mL 加以混合并用水稀释至 1 L，溶液中 Ca^{2+} 和 Mg^{2+} 的总和是 2.5 mmol/L，Ca^{2+} ∶ Mg^{2+} 的质量比为 4∶1，Na^{+} ∶ K^{+} 的质量比为10∶1。必要时需调节 pH，使其稳定在 7.8 左右。

稀释用水需经曝气直到溶解氧饱和为止，储存备用。使用时不必再曝气。

三、试验步骤要点

在试验前，应根据受试物的化学稳定性确定采用的试验方法，即静态、半静态和流水式试验，从而选定需用的容器和装置。

1. 预试验

用以确定正式试验所需浓度范围，可选择较大范围的浓度系列，如1 000 mg/L、100 mg/L、10 mg/L、1 mg/L、0.1 mg/L。每个浓度组放入5尾试验用鱼，可用静态方式进行，不设平行组，试验持续48～96 h。每日至少两次记录各容器内的死鱼数，并及时取出死鱼。求出24 h 100%死亡浓度（c_m）和96 h无死亡浓度（c_0）。

如果一次预试验结果无法确定正式试验所需的浓度范围，应另选一浓度范围再次进行预试验。

2. 正式试验

（1）浓度的选择：根据预试验的结果，在$c_0 \sim c_m$范围内，最少选择5个不同浓度组，以7个浓度较常用，并以几何级数排布，浓度间隔系数应≤2.2。每组设置3个平行，每系列设置一不含毒物的空白对照组。

（2）试验溶液：根据设置的浓度梯度，将受试物贮备溶液稀释成一定浓度的受试物溶液。对于较难溶于水的物质，在制备成贮备溶液时，可通过超声分散或其他适合的物理方法配制，必要时可以使用对鱼毒性低的有机溶剂、乳化剂和分散剂来助溶。此时的对照组，应增设溶剂对照组，其浓度与试剂中的最高溶剂浓度相同。

（3）实验中的指标及观察：试验溶液调节至相应温度后，从驯养鱼中随即捞出并迅速放入各试验容器中，转移期间处理不当的鱼应弃除。每试验组不得少于10尾，同一试验，所有试验用鱼应在30 min内分组完毕。

试验开始的前6 h应做连续性观察，并随时记录试验鱼的异常行为（如鱼体侧翻、失去平衡，游泳能力和呼吸功能减弱，色素沉积等）。然后在24 h、48 h、72 h、96 h详细检查受试鱼的状况。如果没有任何肉眼可见的运动，如鳃的扇动、碰触尾柄后无反应等，即可判断该鱼已死亡。观察并记录死鱼数目后，将死鱼从容器中立即移出水外，以免影响水质。值得注意的是，只观察鱼的死亡是不够的，许多种鱼在低浓度下就会引起生理变化，此时还需将死鱼解剖，观察其内脏的变化，甚至做组织切片等。

试验期间，每天至少测定一次 pH、溶解氧和温度，试验开始和结束时要测定试验容器中试验溶液的受试物浓度，受试物实测浓度不能低于设置浓度的 80%。如果试验期间受试物实测浓度与设置浓度相差超过 20%，则以实测受试物浓度来表达试验结果。试验结束时，对照组的死亡率不得超过 10%。

(4) 实验中的管理：试验时间一般为 96 h，每天的光照时间为 12～16 h，温度变化控制在 ±2℃，对于较严格的实验，温控应在 ±1℃ 范围。溶解氧不低于空气饱和值的 60%，采取空气曝气时不能使受试物明显受损。试验期间不喂食，并避免会改变鱼行为的干扰。

3. 实验报告

在实验报告中应包括试验名称、目的、试验原理、试验的准确起止日期，以及：① 试验受试物(化学品、废水或环境样品等)的来源、性质、保存条件等；② 试验生物的名称、来源、年龄、规格、驯养情况等；③ 试验的方式包括静水式、换水式或流水式等；④ 试验条件包括试验容器、稀释用水、试验用鱼的数目以及试验溶液的体积、浓度、每个浓度组的平行数，试验溶液更换情况、更换方法、流动情况等具体操作管理情况。

记录如下数据：① 无死亡发生(EC_0)的最高浓度；② 导致 100%死亡(EC_{100})的最低浓度；③ 24 h、48 h、72 h、96 h 时的每个浓度的累计死亡率。

4. 数据处理

(1) 以暴露浓度为横坐标，死亡率为纵坐标，在计算机或对数-概率坐标纸上，绘制暴露浓度对死亡率的曲线。用直线内插法或常用统计程序计算出24 h、48 h、72 h、96 h 的 LC_{50} 值，并计算 95%的置信限。

(2) 如果试验数据不适于计算 LC_{50}。可用不引起死亡的最高浓度和引起 100%死亡的最低死亡浓度估算 LC_{50} 的近似值，即这两个浓度的几何平均值。

5. 结果评价

依据 LC_{50} 值的大小，鱼类急性毒性可按表 4-23-1 中的标准分为 5 级。

表 4-23-1　鱼类急性毒性分级标准

96 h LC_{50} /(mg/L)	<1	1～10	10～100	>100
毒性分级	极高毒	高毒	中毒	低毒

附录

水环境监测基本知识

一、水环境监测方案的制定

二、样品的采集、运输和保存

三、样品预处理

四、养殖水环境质量评价

水环境监测是水环境评价、水环境污染防治的基础，是环境监测的重要组成部分，是针对目前日益突出的水环境问题而开展的一项重要工作，是合理利用与保护水资源、保护水环境、防治水污染的重要工作环节。其中水环境监测的基本内容、主要监测技术与方法以及环境质量的现状与评价，是本课程所关注的焦点。大体包括了调查监测站点、监测项目的确定，各种环境水体的采样、样品保存、监测项目与分析方法，数据处理与资料整理汇编要求，水环境影响评价等级与评价内容、水环境质量现状评价、水环境影响预测及评价的理论与方法等。其一般工作程序如附图 1 所示：

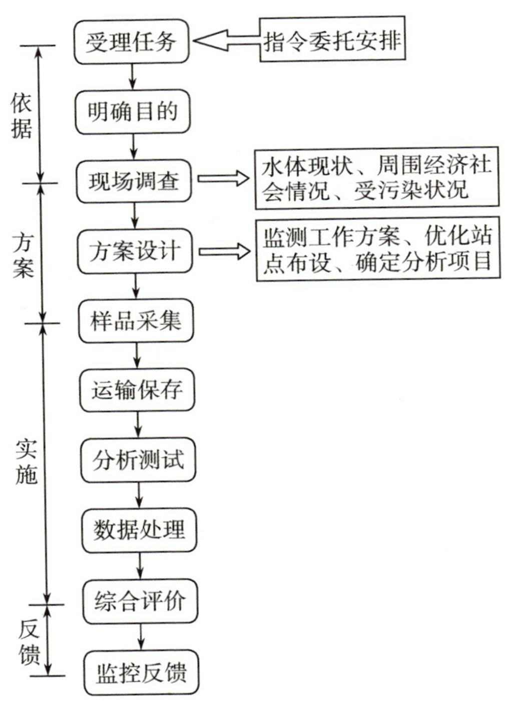

附图 1　水环境监测流程示意图

一、水环境监测方案的制定

监测方案是一项监测任务的总体构思和设计，制定时必须首先明确监测目的，然后在调查研究的基础上确定监测对象、设计监测网点，合理安排采样时间和采样频率，选定采样方法和分析测定技术，提出监测报告要求，制定质量保证程序、措施和方案的实施计划等。

具体到渔业用水的监测，其任务主要是通过对水环境中各因子的变化动态，全面评价水环境的优劣，以此判断该水体的水质指标是否符合规定的渔业水质标准，一旦发现问题，应及时进行调节；可根据水质状况确定养殖方式、种类和放养数量；还可及时发现养殖水体所受污染的动态，避免养殖生物受污染中毒，使所养殖的产品达到食品安全的要求。

（一）基础资料的收集

在制定监测方案之前，应尽可能全面地收集欲监测水体及其所在区域的有关资料。对于地表水来说，水体的水文、气候、地质、地貌特征，周边的交通、城镇分布、工业布局、农业生产以及生活污水、工业废水等污染源的排污情况，水资源的利用情况、历年的水质资料等。对于地下水而言，地质结构的资料也是不可缺少的收集对象。

（二）监测点的设置

任何监测都是用极少量的样本来代表所调查水域的整体状况。所采集的样本应该能够充分地代表水体的全面性，不能受到任何意外的污染，没有代表性或者在采集过程中发生了变化，即使分析手段先进、准确，最终得出的结论仍然是错误的。因此，选择适宜的采样站点，可以用最小的工作量取得最有代表性的数据。

1. 湖泊、水库、池塘等相对静止的地表水

为了使采样具有较好的代表性，不仅要充分考虑水体的面积、水深等，还要考虑水体的动力条件以及外源水的补充和周围污染物的大致分布情况。例如，对于设置了投饵养鱼网箱的水库，其采样站点的设置可参考附图 2。所设置的各断面上，通常需要分层采样。表层采样要避免水面漂浮物和水膜富集污染组分的影响。底层采样要避免水底沉积物对上覆水的影响。一般分层方法可参

见附表 1。

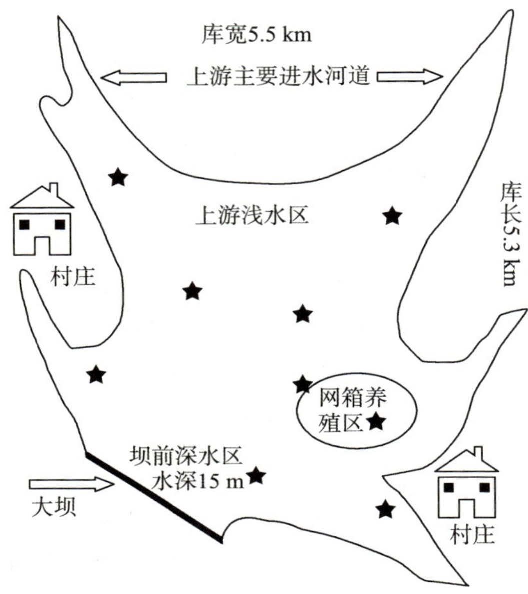

附图 2　投饵网箱养鱼水库采样点的布设图

五角星表示采样站点

附表 1　湖泊采样分层数

水深 /m	分层数
<5	表层(水面下 0.5 m)
5～10	表层、底层(距底 1.0 m)
10～20	表层、中层、底层
>20	表层、底层、每隔 10 m 一层,温跃层上、下

较大的养殖池塘通常在池的四角离岸 3 m 处和池中心采样,面积较小的池塘一般可只取池中心一个水样。可分点、分层采样,甚至将水样等体积混合后测定(溶解气体必须分别测定)。取样时应避开粪堆、入水口等区域。

2. 河流等流动的地表水

河流水质垂直分布比较均匀,能改变水环境因子变化的一般是外源性的污染。因此在调查河流时,一般设置三个断面:未污染的上游区、造成危害的污染区(可设一个或几个站点)、污染物达到充分稀释的下游区。另外,还要考虑河面的宽窄、河流的深度及采样的频率等(附表 2)。

附表 2 河流采样站点布设

水深 /m	采样站点数	位置
<5	1	水面下 0.5 m
5～10	2	水面下 0.5 m,河底上 0.5 m
>10	3	水面下 0.5 m,1/2 水深,河底上 0.5 m

3. 海洋站点的布设

主要站点应结合水域类型、水文、气象、环境等自然特征及污染源分布,合理地布设在环境质量发生明显变化或有重要功能用途的海域。值得注意的是,养殖区域一般都在沿岸海域,其特点是受大陆径流和潮汛的影响较大,所以采样站点要设在能代表这部分海区水质的地方,对有污水或工业废水排放的海区,应增设采样站点。采样层次可参考附表 3 确定。

附表 3 近岸海水采样分层

水深范围 /m	标准层次设置
小于 10	表层(海面以下 0.1～1 m)
10～25	表层,底层(离海底 2 m)
25～50	表层、10 m、底层
50～100	表层、10 m、50 m、底层
100 以上	表层、10 m、50 m、50 m 至底层之间酌情加层,底层

4. 其他样品的站点布设

对于沉积物采样站点的选择,应根据水体所处区域的土壤与地球化学背景状况、水土流失状况、泥沙运动与沉积特点以及污染源分布和主要污染物种类等情况布设。具体到渔业养殖水体,则应根据养殖品种、养殖方式、养殖水源的土壤背景状况,以及是否有污染源和主要污染物种类等情况布设,最好与水质采样同点、同步进行。

对于浮游生物、微生物采样站点布设应符合以下要求:① 当水深小于 3 m、水体混合均匀、透光可达到水底层时,在水面下 0.5 m 布设一个采样站点;

② 当水深在 3～10 m，水体混合较为均匀、透光不能达到水底层时，分别在水面下和底层上 0.5 m 处各布设一个采样站点；③ 当水深大于 10 m，在透光层或温跃层以上的水层，分别在水面下 0.5 m 和最大透光深度处各布设一个采样站点，另在水底上 0.5 m 处布设一个采样站点；④ 若为了了解和掌握水体中浮游生物、微生物垂直分布状况，可每隔 1.0 m 水深布设一个采样站点。

对于底栖动物、着生生物和水生维管束植物，最好设置采样垂线，每条采样垂线布设一个采样站点。

采集鱼样时，应按鱼的摄食和栖息特点，如肉食性、杂食性和草食性，以及上层鱼类和底层鱼类等在监测水域范围内选用合适的捕捞网具进行采集。

（三）采样时间及采样频率的确定

所采水样要具代表性，能反映出水质在时间和空间上的变化规律，必须确定合理的采样时间和采样的频率。对于不同类型水体的具体采样时间和频率可参考《海洋监测规范　第 3 部分：样品采集、贮存与运输》（GB 17378.3—2007）和《水环境监测规范》（SL 219—2013）。具体到渔业养殖生产中的实际情况，可参考以下原则进行。

（1）对于生产管理中的经常监测项目，如溶解氧、pH、氨氮、亚硝态氮等，需要每天早中晚三次采样，有时需要在凌晨加采 1 次。其他非经常性监测项目每月采样 1 次，全年不少于 12 次。

（2）在降雨前后各采样 1 次。

（3）换水前后各采样 1 次。

（4）突发事故时，应及时采样

（5）有废水排入、养殖密度较大的，应酌情增加采样次数。

（6）在鱼类不同的生长周期，也要进行采样。

有时还要根据水色进行估计，这样也可以不用化学测定就能判断水质大致状况，以及一些水质指标。

（四）水体监测项目

对于自然水体的常规环境监测，首先要选择国家和地方规定的地表水环境质量标准、水污染物排放标准中要求控制的监测项目，其次选择对人和生物危害大、对地表水环境影响范围广的污染物，还要根据水环境保护功能的划分和本地区污染源的特征适当增加某些项目。对所选监测项目的分析要采用国家或行业标准分析方法，或参照使用国际标准化组织（ISO）规定的分析方法和其他国际公认的分析方法。

渔业水质的调查和监测具有相对独立性，调查监测项目大致可按照全面性调查、经常性调查（生产管理）、科学研究性调查及应急性调查来确定。

1. 全面性调查项目

通常为了充分利用河流、湖泊、水库或近岸养殖海区的渔业资源，需要对其水环境进行全面的了解。养殖生产中需要利用地下水等新开辟的水源时，就需要对该水源尽可能全面地进行水质分析。对于可能有工业污染的水体，还应增加一些有代表性的污染项目进行分析监测，对该类项目的分析，最好采用国家或行业标准分析方法。

2. 养殖生产中的经常性监测项目

由于生物活动和投饵施肥的影响，养殖水质会经常发生变化，甚至有明显的时空分布。例如溶解氧、pH、总氨氮、亚硝酸盐氮都会伴随着大量地施肥投饵、养殖生物的快速生长而不断积累，给养殖生物带来巨大的危害。因此选择此类项目进行监测，用以指导生产是非常必要的。这类调查分析，并不需要精确的结果，但需要快速，所以简单、快速简易的分析方法是其首选。

3. 科学研究中的监测项目

对于以科研课题形式进行的水域全面性调查，其调查项目可参照“全面性调查项目”选定。其他科学实验中所需要的水质监测项目，一定要根据课题的内容而定。对于水温、溶解氧、pH、盐度等辅助性的水质指标，尽量选用标准分析方法测定，对于研究的特殊指标，可以使用经过验证的新方法，甚至使用自己研制的新方法。

4. 应急性的调查监测

水体受到外来污染，造成重大经济损失。需要及时配合有资质的相关部门按照应急监测规范的方法进行检测，所出具的检测结果具有一定的法律效力。需要注意的是，当事故发生时，采样要及时，避免由于水的交换、沉积和化学反应等使待监测项目发生变化而失去有利证据。

二、样品的采集、运输和保存

采样前，① 要根据检测项目和采样方法的要求，选择符合要求的采样器；② 根据检测项目的性质，选择适宜材质的容器存放样品；③ 根据道路交通状况，准备适宜的交通工具(包括船只等)。

对采样器的总体要求：① 化学性质稳定；② 不吸附欲测组分；③ 易清洗并可反复使用；④ 大小和形状适宜。

(一) 采样工具

1. 储存容器

容器材质对于样品在保存期间的稳定性影响很大。通常选择硬质(硼硅)玻璃瓶或高压低密度聚乙烯瓶用作水样瓶。测定重金属的样品瓶应选用高压低密度聚乙烯瓶，在选择样品容器时，必须考虑水样与容器间可能产生的问题，以确定容器的种类和洗涤方法。

样品瓶可先用自来水和洗涤剂清洗，以除去灰尘和油垢。然后用洗液浸泡(或用 10%硝酸浸泡 24 h)，取出沥干，再用自来水冲洗干净，最后用纯水淋洗。对于具塞玻璃瓶，在磨口部位常有成分溶出和吸附附着现象，要特别注意瓶口的清洁。聚乙烯瓶容易吸附油分、重金属、沉淀物及有机物，难以洗除，也应注意。

对于某些特殊测定项目，尤其用于微量金属分析的样品，水样瓶在进行了上述清洗之后，还需要进一步采用特殊的洗涤方法处理方可使用。样品容器洗涤后，为防止运输过程中沾污，如无特殊要求，需用聚乙烯塑料袋包装好放入干净样品箱内保存。

2. 采水器

目前的采水器种类繁多，形式多样，常用的有以下几种。

(1) 塑料水桶：是最简单普通的采样器具，适用于表层水样的采集。

(2) 有机玻璃采水器(附图 3)：由于其轻便，易于操作，非常适合池塘、湖泊等较为静止的水体分层水样的采集，是水产养殖生产中使用最广泛的采水器。该采水器上、下底面均有活门。上盖由两个半圆形活动板组成，由活页固定在中间，靠盖子自身的重力将门关闭。下底是一个整体的有机玻璃圆板，可以上下平行移动，靠自重和水的重力将下口盖紧密封。操作时，将采水器沉入水中，活门自动开启，沉入哪一深度就能采到那一层的水样。内有温度计，可同时测量水温。目前市场上有 1 000 mL、1 500 mL、2 000 mL、5 000 mL 等型号。但油类、细菌学指标等检测项目所需水样不能使用该采水器。

(3) 单层采水器(附图 4)：适用于表层和较深层水样的采集，对于大部分的检测项目，尤其是油类和细菌学指标等检测项目必须使用这类采水器。其工作原理与有机玻璃采水器类似，只是上、下开口的打开与关闭由“铅锤”人为控制。

若没有现成的采水器，也可以用硬质玻璃瓶或硬塑料瓶自己组装。采集深层水时，可使用如附图 5 所示的带铅锤的采样器(右图为加装铁框的采样器)沉入水中采集。将采样容器沉降至所需深度(可从绳上的标度看出)，上提细绳打开橡胶塞，待水样充满容器后提出。

附图 3　有机玻璃采水器

附图 4　单层采水器

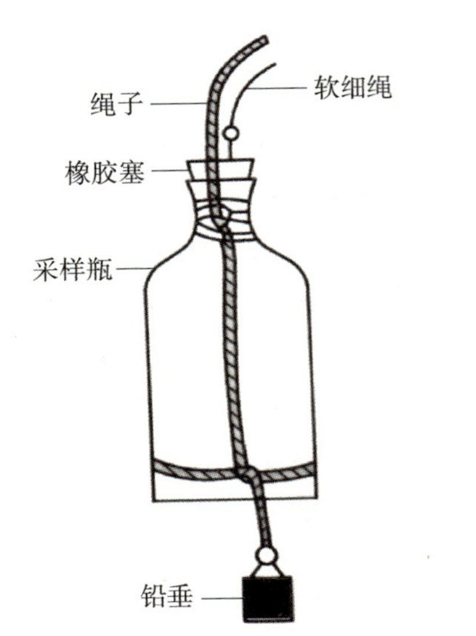

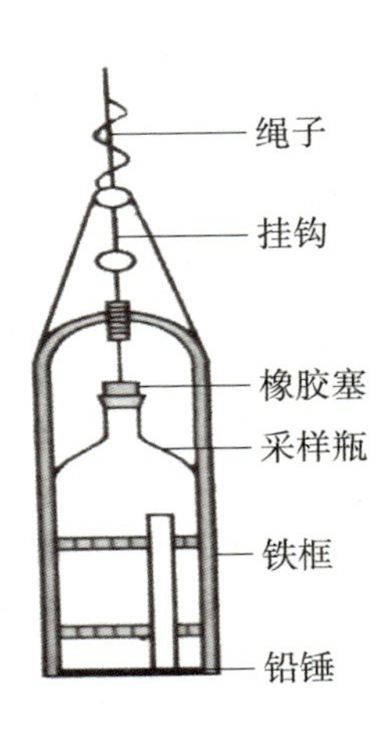

附图 5　自制简易采水器

对于水流急的河段，宜采用附图 6 所示的急流采样器。它是将一根长钢管固定在铁框上，管内装橡胶管，其上部用夹子夹紧，下部与瓶塞上的短玻璃管相连，瓶塞上另有一长玻璃管通至采样瓶底部。采样前塞紧橡胶塞，然后沿船身垂直伸入要求水深处，打开上部橡胶管夹，水样即沿采用瓶中的玻璃管流入样品瓶中，瓶内空气由短玻璃管沿橡胶管排出。

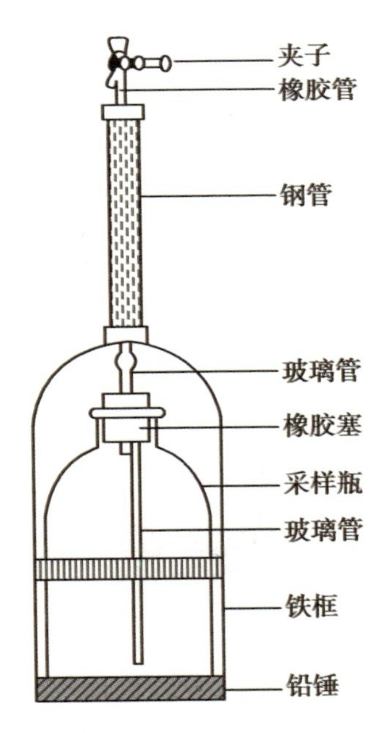

附图 6　急流采水器

测定溶解气体（如溶解氧）的水样，常用附图 7 所示的双瓶采水器采集。以左图（附图 7）为例，取样时将排气管口（B）与进水管口（A）用胶管连接（注意 B 口与 A 口不能套太紧，能方便地拔下来为宜），用一长细绳的一头绑住胶管连接 A 口的一端，细绳的另一头用手控制。将采水器放入水中令其自由下落，到达预定深度时将绳拽紧，再将胶管从进水口拔下来，水即进入采水器。此时水先充满下瓶，然后再逐渐继续充满上瓶。这样可以保证下瓶水的成分具有充分的代表性，可用于溶解气体的测定，上瓶水样可用于其他成分的测定。该采水器选材方便、制作简单，所采集不同深度的水样要比有机玻璃采水器更为精确。

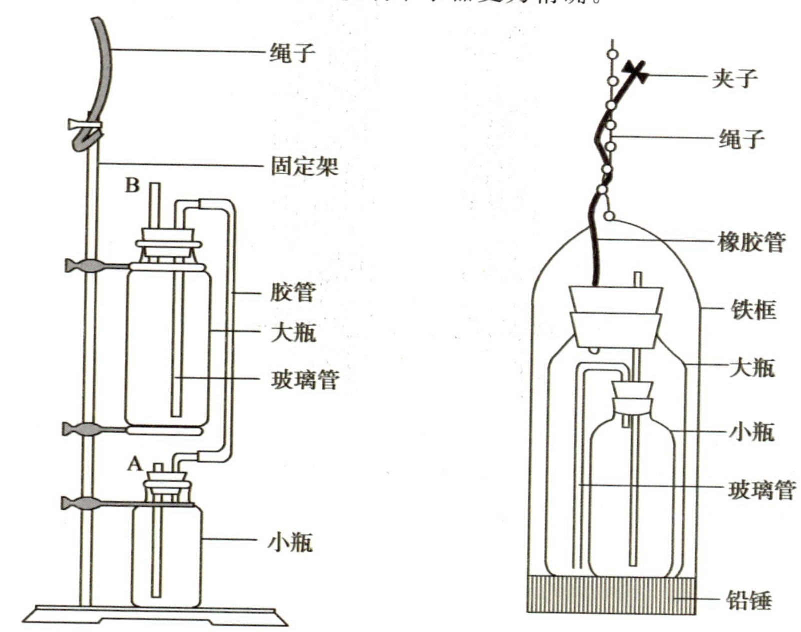

附图 7 双瓶用采水器

(4) 颠倒采水器：在海洋或较深湖泊的水样采集时，常使用 Nansen 采水器，又称颠倒采水器(附图 8)。其容积有 1 L、1.25 L、2.5 L 等规格。该采水器由一个两端具有活门的镀镍黄铜圆筒构成，它的长度约 65 cm，在两个活门较粗的一端上，装有两根平行杠杆，由连结杆连结，能够协同动作，使两个活门同步开闭。通过采水器的固定夹和释放器，把采水器固定在钢丝上，钢丝绳用绞盘操纵。采水器的上端有一个进气门，下端有一个放水龙头。先打开气门，才能由水龙头放出水样。使用时将采水器用钢丝绳放入水中(一根钢丝绳上可挂若干个采水器，一次采出垂直深度若干层的水样)，当到达采水深度后，等10 min(使颠倒温度计的指示温度与水温相平衡)，将重锤沿绳送下，当重锤碰击到释放器后，采水器自行颠倒，关闭上下活门。

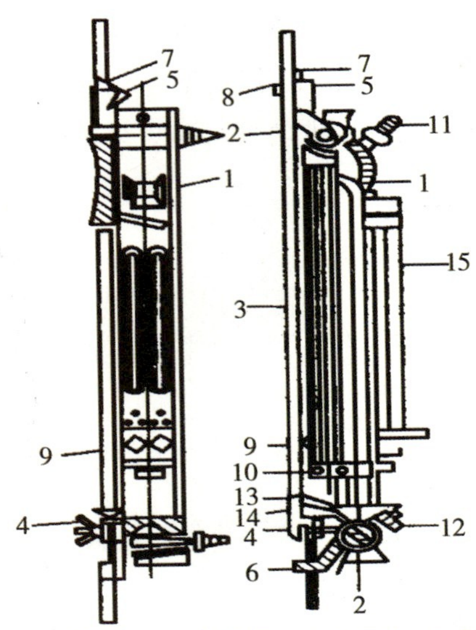

1. 镀镍黄铜圆筒　2. 平衡杠杆　3. 连结杆　4. 固定夹　5. 释放器　6. 穿索切口
7. 撞击开关　8. 当片　9. 圆锥体　10. 弹簧片　11. 水龙头　12. 气门
13. 小拉杆　14. 钢丝钩　15. 温度表套管

附图 8　Nansen 采水器

对于深海底层水样的采集，在调查船上都装有专门的深水采水器，这些采水器需根据各产品的说明进行操作和使用。

3. 采泥器

因本书所指的“底质”系指地表水水体底部表层的沉积物质。因此采集底质的工具大多以采泥器为主。常用的采泥器主要有采集表层底质样品的掘式（抓式）采泥器和采集柱状样品的管式采泥器。

掘式（抓式）采泥器适用于采集较大面积的表层样品。广泛应用于采集较坚硬的底质和淤泥底质的彼得逊采泥器（附图 9），重 8～10 kg，每次采样面积为 1/16 m^2。使用时将采泥器打开，挂好提钩，将采泥器缓慢地放至底部，然后抖脱提钩，轻轻上提 20 cm，估计两页闭合后，将其拉出水面，置于桶（或盆）内，用双手打开两页，使底样倾入桶内。

附图 9　彼得逊采泥器

同样原理生产的抓斗式采泥器(附图 10),开口面积有 0.025 m^2、0.05 m^2、0.10 m^2、0.25m^2等规格,同样适用于河流、湖泊、水库及浅海区等水域的底质采集,但开口面积越大就越重,操作时就需配合手摇绞车或其他起重机械使用,给采样带来不便。

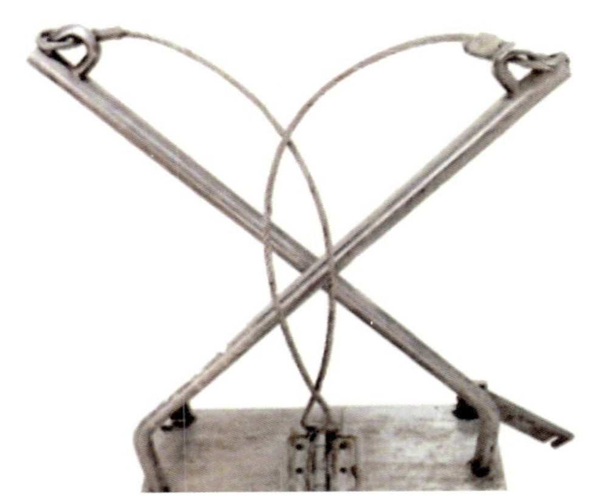

附图 10　抓斗式采泥器

管式采泥器(附图 11)适用于从软的、沙质和中等硬度的水体采集底质的柱状样品。当采泥器进入水中时,将采泥器取样管顶端的阀门打开,确保水可以自由流过取样器管。通过手推或者自身重力插入采样底部。当采集到所需的样品时,将采泥器从底泥中取出,在上升过程中,采泥器顶端的阀门会由于水压的作用而关闭。采泥器向上移动产生一个真空作用,使得样品保留在采泥器的管中而不会损失。当采泥器从水中取出后,通过一个活塞将样品取出进行分析。管式采泥器使用过程中会受到许多因素的制约,如底质的类型、水体深度、流速等，并根据不同测试目的发展出多种规格、多种形式的采集装置。但对于较浅的水体，亦可选用削有斜面的竹竿采样。

附图11　管式采泥器

（二）样品采集

合格的样品要具有较高的代表性和真实性，过少的采样，难以反映水体的实际状况，频繁的采样又会造成浪费。因此，必须对被监测水体的采样断面、采样点、采样时间、采样频率及样品数目进行周密的考虑与设计，使样品经分析所得数据能够客观地表征水体的真实情况。

1. 水质样品的类型

（1）瞬时水样：在某一时间和地点从水体中随机采集的分散水样。对组成较稳定的水样，或考察一定范围的水域可能存在的污染以及监测其污染程度，或水体的组成在相当长的时间和相当大的空间范围变化不大时，采集瞬时样品具有很好的代表性。对于某些待测项目，例如溶解氧、溶解硫化氢等溶解气体，也需采集瞬时样品。

（2）连续样品：在固定时间间隔下采集定时样品（取决于时间）及在固定的流量间隔下采集不定时样品（取决于体积）。连续样品常用在有污染源直接进入自然水域的排污口等较为特殊的地点，用以观察不同时间、不同流量状况下，水体受污染的变化程度，以此揭示利用瞬时样品观察不到的变化。

（3）混合水样：同一采样点，不同时间所采集的瞬时水样混合后得到的样品，有时用“时间混合样”的名称与其他混合样区别。混合水样能节省分析监测的工作量和试剂的消耗，但混合水样不适用于测试成分在储存过程中发生明显变化的水样。

（4）综合水样：同一时间，在不同采样点同时采集的各个瞬时水样混合起来所得到的样品。综合水样在各点的采样时间虽不能同步进行，但越接近越好，以便得到可以对比的资料。

2. 水质样品采集

水体的常规监测中，尽可能在水质发生变化期间进行采样，既可以反映出水质的变化，又可以花费较小的代价。一般是根据季节进行分期采样，当监测某一因子的峰值时，则应找出日、月、季的变化规律。若进行趋势监测时，应在每天的同一时间或每周的同一天进行采样。

对于海洋监测性调查，则根据不同海域的特征，对有代表性的环境因子建立系统和长期的观测，每年可测定 3～4 航次；养殖区域的监测，应根据养殖的对象、养殖的方式、养殖的季节进行合理的适当安排。

对于地下水的采集，要求采水器的放下与提升动作要轻，避免搅动井水及底部沉积物，若是机井泵抽水采样，则应待管道中的积水排净后再采集。

采集生活污水、工业废水时，应根据分析目的、废水生产情况，在一昼夜或几昼夜中采取废水的平均混合水样或平均比例混合水样。如废水流量比较恒定，则可只取平均水样，即每隔相同时间取等量废水混合组成。如流量不均衡，则需要取平均比例水样，即流量大时多取，流量小时少取。

对于分层采样，在采集表层水样时，可用适当的容器直接汲水采样。要注意不能混入水面上漂浮的物质。采集一定深度的水样时，可用有机玻璃采水器等。

3. 采样时应注意的事项

（1）水样采集量视监测项目及采用的测定方法所需水样量及备用量而定。

（2）采样时，采样器口部应面对水流方向。用船只采样时，采样在船舷前部逆流进行，以避免船体污染水样。

（3）除细菌、油等测定用水样外，容器在装入水样前，应先用该采样点水样冲洗 3 次。装入水样后，应按要求加入相应的保存剂后摇匀，并及时填写水样标签。

（4）采样时应做好现场采样记录，填好水样送检单，核对瓶签。

（5）采样后易发生变化的成分，需在现场测定。带回实验室的样品，在测定前要妥善保存，以确保样品在保存期间无变化。

4. 沉积物样品采集

(1) 表层沉积物分析样品的采取。用塑料刀或勺从采泥器耳盖中仔细取0～3 cm沉积物作为表层样品，也可取上部0～1 cm和1～2 cm的沉积物，分别代表表层和亚表层样品。一般情况下，每层各取3～4份分析样品，取样量视分析项目而定。

(2) 柱状沉积物分析样品的采取。样柱上部30 cm内按5 cm间隔，下部按10 cm间隔(超过1 m时酌定)用塑料刀切成小段，分别进行处理和测定。

沉积物样品的采集时间与频率可与水质监测同步进行。但采样时需注意以下几点：

① 采样前，采样器应用水样冲洗，样品瓶及聚乙烯袋预先用硝酸溶液(1+3)浸泡2～3 d，用去离子水淋洗干净，晾干。

② 采样时应避免搅动底部沉积物。为保证样品的代表性，在同一采样点可采样2～3次，然后混匀。

③ 样品中的砾石、贝壳、动植物残体等杂物应予以剔除。

④ 供无机物分析的样品可放置于塑料瓶(袋)中；供有机污染物分析的样品应置于棕色广口玻璃瓶中，瓶盖应内衬洁净铝箔或聚四氟乙烯薄膜。

⑤ 柱状样品从管式泥芯采样器中小心挤出时，尽量不要使其分层状态破坏。

⑥ 样品装入瓶(袋)中，并将填写好站点号及层次的标签卡放入外袋中，用橡皮筋扎紧袋口。装箱保存在阴凉处。

知识链接

一、浮游生物样品采集

水环境中存在着大量的水生生物群落，水生生物与水环境之间存在着互相依存又互相制约的关系。通过对水生生物的监测，可以了解污染对水生生物的危害；还可以对水生生物进行定性、定量研究，推断水体的初级生产力，以指导渔业生产。

浮游生物的监测可与水质项目的监测频率同步进行。水体初级生产力监测可根据养殖生产的需要灵活掌握。

浮游生物的定性标本用浮游生物网采集。浮游生物网呈圆锥形，网口套在铜环上，网底管（有开关）接盛水器。网的本身用筛绢制成，根据筛绢孔径不同划分网的型号。25号网网孔0.064 mm（200孔/英尺）（1英尺＝0.025 4 m），用于采集浮游藻类、原生动物和轮虫。13号网网孔0.112 mm（130孔/英尺），用于采集枝角类和桡足类。

（1）定性样品的采集（浮游植物、原生动物和轮虫等），用25号浮游生物网或PFU（聚氨酯泡沫塑料块）法；枝角类和桡足类等浮游动物的采集用13号浮游生物网，在表层中拖滤1～3 min。

（2）定量样品采集，同水样采集一致，采水量为1～2 L，若浮游生物量很低时，应酌情增加采水量。

（3）浮游生物样品采集后，除进行活体观测外，一般按水样体积，加1%的鲁哥氏溶液固定，静置沉淀后，倾去上层清水，将样品装入样品瓶中。

二、着生生物采样

着生生物采样可分为天然基质法和人工基质法，具体采样方法与要求如下。

（1）天然基质法：利用一定的采样工具，采集生长在水中的天然石块、木桩等天然基质上的着生生物。

（2）人工基质法：将玻片、硅藻计和PFU等人工基质放置于一定水层中，时间不得少于14 d，然后取出人工基质，采集基质上的着生生物。

（3）用天然基质法和人工基质法采集样品时，应准确测量采样基质的面积。

（4）采集的着生生物样品，除进行活体观测外，一般按水样体积加1%的鲁哥氏溶液固定，静置沉淀后，倾去上层清水，将样品装入样品瓶中。

三、底栖大型无脊椎动物采样

(1) 定量样品可用开口面积一定的采泥器采集,如彼得逊采泥器。还可用铁丝编织铁丝笼采集。铁丝笼一般为直径 18 cm、高 20 cm 的圆柱型,笼网网目为(5±1)cm^2、底部铺 40 目尼龙筛绢,内装规格尽量一致的卵石。将笼置于采样垂线的水底中,14 d 后取出。从底泥中和卵石上挑出底栖动物。

(2) 定性样品可用三角拖网在水底拖拉一段距离,或用手抄网在岸边与浅水处采集。用 40 目分样筛,挑出底栖动物样品。

四、水生维管束植物样品的采集

(1) 定量样品用面积为 0.25 m^2、网孔为 3.3 cm×3.3 cm 的水草定量夹采集。

(2) 定性样品用水草采集夹、采样网和耙子采集。

(3) 采集样品后,去掉泥土、黏附的水生动物等,按类别晾干、存放。

五、鱼类样品

采用渔具捕捞鱼类样品。采集后应尽快进行种类鉴定,需要测定药物残留的样品应尽快取样测定,或冷冻保存。

六、微生物样品的采集

(1) 采样用玻璃样品瓶在 160~170℃烘箱中干燥灭菌或 120℃高压蒸气灭菌锅中灭菌 15 min;塑料样品瓶用 0.5%过氧乙酸灭菌备用。

(2) 采样时,将样品瓶固定于采集装置上,放入水中,到达预定深度后,打开瓶塞,待水样装满后,盖上瓶塞,再将采样装置提出水面。

(3) 表层水样徒手采集时,用手握住样品瓶底部,将瓶迅速浸入水面下10~15 cm 处,然后将瓶口转向水流方向,待水样充满至瓶体积 2/3 时,在水中加上瓶盖,取出水面。

（三）样品的运输和保存

样品从采集到测定的这段时间内，由于环境条件的改变，物理、化学作用的影响，微生物的新陈代谢等，会引起水样某些物理参数、化学组分的变化。因此样品采集后应尽快测定，同时，还需要尽可能地缩短运输时间，采取必要的保护措施。有些项目必须现场测定。

1. 运输中的管理

现场采集的样品，大多需要运回实验室测定。在运输过程中，为保持样品的完整性，使之不受污染、损坏和丢失，要注意：① 样品容器要塞紧塞子，对于玻璃容器必要时可用封口胶、石蜡封口；② 避免因震动、碰撞而损失或沾污，因此最好将样瓶装箱，用泡沫、塑料或纸条挤紧；③ 需冷藏的样品，应配备专门的隔热容器，放入制冷剂，将样瓶置于其中；④ 冬季应注意保温，以防样瓶冻裂；⑤ 逐一对应清查样品采集记录与样品清单，防止搞错。

2. 样品保存

（1）水样的保存：各种水质的水样，在采集至测定这段时间里，由于物理的、化学的和生物的作用会发生各种变化。为使这些变化降低到最小，必须在采样时根据水样的不同情况和所测项目，采取必要的保护措施，并尽快测定。

适当的保护措施虽然能够降低水样变化的程度或减缓变化的速度，但并不能完全抑制其变化。有些测定项目特别容易发生变化，必须在采样现场测定。水样允许保存的时间，与水样性质、分析项目、溶液 pH、贮存容器和存放温度等多种因素有关。具体保存方法一般有：① 冷藏（0～4℃）或冷冻（−20℃），冷藏不易长期保存，冷冻要掌握熔融和冻结技术，以使水样在溶解时能迅速、均匀地恢复原始状态，同时注意冷冻结冰时的体积膨胀，防止容器被涨破。② 加入化学试剂，如加入生物抑制剂，可抑制生物的氧化还原作用。硝酸酸化可防止重金属离子水解沉淀和被器壁吸附。有些项目还需要加入氧化剂或还原剂。③ 水样的过滤和离心分离。④ 将水样充满容器至溢流并封存。

附表 4 列出了我国《水环境监测规范》中建议的水样保存方法。

附表 4 水质样品保存方法

项目	采样容器	保存方法及保存剂用量	保存时间
色度*	G、P		12 h
pH*	G、P		12 h
电导*	G、P		12 h
悬浮物	P、G	0～4℃避光保存	14 d
碱度	G、P	0～4℃避光保存	12 h
酸度	P、G	0～4℃避光保存	30 d
总硬度	G、P	1 L 水样中加浓硝酸 10 mL	14 d
COD	G	加浓硫酸酸化至 pH≤2	2 d
高锰酸盐指数	G	0～4℃避光保存	2 d
溶解氧*	溶解氧瓶	加硫酸锰和碱性碘化钾现场固定	24 h
BOD_5	溶解氧瓶		6 h
总有机碳	G	加浓硫酸酸化至 pH≤2	7 d
氟化物	P	0～4℃避光保存	14 d
氯化物	P、G	0～4℃避光保存	30 d
溴化物	G、P	0～4℃避光保存	14 h
碘化物	G、P	加氢氧化钠固体，pH=12	14 h
硫酸盐	P、G	0～4℃避光保存	30 d
磷酸盐	G、P	加氢氧化钠固体或浓硫酸，调 pH=7，1 L 水样加 $CHCl_3$ 5 mL	7 d
总磷	G、P	加浓盐酸或浓硫酸酸化至 pH≤2	24 h
氨氮	P、G	加浓硫酸酸化至 pH≤2	24 h
NO_3^--N	P、G	0～4℃避光保存	24 h
总氮	G、P	加浓硫酸酸化至 pH≤2	7 d
硫化物	G、P	1 L 水样加氢氧化钠固体至 pH=9，加入 5%抗坏血酸 5 mL，饱和 EDTA 3 mL，滴加饱和醋酸锌溶液至胶体产生，常温避光保存	24 h

续表

项目	采样容器	保存方法及保存剂用量	保存时间
挥发酚	G、P	加氢氧化钠固体调 pH≥9	12 h
总氰	G、P	加氢氧化钠固体调 pH≥9	12 h
阴离子表面活性剂	G、P		24 h
钠	P	1 L 水样中加浓硝酸 10 mL	14 d
钾	P	1 L 水样中加浓硝酸 10 mL	14 d
镁	G、P	1 L 水样中加浓硝酸 10 mL	14 d
钙	G、P	1 L 水样中加浓硝酸 10 mL	14 d
锰	G、P	1 L 水样中加浓硝酸 10 mL	14 d
铁	G、P	1 L 水样中加浓硝酸 10 mL	14 d
镍	G、P	1 L 水样中加浓硝酸 10 mL	14 d
铜	P	1 L 水样中加浓硝酸 10 mL	14 d
锌	P	1 L 水样中加浓硝酸 10 mL	14 d
砷	G、P	1 L 水样中加浓硝酸 10 mL; DDTC 法,加浓盐酸 2 mL	14 d
硒	G、P	1 L 水样中加浓盐酸 2 mL	14 d
银	G、P	1 L 水样中加浓硝酸 2 mL	14 d
镉	G、P	1 L 水样中加浓硝酸 10 mL	14 d
六价铬	G、P	加氢氧化钠固体调 pH=8~9	14 d
汞	G、P	1 L 水样加浓盐酸 10 mL	14 d
铅	G、P	1 L 水样加浓硝酸 10 mL	14 d
油类	G	加浓盐酸酸化至 pH≤2	7 d
农药类	G	加入抗坏血酸 0.01~0.02 g 除去残余氯,0~4℃避光保存	24 h
挥发性有机物	G	加盐酸溶液(1+10)调 pH=2, 1 L 水样加入抗坏血酸 0.01~ 0.02 g 除去残余氯,0~4℃避光保存	12 h

续表

项目	采样容器	保存方法及保存剂用量	保存时间
酚类	G	加 H_3PO_4 调 pH=2,加入抗坏血酸 0.01～0.02 g 除去残余氯,0～4℃避光保存	24 h
微生物	G	1 L 水样加入硫代硫酸钠 0.2～0.5 g 除去残余氯,0～4℃避光保存	12 h
生物	G、P	加入甲醛固定,0～4℃避光保存	12 h

注:P 表示聚乙烯瓶;G 表示玻璃瓶;* 表示应尽量作现场测定。

(2) 沉积物样品的保存:① 底质样品采集后,于−40～−20℃冷冻保存,并在样品保存期内测试完毕。② 悬浮物采用孔径为 0.45 μm 的滤膜过滤或离心等方法将水分离后保存。③ 样品保存应符合附表 5 要求。

附表 5 列出了我国《水环境监测规范》中建议的沉降物样品保存方法。

附表 5　沉降物样品保存与要求

测定项目	容器	样品保存方法与要求
颗粒度	P、G	低于 4℃,保存期为 6 个月,样品在分析前严禁冷冻和烘干处理
总固体,水分	P、G	冷冻保存,保存期为 6 个月
氧化还原电位	P、G	尽快测定
有机质	P、G	冷冻保存,保存期为 6 个月,室温融解
油脂	P、G	尽快测定(80 g 湿样加 1 mL 浓 HCl,4℃密封保存期为 28 d)
硫化物	P、G	尽快测定(80 g 湿样加 2 mL 1 mol/L 醋酸锌并摇匀,于 4℃避光密封保存,保存期为 7 d)
重金属	P、G	于−20℃下,保存期为 6 个月(汞为 30 d,六价铬为 1 d)
有机污染物	G	尽快萃取或 4℃避光保存至萃取,可萃取有机物在萃取后 40 d 内测定,挥发性、半挥发性、难挥发性有机物保存期分别为 7 d、10 d、14 d

注:P 表示聚乙烯瓶,G 表示玻璃瓶。

知识链接

根据我国《水环境监测规范》中建议的生物样品保存方法，对于采集到的生物样品可参照附表6处理。

生物样品的保存

附表6 生物样品保存方法

样品类别	待测项目	样品容器	保存方法	保存时间	备注
浮游植物	定性鉴定 定量计数	P、G	1%鲁哥氏液固定	1年	若长期保存，需100 mL水样加4 mL福尔马林溶液
浮游动物（原生动物、轮虫）	定性鉴定 定量计数	P、G	同上	1年	同上
	活体鉴定	G	可加适当麻醉剂	现场观察	
浮游动物（枝角类、挠足类）	定性鉴定 定量计数	P、G	100 mL水样加4～5 mL福尔马林溶液	1年	若长期保存，需在40 h后，换用70%乙醇保存
底栖动物	定性鉴定 定量计数	P、G	样品保存于70%乙醇或5%福尔马林溶液中	1年	样品最好先在低浓度固定液中固定，然后逐次升高固定液浓度
鱼类	定性鉴定 定量计数	P、G	将样品用10%福尔马林溶液保存	6个月	
水生维管束植物	定性鉴定 污染物测定	P	凉干		将定性鉴定的样品尽快凉干后作为污染物残留测定样品
底栖动物、鱼类	污染物测定	P、G	−20℃		尽快测定

续表

样品类别	待测项目	样品容器	保存方法	保存时间	备注
浮游生物	污染物测定	P、G	过滤后，−20℃保存	1 个月	
浮游植物	叶绿素 a	P、G	2～5℃，每升水样加 1 mL 1% $MgCO_3$ 溶液	24 h	立即测定
浮游植物	初级生产力	G	不允许加入保存剂		取样后，尽快试验
微生物	细菌总数、总大肠菌群数、粪性大肠菌群数、粪链球菌群数	灭菌玻璃瓶	1～4℃	<6 h	最好在采样后 2 h 内完成接种，并进行培养。
废水	综合毒性测试	P、G	密封 1～4℃	24 h	尽快测定
			−20℃	2 周	

注：鲁哥氏液配制，每升用 150 g KI、100 g I_2、18 mL 乙酸，配成水溶液，存放在冷暗处。P 表示聚乙烯瓶，G 表示玻璃瓶。

三、样品预处理

（一）水样的预处理

水样测定前，大多数样品需要进行适当的预处理。其目的是使欲测组分达到测定方法和仪器要求的形态、浓度，消除共存组分的干扰。可以说，样品预处理是分析测试中不可或缺的重要步骤，有时甚至是整个检测过程的关键。

1. 水样的过滤

国内外已采用水样能否通过孔径为 0.45 μm 的滤膜作为区分可过滤态与不可过滤悬浮态的条件。要测定可过滤态部分，就应在采样后立即用孔径为 0.45 μm的滤膜过滤。在没有孔径为 0.45 μm 的滤膜的情况下，泥沙型水样可用离心等方法；含有机质多的水样可用滤纸（或砂芯漏斗）采集。采用自然沉降取上清液测定可过滤态的方法是不恰当的。如果要测定组分的全量，采样后应立即加入保护剂，测定时应充分摇匀后取样。

2. 水样的消解

水样消解的目的是将样品中对测定有干扰的有机物和悬浮颗粒物分解掉，使待测元素以离子形式进入溶液中。水样的消解方法有湿式消解法和干灰化法。其中湿式消解法又以下列方法较常用：① 硝酸消解法（适用于较清洁水样），② 硝酸-高氯酸消解法（适用于含难氧化有机物的水样），③ 硝酸-硫酸（两者体积比为 5∶2）消解法（适用于易生成难溶硫酸盐组分外的水样），④ 硫酸-磷酸消解法（适用于含 Fe^{3+} 等离子的水样），⑤ 硫酸-高锰酸钾消解法（测定汞的水样），⑥ 碱分解法（当酸体系消解水样易造成挥发组分损失时，可改用碱分解法）。

干灰化法又称高温分解法，但要注意本方法不适用于处理测定含有易挥发组分（如 As、Hg、Cd、Se、Sn 等）的水样。

3. 富集与分离（提取与净化）

当水样中的欲测组分含量低于分析方法的检测限时，必须进行富集或浓缩。当有共存干扰组分时，就必须采取分离或掩蔽措施。富集与分离往往不可分割，同时进行。常用的方法有过滤、挥发、蒸馏、溶剂萃取、离子交换、吸附、共沉淀、层析、低温浓缩等。

（二）沉积物（底质）预处理

沉积物样品送交实验室后，应尽快进行预处理，其处理过程应尽量避免沾污和待测成分损失。一般包括干燥、粉碎、过筛和缩分等步骤。

1. 沉积物的脱水干燥

若沉积物中含大量的水分应采用下列方法之一除去，不可直接置于日光下曝晒或高温烘干。

(1) 自然风干：待测组分较稳定，样品可置于阴凉、通风处晾干。

(2) 离心分离：待测组分如为易挥发或易发生各种变化的污染物（如硫化物、农药及其他有机污染物），可用离心分离脱水后立即取样进行分析，同时另取一份烘干测定水分，对结果加以校正。或加适当的固定剂后于低温保存。

(3) 真空冷冻干燥：适用于各种类型样品，特别适用于含有对光、热、空气不稳定的污染物的样品。

(4) 无水硫酸钠脱水：适用于油类等有机污染物的测定。

(5) 恒温干燥(105℃)：适用于稳定组分的测定。

2. 沉积物样品的筛分制备

将脱水干燥后的样品平铺于硬质白纸板上，用玻璃棒等压散（勿破坏自然粒径）。剔除大小砾石及动植物残体等杂物。样品过 20 目筛，直至筛上物不含泥土。筛下物用四分法缩分，得到所需量样品。装入棕色广口瓶中，贴上标签后供测试用或冷冻保存。

在样品制备过程中中，应注意测金属项目的样品需使用尼龙网筛，测有机污染物的样品应使用不锈钢网筛。测 Hg、As 等易挥发元素和需要测低价铁、硫化物等时，样品不可用粉碎机粉碎。采用湿样测定不稳定组分时，应同时制备两份样品，其中一份用于含水量测定。

3. 样品的消解与浸提

消解的方法要根据不同的目的，以及不同的分析对象而选用不同的消解方法，如要求测定全含量则必须采用全消解；如要测定某因子的有效态可以使用各种提取剂提取，以达到有效态含量的测定要求。同时要考虑到简便、快速、安全、环保、经济并适合于批量生产等要求。

电热板敞口消化采用的是酸溶法，通常选用混合酸消解，不同的酸还具有不同的作用，如氧化、还原、络合等。此种消解方法操作简便，消解仪器成本低，使用温度低，对容器腐蚀性小，便于成批分析，被广泛采用。缺点是试剂用量较大，导致空白比较高，易造成环境污染，需要有人监视，且消解时间长，工作效率低。

(三) 有机物样品预处理

有机污染物监测分析步骤一般分为采样、预处理（提取及净化）、分析三个过程，其中的采样可参照常规项目的方法，在此主要介绍后两个环节。

样品的预处理方法一般分为提取和净化两个步骤：

1. 水样中的有机物萃取

(1) 液-液萃取法：从水中萃取有机物时，一般使用正己烷、苯、醚、乙酸乙酯、二氯甲烷等挥发性溶剂。

在液-液萃取中，有时不改变萃取溶剂，而是改变样品性质来选择性地进行萃取，例如，改变样品的 pH，可选择性地萃取酸性或碱性物质。

萃取易溶于水的物质时，可以采取盐析法：添加盐来减小水的活度，从而降低有机化合物溶解度。它不仅适用于液-液萃取，对于顶空法和液-固萃取等同样也有效。

液-液萃取有许多局限性，例如需要大量的有机溶剂、样品处理步骤复杂、样品回收率和精密度有时不理想、处理过程中有乳化现象发生以及溶剂蒸发时产生的样品损失等。

(2) 固相萃取法：采用高效、高选择性的固定相，与溶剂萃取法相比能显著减少溶剂用量，简化样品预处理过程。一般来说，固相萃取所需时间为液-液萃取的 1/2。固相萃取能用于气相色谱(GC)、液相色谱(HPLC)、红外光谱(FTIR)、质谱(MS)、核磁、紫外和原子吸收(AAS)等分析方法的样品预处理。

固相萃取主要用于样品分析前的净化和富集。

(3) 固相微萃取法：是一种新型、高效的样品预处理技术。它集采集、浓缩于一体，无需使用任何高纯有机溶剂，从而减少了环境污染及处理有机废液的成本，可以直接进样，操作简便快捷，因此，正在引起人们的关注。

(4) 吹脱捕集法和静态顶空法：吹脱捕集法是向样品中通入 Ne、N_2 等惰性气体，再用捕集剂捕集被气体吹脱出的挥发性物质的方法，也称为动态顶空法。捕集剂常用多孔聚合物微球、活性炭、硅胶、GC 色谱柱填料等。在实际测定中，从样品中将挥发性物质吹脱，到用捕集剂捕集、热脱附，以及向 GC 或 GC-MS 导入等这一系列操作均已有自动化装置。

顶空法(静态顶空法)是将样品加入到管形瓶等封闭体系中，在一定温度下放置，达到气液平衡后，用气密性注射器抽取存在于上部空间中的被测组分，注入到 GC 或 GC-MS 中进行测定。

2. 沉积物中的有机物提取

沉积物样品中有机污染物的提取、预处理方法也有许多，常用的有溶剂振荡萃取、超声波萃取、微波萃取和索氏抽提等。针对不同待测目标物的化学稳定性及酸碱性，还可以在溶剂萃取之前先进行碱分解，除去基体中的干扰物质；简化样品预处理过程(如底质和污泥样品中多氯联苯分析)。

3. 样品净化方法

从水、沉积物中萃取出来的样品溶液的净化方法如附表 7 所示。按照目标化合物的性质及使用的分析方法不同，可以有针对性地应用其中的一种或多种净化方法。

附表 7　样品净化方法

净化方法	净化类型
氧化铝净化	吸附
佛罗里硅土净化	吸附
硅胶净化	吸附
凝胶渗透色谱净化	分子大小分离
酸-碱分配净化	酸-碱分配
硫净化	氧化-还原
浓硫酸-高锰酸盐净化	氧化-还原

四、养殖水环境质量评价

在对养殖水质进行调查以及监测分析后，根据所获得的结果，还需要对水质状况作科学的评价。这对养殖水产生物的开发与所处环境的保护往往是重要的一环。

关于养殖水环境的质量评价，需要根据不同的目的和要求，按一定的原则和方法进行。如对主要以养殖为目的的池塘等水体进行评价时，则重点考虑外源水的污染是否对养殖生物造成危害；而对一些以生活用水为主的江河、水库等水体，在进行开发养殖时，则应重点考虑养殖生物的代谢等对水体的污染状况，并作出相应的评价，其目的是要准确指出水质的状况以及将来的发展趋势，以便为水源(包括渔业用水)的保护和合理开发利用提供科学依据。

（一）水环境质量评价方法

水环境不仅包括水，而且还包括水中的悬浮物、底质和水生生物。对于一个水系的环境监测及综合评价，应包括水相、固相以及生物相，才能得出准确而全面的结论。

1. 养殖水质指数评价法

（1）单因子评价法：单因子水质标准评价是分别将各个水质参数与水质标准规定的指标进行对比分析，计算出检出率、达标率、超标率、超标倍数、评价指数等。

$$R_d=\frac{n_d}{n}\times 100\%$$

$$R_f=\frac{n_f}{n}\times 100\%$$

$$R_e=\frac{n_e}{n}\times 100\%$$

$$R=\frac{C_i}{C_0}-1$$

式中：R_d、R_f、R_e、R——某项目的检出率、达标率、超标率、超标倍数；

n_d、n_f、n_e——某项目的检出次数、达标次数、超标次数；

n——某项目的监测总次数；

C_i——某项目的实测值；

C_0——某项目的水质标准限值。

对于单因子的评价指数的计算：

$$P_i=\frac{C_i}{S_i}$$

式中：P_i——评价指数；

C_i——某项目的实测值；

S_i——评价标准值。

评价指数 $P_i>1$，表明该水质参数超过了规定的标准，需引起足够的重视。

（2）多因子综合评价法：采用多因子参数进行评价，可以反映水体的综合特征。一般常用到的方法有迭加型指数：

$$P = \sum P_i = \sum_{i=1}^{n} \frac{C_i}{S_i}$$

均值型指数：

$$P = \frac{1}{n} \sum P_i = \frac{1}{n} \sum_{i=1}^{n} \frac{C_i}{S_i}$$

加权均值型指数：

$$P = \frac{1}{n} \sum W_i P_i$$

式中：W_i——第 i 项参数的权重值。

均方根型指数：

$$P = \sqrt{\frac{1}{n} \sum_{i=1}^{n} P_i^2}$$

内梅罗指数：

$$P = \sqrt{\frac{P_{max}^2 + (\frac{1}{n} \sum_{i=1}^{n} P_i)^2}{2}}$$

2. 养殖水环境底质评价

底质质量评价标准是以底质对底栖生物的危害程度和底质再次污染水体水质的程序为依据的。在底质评价中，国家尚无底质质量评价标准，其评价标准可参考附表 8 列出的底质评价质量分级的情况。

附表 8　底质评价质量分级

P_i	<0.4	0.4～0.7	0.7～1.0	>1.0
污染程度	微污染	轻污染	中污染	重污染
要求	未超标	均值未超标，最高值有两项超标	实测均值二项超标，最高值有一半超标	均值均超标，最高值超标 1.5～2.5 倍

海域底质评价采用下列指数公式：

$$P_i = \frac{1}{n} \sum_{i=1}^{n} \frac{C_i}{S_i}$$

式中：P_i——评价指数；

C_i——某项目的实测值；

S_i——评价标准值。

3. 水生生物评价

水生生物的评价指数计算公式同底质评价公式。

另外，还常用到优势种指标来判断养殖水体的水质状况。如用引起赤潮的优势种来判断海水水质的污染状况等。特别是在淡水精养鱼池中，水中浮游生物（特别是浮游植物）占绝对优势，并具明显的优势种类。由于各类浮游生物细胞内含有不同的色素，所以当池塘中浮游生物的种类和数量不同时，池水就呈现不同的颜色和浓度。因此也积累了"根据水色来判断水质优劣"的丰富经验（附表 9）。

附表 9　池塘常见水色和水质优劣判别

水色	优势种	水质优劣
红褐色	蓝绿裸甲藻、膝口藻、光甲藻、隐藻	高产池塘典型水质
红褐色	实球藻	肥水、一般
黄褐色	小环藻、角甲藻	肥水偏瘦、良好
浓绿色	衣藻、眼虫藻	肥水、良好
油绿色	壳虫藻、绿球藻等	肥水偏老、一般
铜绿色	微囊藻、颤藻	"湖淀水"、差
豆绿色	螺旋鱼腥藻	肥水、良好
灰白色	轮虫类	"白沙水"、良好

（二）水环境评价报告的编制

按照养殖水环境监测计划，在完成现场调查监测、实验室分析、数据处理和评价等工作之后，须把养殖水环境评价工作的各种环节有机地联系起来，逻辑地表达各项评价的结果，以文件的形式对养殖水环境质量作出概括性结论。

养殖水环境质量评价报告一般应包括下列内容。

1. 水环境的概况

概述水环境状况、社会环境（人文、经济等）和污染源分布状况。

2. 水环境质量状况

（1）水质质量状况：水质质量状况包括监测断面数、监测次数、监测项目分析结果、超标率等状况，并列表和绘图说明。对养殖水质质量状况做出评价，阐明所采取的措施和防治对策。

(2) 底质、生物质量状况:评价底质、生物质量状况的内容和方法与水质质量状况评价的类同。

主要阐述环境质量的现状、质量分级和衡量程序,阐明水体的沉积分异作用、时空分布状况和规律。对回顾性评价,要分时段进行环境质量与现状的对比。此外,还应分析环境质量的变化规律和不同扩散条件下各环境要素的动力学影响。

3. 综合结论、建议和对策

在水环境质量分析、评价基础上,给出科学结论。根据养殖水环境现状和发展趋势,提出改善水环境的措施和对策,提出有针对性的建议。

主要参考文献

[1]《水和废水监测分析方法指南》编委会. 水和废水监测分析方法指南(上册)[M]. 北京:中国环境科学出版社,1990.

[2] 陈国珍. 海水分析化学[M]. 北京:中国科学出版社,1965.

[3] 陈佳荣. 水化学实验指导[M]. 北京:中国农业出版社,1996.

[4] 贡雪东. 大学化学实验1基础知识与技能[M]. 北京:化学工业出版社,2007.

[5] 国家环境保护总局《水和废水监测分析方法》编委会. 水和废水监测分析方法(第四版)[M]. 北京:中国环境科学出版社,2002.

[6] 韩舞鹰,等. 海洋化学要素调查手册[M]. 北京:海洋出版社,1986.

[7] 黄君礼. 水分析化学(第三版)[M]. 北京:中国建筑工业出版社,2008.

[8] 雷衍之. 化学实验[M]. 北京:中国农业出版社,2004.

[9] 雷衍之. 养殖水环境化学实验[M]. 北京:中国农业出版社,2006.

[10] 李军,王淑莹. 水科学与工程实验技术[M]. 北京:化学工业出版社,2002.

[11] 魏复盛. 水和废水监测分析方法指南(中册)[M]. 北京:中国环境科学出版社,1994.

[12] 夏淑梅. 水分析化学[M]. 北京:北京大学出版社,2012.

[13] 肖长来,梁秀娟,卞建民,等. 水环境监测与评价[M]. 北京:清华大学出版社,2008.

[14] 曾鸽鸣,李庆宏. 化验员必备知识与技能[M]. 北京:化学工业出版社,2011.

[15] 中国医学科学院卫生研究所编著. 水质分析法(第三版)[M]. 北京:人民卫

生出版社，1983.

[16] 中华人民卫生部、中国国家标准化管理委员会. GB 5750.5—2006 生活饮用水标准检验方法　无机非金属指标[S]. 北京：中国标准出版社，2006.

[17] 中华人民共和国国家卫生和计划生育委员会、国家食品药品监督管理总局. GB 8538—2016 食品安全国家标准　饮用天然矿泉水检验方法[S]. 北京：中国标准出版社，2006.

[18] 中华人民共和国国家质量监督检验检疫总局、中国国家标准化管理委员会. GB/T 12763.4—2007 海洋调查规范　第4部分：海水化学要素调查[S]. 北京：中国标准出版社，2007.

[19] 中华人民共和国国家质量监督检验检疫总局、中国国家标准化管理委员会. GB17378.4—2007 海洋监测规范　第4部分：海水分析[S]. 北京：中国标准出版社，2007.

[20] 中华人民共和国水利部. SL 219—2013 水环境监测规范[S]. 北京：中国标准出版社，2013.

[21] 祝陈坚. 海水分析化学实验[M]. 青岛：中国海洋大学出版社，2006.